贵州省自然资源变化的生态影响遥感监测

贵州省自然资源厅　主编

科学出版社

北　京

内 容 简 介

本书对贵州省自然资源变化对生态影响遥感监测工作的组织实施、技术方法、指标体系等进行了凝练总结，分析了贵州省2017—2019年自然资源宏观变化情况，研究了贵州省自然资源变化对生态系统格局、质量、功能等产生的影响，分析了贵州省自然资源和生态变化特征，对贵州省自然资源变化监测技术研究和实践经验进行了总结。

本书可供自然资源、地理信息等相关部门与行业的从业人员及相关专业高校师生参考阅读。

审图号：黔S(2021)010号

图书在版编目(CIP)数据

贵州省自然资源变化的生态影响遥感监测／贵州省自然资源厅主编. —北京：科学出版社，2022. 3

ISBN 978-7-03-071894-5

Ⅰ. ①贵…　Ⅱ. ①贵…　Ⅲ. ①遥感技术-应用-自然资源-环境影响-贵州　Ⅳ. ①P966. 273

中国版本图书馆CIP数据核字（2022）第044941号

责任编辑：王　倩／责任校对：樊雅琼

责任印制：吴兆东／封面设计：无极书装

科学出版社出版

北京东黄城根北街16号

邮政编码：100717

http://www.sciencep.com

北京中科印刷有限公司印刷

科学出版社发行　各地新华书店经销

*

2022年3月第　一　版　开本：787×1092　1/16

2022年3月第一次印刷　印张：17 1/4

字数：400 000

定价：238.00元

（如有印装质量问题，我社负责调换）

《贵州省自然资源变化的生态影响遥感监测》

编 委 会

编制单位及人员

序

自然资源是人类生存与发展的基础，保护自然资源、实现自然资源的可持续利用关乎中华民族永续发展的根本大计。遥感技术的快速发展及其广泛应用，为开展大尺度区域自然资源调查、实时掌握区域自然资源的变化趋势、提高自然资源保护与利用的科学性提供了新的手段。全面监测自然资源变化趋势，评估自然资源变化对生态环境的影响，是生态文明建设的一项重点任务。

贵州省自然资源丰富、生态环境优美，是长江和珠江上游重要生态屏障，也是全国首批国家生态文明试验区。多年来，贵州省深入贯彻习近平生态文明思想，落实绿水青山就是金山银山的理念，实施大生态战略，走出了一条在发展中保护、在保护中发展的新路子。2018 年贵州省在实施机构改革之际，以“山水林田湖草是生命共同体”为理念，结合自然资源厅相关职能职责谋划开展了贵州省自然资源变化对生态影响的遥感监测工作，是贯彻落实新时代生态文明建设要求的有益实践。

贵州省自然资源变化对生态影响的遥感监测是全国范围内启动较早、涉及范围广、地表自然资源类型较全面的监测，是对贵州省自然资源监测分类指标体系、自然资源监测技术路线、生态影响评价体系等方面进行的一次全面系统的探索，将自然资源监测与生态评估有效结合，更是产、学、研相结合的创新实践。经过两年多的努力，建立了贵州省 2017—2019 年自然资源现状与变化数据库，掌握了全省丰富的自然资源家底，并基于生态影响评价体系对全省变化情况开展了多维度、多层次的分析，取得了丰富的成果。

该书凝练总结了贵州省自然资源变化、生态影响评价工作的组织实施、技术方法、指标体系，分析了贵州省 2017—2019 年自然资源宏观变化情况，研究了贵州省自然资源变化对生态系统格局、质量、功能等产生的影响，总结了贵州省近年来自然资源和生态变化特征，并提出相关认识与建议。书中内容翔实、数据丰富，对自然资源管理、生态环境保护、国土空间开发利用等方面有重要参考价值，为自然资源常态化监测工作的开展奠定了良好的基础，将在促进地理信息转型升级、服务自然资源管理、支撑生态文明建设等方面具有良好的示范作用！

欧阳寿云

2022 年 1 月 28 日

前　　言

自然资源是生态之源、生存之本、发展之基，自然资源的管理是生态文明建设的重要任务，与经济社会、高质量发展密切相关。党的十八大把生态文明建设纳入中国特色社会主义事业“五位一体”总体布局，明确提出大力推进生态文明建设，努力建设美丽中国，实现中华民族永续发展。党的十八大以来，习近平总书记从生态文明建设的整体视野提出“山水林田湖草是生命共同体”的论断，强调“统筹山水林田湖草系统治理”“全方位、全地域、全过程开展生态文明建设”。意味着生态文明建设进入了新时代，推进生态文明建设需要符合生态的系统性。

贵州省是长江和珠江上游的重要生态屏障，也是首批国家生态文明试验区。为深入贯彻落实习近平生态文明思想，贵州省主动谋划，于2018年5月26日印发了《省人民政府办公厅关于开展全省农村“组组通”公路建设等遥感监测工作的通知》（黔府办发电〔2018〕79号），在全省范围内开展农村“组组通”公路建设、自然资源变化对生态影响等重大专项遥感监测工作，助力全省生态环境与经济协调发展。

贵州省自然资源变化对生态影响遥感监测（以下简称“贵州省自然资源监测”）由贵州省国土资源厅（现贵州省自然资源厅）统筹，贵州省第一测绘院作为技术牵头单位负责具体实施。监测工作于2018年启动，是全国范围内启动较早、涉及范围广、地表自然资源类型全面的监测，通过两年多的努力，取得了丰富的成果：围绕“山水林田湖草是生命共同体”的理念，以体现生态功能差异为导向，建立了林木资源、草资源、农业资源、水资源等地表覆盖为监测对象的贵州省自然资源分类指标体系，为数据库建设、多时序数据对比分析奠定了基础；建立了“天地一体化”、基础性监测与专题性监测相结合的自然资源监测技术体系，为自然资源常态化监测及需求导向的监测积累了经验；构建了以生态系统格局、质量、服务功能、问题指标为主的生态影响评价体系，将传统国土空间调查监测实践与生态影响评价有效结合，推动了产、学、研融合与创新，促进自然资源变化监测维度与深度的提高；探索了自动变化监测、高光谱遥感技术在自然资源监测中的应用，为自然资源常态化监测奠定了基础；建立了2017—2018年、2018—2019年贵州省自然资源监测成果数据库，分析了贵州省2017—2019年自然资源及生态环境变化情况，为全省自然资源管理、生态文明建设提供重要的信息支撑。

贵州省自然资源监测是以贵州省生态文明建设需求为导向谋划开展的一项重大专项监

测工作，是地理信息转型升级的重要体现。监测成果一方面能有效反映“十三五”时期全省生态文明建设与发展成效，另一方面也为“十四五”时期的重点工作奠定了基础。生态影响评价中的全省自然资源生态系统服务价值能力分析，可为今后生态产品价值评价提供参考，对于建立健全生态产品价值实现机制有重要意义；固碳释氧、气候调节、空气净化能力监测分析，在宏观层面监测、预测一定时期内全省的气候、环境变化，辅助资源环境承载力变化评估、碳汇情况评估，为实现“碳达峰、碳中和”目标提供技术支撑；土壤保持、水源涵养、水质净化能力等分析，为掌握资源环境承载力提供技术保障。

本书总结了贵州省自然资源监测的组织实施、技术方法，同时对贵州省自然资源监测成果进行了深入分析，旨在向省内外自然资源、地理信息等相关部门与行业分享监测实践经验与研究成果，帮助相关专业高校师生更深入地了解自然资源部门相关实践工作，为工程实践单位、科研单位以及自然资源相关行业的跨界融合提供参考，同时监测成果也可为贵州省自然资源利用、生态文明建设等工作与决策提供信息支撑。

本书共分为四篇十二章，其中第一章主要介绍了贵州省自然资源监测工作背景，包括省内外生态文明建设相关政策和国内外相关工作；第二章至第五章介绍了贵州省自然资源变化对生态影响遥感监测工作的组织实施体系与技术体系；第六章至第九章分别从全省范围、全省重要自然保护地、全省重要功能单元、专题性监测的角度，介绍了2017—2019年贵州省自然资源的现状与变化情况；第十章至第十一章主要介绍生态影响评价结果，反映贵州省2017—2019年生态环境变化情况；第十二章则结合省内相关政策浅谈对监测成果的研究认识。

本书编写过程中得到了贵州省自然资源厅的大力指导，得到了贵州师范大学的大力支持和帮助，贵州省林业局、贵州省生态环境厅、贵州省水利厅、贵州省第二测绘院、贵州省第三测绘院、贵州省测绘资料档案馆、贵州省国土资源勘测规划研究院等单位为本书编写提供了大量数据和资料，在此一并表示衷心感谢！

书中的分析评价基础数据来源于贵州省自然资源变化对生态影响的遥感监测数据库，该数据库将地理国情监测成果作为基础，融入了第三次全国土地调查成果的作物相关数据以及林业变更调查成果中的林木资源数据，以便更深入地体现自然资源之间的生态功能差异，同时丰富生态环境评价的维度、提高评价精度。各类资源的定义、采集指标和采集原则与林业、农业等相关行业有一定差异，因此各类自然资源的总量也与行业数据有一定差异。编者水平有限，难免有疏漏和不足之处，欢迎读者提出批评和建议！

编　者

2021年12月

目　　录

绪论 …… 1

第一篇　贵州省自然资源监测工作概况

第一章　贵州省自然资源变化监测形势分析与意义 …… 5
　第一节　自然资源监测形势分析 …… 5
　第二节　自然资源监测意义 …… 7
　第三节　国内外实践与研究进展 …… 7
第二章　贵州省自然资源监测工作组织实施与管理 …… 18
　第一节　监测组织实施 …… 18
　第二节　技术质量管理 …… 21
第三章　贵州省自然资源变化监测技术方法 …… 24
　第一节　总体技术思路 …… 24
　第二节　工作特点 …… 26
　第三节　技术创新 …… 28
　第四节　自然资源分类体系 …… 30
　第五节　生态环境影响评价体系 …… 35
第四章　数据库建设及统计分析 …… 39
　第一节　数据库建设 …… 39
　第二节　统计分析 …… 47
第五章　监测成果 …… 52
　第一节　数据成果 …… 52
　第二节　文档成果 …… 53
　第三节　图件成果 …… 53

第二篇　自然资源分布特征

第六章　贵州省自然资源特征 …… 57
　第一节　林木资源 …… 57

第二节 农业资源 …… 60
第三节 草资源 …… 63
第四节 地表水资源 …… 65
第五节 其他用地 …… 68
第七章 贵州省各市州自然资源特征 …… 71
第一节 贵阳市 …… 71
第二节 六盘水市 …… 78
第三节 遵义市 …… 84
第四节 安顺市 …… 92
第五节 铜仁市 …… 98
第六节 黔西南州 …… 105
第七节 毕节市 …… 112
第八节 黔东南州 …… 118
第九节 黔南州 …… 126
第八章 重要功能单元自然资源特征 …… 134
第一节 自然保护区自然资源特征 …… 134
第二节 湿地公园自然资源特征 …… 136
第三节 森林公园自然资源特征 …… 138
第四节 生态保护红线区自然资源特征 …… 140
第五节 重要水系范围自然资源特征 …… 142
第六节 水土流失区自然资源特征 …… 153
第七节 石漠化区自然资源特征 …… 158
第八节 不同坡度分级区域内自然资源特征 …… 164
第九章 专题性区域自然资源 …… 168
第一节 乌蒙山国家地质公园 …… 168
第二节 红枫湖风景名胜区 …… 176

第三篇 生态影响评价

第十章 生态系统评价内容和指标 …… 185
第一节 生态系统格局 …… 185
第二节 生态系统质量 …… 188
第三节 生态系统服务功能 …… 189
第四节 生态问题 …… 196

第十一章　生态影响评价与分析 …… 198
第一节　生态系统格局变化分析 …… 198
第二节　生态系统质量分析 …… 214
第三节　生态系统服务功能变化分析与评价 …… 218
第四节　生态问题分析评价 …… 238
第五节　生态系统综合影响评价 …… 248

第四篇　监测研究认识

第十二章　监测研究认识 …… 255
第一节　自然资源变化情况 …… 255
第二节　生态环境变化情况 …… 256
第三节　建议 …… 258

参考文献 …… 261

绪　　论

自然资源是人类赖以生存的基本条件，人类认识和利用自然资源的历史久远，但关于自然资源的基本科学概念直到20世纪70年代才逐步形成，而且仍处在不断发展和完善过程中。本书通过法律定义、《辞海》和《现代汉语词典》解释、行业规定，阐述自然资源定义及其分类。

我国《宪法》及各单项法律没有定义自然资源，仅列举了水流、森林、山岭、草原、荒地、滩涂和矿藏等属于自然资源。《辞海》（第六版）对自然资源的解释是“天然存在（不包括人类加工制造的原材料）并有利用价值的自然物，如土地、矿藏、水利、生物、气候、海洋等资源，是生产的原料来源和布局场所”。综合现有概念，自然资源的定义有下列三个方面内涵：第一，自然资源与自然环境是自然界同一自然实体的两个不同侧面，二者既有区别又有密切联系。自然资源是指自然环境中一切能够为人类所利用的自然要素，即环境要素。自然环境要素是一个庞大的系统，包括土地、光、热、水、岩石、矿物、生物等。第二，自然资源是一个动态概念，它的内涵随着社会经济技术的发展而不断扩大和加深。第三，自然资源实质上是包含自然、社会经济的综合概念。

本书所指的自然资源是地表覆盖的、在一定时间内长期稳定存在的、具有生态功能价值和一定使用价值的资源，包含天然形成的资源与后期人工干预形成的具有一定生态功能的林木资源、草资源、农业资源、水资源。

一、自然资源的功能与特性

自然资源的主要功能体现在两个方面：一方面，为人类提供生活和生产的物质资料，自然资源是人类赖以生存和发展必不可少的物质基础，自然资源制约着社会经济的发展，自然资源的数量、质量及其区域组合状况制约着地区产业布局和区域经济发展方向。另一方面，为人类生活和生产提供必不可少的空间资源，人类生存的空间主要指地理空间，包括土地面积、资源状况，这是衡量空间资源的主要量度，也是现阶段常被用作土地承载力的主要尺度。耕地、林地、草地等土地面积的扩大以及矿产资源可采储量的增加和新矿种新储量的发现，都意味着人类生存空间的增多，技术的发展、经济活动方式的进步所导致的自然资源利用率的提高，也标志着人类生存空间的扩展。自然资源的特性主要包括以下三个方面。

第一，自然资源具有综合性与整体性。主要表现在：一是自然资源是由多种单项资源组合而成的庞大的自然系统，即自然综合体，各资源之间有着密切联系，一种资源的开发利用，常常要引起其他资源的变化；二是各单项资源内部也是一个复杂的系统；三是自然与资源开发利用有关的社会经济条件也形成一个相互联系、相互制约的整体。自然资源的综合性与整体性就要求我们建立一套统一的自然资源调查、评价、监测制度。

第二，自然资源具有时空变化的不平衡性与节律性。自然环境的地域分异受地带性和非地带性规律所制约，不同地域有不同的资源组合和资源优势，因而自然资源分布亦有强烈的地域性差异。受自然地理环境时间尺度上节律性演化规律的制约，自然资源，特别是可再生性资源，亦有节律性变化规律。应充分认识自然资源地区分布的不平衡性和时间变化的节律性。

第三，自然资源具有多层次性与多功能性。自然资源是一个多层次、多功能的生态系统，每种自然资源内部的不同种类对于生态功能的贡献有差异，它们相互补充，共同构成生态系统的完整功能。

二、自然资源与国土资源

自然资源是国土资源的基础、核心和前提。国土资源是指一个国家（或地区）管辖的土地上所拥有的一切资源。国土即国家资源，“国土”与“资源”相通。国土资源可分为两大类，即自然资源和社会经济资源。自然资源是指存在于自然界的、天赋的、自存的、先人类而存在以及能为人类利用的资源，如土地资源、气候资源、水资源、矿产资源、海洋资源及生物资源等。社会经济资源是指自然资源经过人类社会劳动加工所产生的第二性资源，如农业工业产品、工矿企业交通运输设施、建筑物以及旅游资源中的文物古迹等，人口、劳动力、科学技术管理技术及信息等，也属于社会经济资源范畴。

第一篇
贵州省自然资源监测工作概况

第一章 贵州省自然资源变化监测形势分析与意义

第一节 自然资源监测形势分析

一、国家层面

生态文明建设是关系中华民族永续发展的根本大计，是新形势下实现国民经济与社会可持续发展的要求与方向。党的十八大把生态文明建设纳入中国特色社会主义事业“五位一体”总体布局，明确提出大力推进生态文明建设，努力建设美丽中国，实现中华民族永续发展。

习近平生态文明思想明确树立了绿水青山就是金山银山的重要发展理念，坚定不移走生态优先、绿色发展道路。绿水青山就是金山银山，明确了经济发展和生态环境保护的关系，强调了保护生态环境就是保护生产力、改善生态环境就是发展生产力的道理，也指明了实现可持续发展的新路径。2015 年 9 月，国务院印发《生态文明体制改革总体方案》提出山、水、林、田、湖、草是生命共同体，生态是统一的自然系统，是相互依存、紧密联系的有机链条，生态文明建设进入新时代。为顺应生态文明建设新要求，2018 年 3 月，《关于国务院机构改革方案的说明》首次提出自然资源“统一调查”的概念，随后印发的自然资源部“三定”方案明确了自然资源部门职责，2019 年国务院办公厅印发的《关于统筹推进自然资源资产产权制度改革的指导意见》、十九届四中全会通过的《中共中央关于坚持和完善中国特色社会主义制度推进国家治理体系和治理能力现代化若干重大问题的决定》，对开展自然资源统一调查监测评价进行了总体部署，以上标志着自然资源统一调查监测顶层框架逐步形成。

自然资源部门履行全民所有自然资源资产所有者职责并负责自然资源的集中统一管理、调查评价，因此建立自然资源调查监测体系，开展自然资源调查监测是贯彻落实习近平生态文明思想，支撑履行自然资源“两统一”职责（统一行使全民所有自然资源资产所有者职责和统一行使所有国土空间用途管制和生态保护修复职责)，反映生态建设成效的有效手段。构建自然资源调查监测体系，统一自然资源分类标准，依法组织开展自然资源调查监测评价，查清我国各类自然资源家底和变化情况，为科学编制国土空间规划，逐步实现山水林田湖草的整体保护、系统修复和综合治理，保障国家生态安全提供基础支撑，为实现国家治理体系和治理能力现代化提供服务保障。

2020 年 1 月，为保障自然资源调查监测工作有序开展，自然资源部颁布了《自然资源调查监测体系构建总体方案》(以下简称《总体方案》)，2020 年 10 月我国初步完成自然资源基础调查和专项调查技术体系设计，建立自然资源调查成果动态监测机制，研制自然资源分类标准；2020 年底，发布一批重要的自然资源基础调查、专项调查成果，建立自然资源调查监测质量管理体系，形成自然资源管理的调查监测“一张底图”；2023 年，完成自然资源统一调查、评价、监测制度建设，形成一整套完整的自然资源调查监测的法规制度体系、标准体系、技术体系以及质量管理体系。

二、省级层面

贵州是长江和珠江上游重要生态屏障，也是首批国家生态文明试验区，而经济在西部省份中仍排名靠后，要实现与全国同步全面建成小康社会的目标、在较长时期内实现较快增长，必须正确处理好发展与生态的关系，因此贵州的发展面临既要“赶”、又要“转”的双重挑战。自然资源是经济社会发展的核心要素、能量源泉和空间载体，其科学保护和利用与区域高速、高质量发展密切相关。习近平总书记在参加党的十九大贵州省代表团讨论时指出：“希望贵州的同志全面贯彻落实党的十九大精神，大力培育和弘扬团结奋进、拼搏创新、苦干实干、后发赶超的精神，守好发展和生态两条底线，创新发展思路，发挥后发优势，决战脱贫攻坚，决胜同步小康，续写新时代贵州发展新篇章，开创百姓富、生态美的多彩贵州新未来。”因此，贵州省委省政府牢记嘱托，发扬新时代贵州精神，2018 年在全国范围内率先提出对省内的自然资源进行变化监测，充分运用遥感监测手段，全面摸清自然资源家底，分析省、市、县单元的自然资源分布情况和变化，分析自然资源变化对生态环境的影响，辅助相关部门科学合理地开发利用自然资源，支撑生态修复与保护长效机制的建立，为山、水、林、田、湖、草等自然资源的整体保护、系统修复、综合治理提供信息支撑。

第二节　自然资源监测意义

一、调查监测先试先行，为常态化调查监测工作奠定基础

2018 年 3 月，《关于国务院机构改革方案的说明》首次提出自然资源“统一调查”的概念，自然资源调查与监测是一项全新的工作，监测对象丰富、范围面积广，实施难度较高，在全国范围内尚未有相对成熟的自然资源监测体系。贵州省通过率先开展自然资源监测工作、先试先行，对各类调查工作的成果与指标体系进行衔接、互补、融合研究，建立了自然资源分类指标体系、监测技术体系、评价体系，为后期全省自然资源常态化监测工作的开展奠定了坚实基础。

二、摸清全省自然资源家底，支撑自然资源管理“两统一”

覆盖范围广、资源类型全面、时效性强、更新频率高的自然资源数据库，是辅助自然资源科学管理的前提。通过对全省自然资源进行监测，掌握全省农、林、草、地表水等自然资源的详细类型、面积、范围、分布和变化情况，同时对重要生态功能区开展专项分析、对全省开展生态影响评价，可支撑耕地保护、国土空间规划实施监管、用途管制、生态保护修复等自然资源管理和生态文明建设等重大战略实施，支撑自然资源部门履行自然资源“两统一”职责。

三、研判自然资源变化及发展趋势，统筹生态与经济协调统一

开展自然资源变化监测、建立丰富的自然资源变化时空数据库，及时掌握自然资源空间分布特征，是生态环境承载力评价、自然资源集约节约利用分析的重要基础，且多时序的变化时空数据对于科学预测、研判自然资源变化及发展趋势有重要意义，可为保障全省生态环境与经济协调发展、守住生态与发展两条底线提供重要支撑。

第三节　国内外实践与研究进展

面对经济社会发展对自然资源日益增长的需求和生态环境保护的需要，各个国家或地区探索实施了各种自然资源的调查、监测和管理政策。遥感技术作为 20 世纪 60 年代以来

迅速崛起的新兴技术，借助卫星传感器，可以从宇宙空间全方位观测、研究人类生存的环境。遥感技术所具有的宏观、综合、动态、快速的特点，大大降低了传统调查方式消耗的人力、物力、时间成本，成为国土资源调查与开发、国土整治、自然资源监测以及全球性研究的一种新兴技术手段，也是现代自然资源研究中最有效的手段之一。遥感技术在自然资源研究中的广泛应用是从20世纪70年代开始的，国内外开展了大量的土地资源与环境遥感应用研究，遥感技术为土地资源研究提供了丰富的信息源和实现手段，拓展了土地资源的研究内容，强化了土地资源的研究程度。

一、国外情况

美国、德国等是自然资源管理相对成熟的国家，航空航天技术发展较好、遥感技术应用较早，因此本书选取美国、德国、法国、俄罗斯、加拿大、澳大利亚、欧洲、欧盟等国家和地区，分析总结各国家和地区开展自然资源调查监测相关的工作经验与技术特点。

（一）美国自然资源监测实践与研究概况

美国的自然资源由联邦政府下设的美国内政部负责管理，美国地质调查局（USGS）作为内政部下设部门，负责提供水、能源、矿产以及其他自然资源科学信息，同时提供生态环境健康、土地利用与气候变化影响等科学信息。美国地质调查局内设水资源部，生态系统部，气候与土地利用变化部，能源、矿产与环境健康部，自然灾害部，核心科学体系部等6个业务管理机构。

1972年，美国发射了第一颗以勘测地球资源为主要目标的地球资源技术卫星，后来改称陆地卫星（Landsat），携带多光谱扫描仪（MSS），在其后的4、5号星上增加了改进的地面分辨率为30m的专题制图仪（TM），具有从可见光到热红外7个波段。陆地卫星影像被普遍用于资源调查与制图，开创了资源遥感调查的新时代。利用遥感信息勘测地球资源，成本低、速度快，有利于克服自然界恶劣环境的限制。从1997年开始，美国利用高空间分辨率的遥感影像在北美热带雨林进行森林分类研究。21世纪初期，美国利用遥感影像分析全球土地覆盖，采用不同的遥感信息源和分类方法，生产了全球范围不同分辨率、不同时期的土地覆盖数据集。美国自然资源相关实践与研究工作主要有土地变化监测评估计划、国家森林资源清查、水资源调查、地理国情监测等。

1. 土地变化监测评估计划（Land Change Monitoring，Assessment，and Projection，LCMAP）

2020年，美国开始实施土地变化监测评估计划，该计划是利用自1972年以来所有的Landsat连续卫星影像，逐年查看自1985年以来的遥感土地覆盖和光谱变化图，美国全境的变化情况，并深入了解这些变化的发生时间和重要性。深入挖掘 Landsat 长时间序列影像的潜力，是土地变化监测、评估计划的核心。

美国土地变化监测评估计划资料集主要提供美国本土 30m 分辨率的土地观测结果，不仅可对城市的年度增长模式进行国家和区域评估，还可对森林采伐和再生长的模式、火灾、入侵物种的破坏、耕地随着时间的推移而发生的转移进行评估。最终，LCMAP 数据产品可用于回答与土地覆盖和土地利用相关的许多重要问题，并指导决策者如何最佳地利用美国的土地资源。

2. 国家森林资源清查

美国国土总面积为937 万 km^2，森林资源十分丰富。据2002 年的公布数据，森林面积为3.03 亿 hm^2，森林覆盖率为33.1%，总蓄积量为242 亿 m^3。其中，92.6% 的森林为天然林，人工林相对少一些，仅占7.4%，主要分布在东部地区；公有森林面积占42.5%，私有森林面积占57.5%。森林的分布、权属状况和社会制度在很大程度上决定着其经营和管理体制的特点，同时也决定了美国国家级森林资源清查的内容及框架。

美国的森林资源清查与分析（Forest Inventory and Analysis，FIA）已有70 余年的历史。自1928 年以来，分别于1953 年、1963 年、1970 年、1977 年、1987 年、1992 年、1997 年和2002 年公布过8 次全国的森林资源数据。FIA 以州为单位逐个开展森林资源清查，经历了以森林面积和木材蓄积为主的单项监测到多资源监测、再到森林资源与健康监测三个阶段。1928 年美国颁布《麦克斯威尼-麦克纳瑞森林研究条例》，授权农业部开展全国森林资源清查。到20 世纪60 年代，美国大陆上48 个州都已经完成了森林资源清查，这一期间森林资源调查的重点是木材，多数州和区域的清查成果主要是森林面积和木材蓄积数据。随着人们对资源内涵认识的提高和社会需求的增加，20 世纪60 年代和70 年代，森林资源清查的对象发生了较大的变化，以《森林与牧草地可更新资源规划条例》（1974）和《森林与牧草地可更新资源研究条例》（1978）的颁布和实施为标志，森林资源清查的对象由以森林面积和木材蓄积为主的单项监测转为了多资源监测。随着公众对污染、虫害、病害、火灾和其他灾害对森林健康影响关注程度的日益提高，美国林务局依据1988 年《森林生态系统与大气污染研究条例》，进行拓展 FIA 领域，从1990 年新英格兰州试点开始，逐步建立覆盖全国的森林健康监测体系（Forest Health Monitoring，FHM）。应1998 年美国颁布的《农业研究推广与教育改革条例》要求，建立综合 FIA 和 FHM 的森林资源清查与监测体系（Forest Inventory and Monitoring，FIM）。

组织管理与实施：FIM 由美国农业部林务局统一负责和组织，所属的5 个林业研究站（即东北研究站、中北研究站、南方研究站、落基山研究站、太平洋西北研究站）按区域分片具体负责开展全国范围的资源清查、分析和报告清查结果，从2003 年开始，全国范围内全面推行，共同完成对森林资源与森林健康的监测。

森林调查方法与内容：作为一个年度清查系统，FIM 采用统一的核心调查因子、标准、定义，按三阶抽样设计布设样地，每个州每年调查 1/5 的固定样地取代原来每年调查若干个州的固定样地。在覆盖全美的陆地范围内，通过航空像片和卫星图像判读林地和非林地，选取确认为林地的区域（每 2428. 23hm^2 建立一个正六边形大小为 0. 4hm^2 的样地）开展森林调查。主要调查内容包括土地利用、林分状况、树冠状况、土壤状况、土壤侵蚀状况、地衣群落状况、林下植被状况等。

遥感技术与地理信息系统（GIS）技术在 FIM 中的应用主要体现在以下几个方面：①利用遥感图像进行野外导航，通过遥感图像进行分层（有林地与非有林地）提高估计精度，提高调查成果的空间分辨率和提供连续的空间分布信息，提高小面积单位（如县级）的估计精度。②提供地面调查难以获取的调查因子如有关森林分割方面的信息等。③利用包括 TM、AVHRR、MODIS 航空像片等在内的历史遥感数据资料分析森林资源动态和变化趋势，目前的工作大部分还是试验性质的，没有形成正式的技术规范。

美国新的森林资源清查体系表现出以下几个特点：①全国采用统一的系统抽样方法进行三阶抽样设计，每个州每年调查 20% 的固定样地。②已经形成森林资源与森林健康状况综合调查与监测体系。③组织机构健全完善，具体实施合理分工、职责明确，全国由专门的机构统一负责，由 5 个研究站按区域分片具体负责。④有较为完善的经费投入机制。实行预算制度，各部门先按既定方案和目标进行预算，联邦再根据全国财政状况与预算方案下拨专项经费。⑤遥感、GIS 等高新技术提高了监测效率和成果质量。

监测成果报告包括三类：①年度报告，每年清查工作完成后，FIM 项目为各州提供年度清查数据资料及简要分析报告。②定期报告，每五年为各州产出一份完整的分析报告，平均一年产出 10 个州报告。③国家级报告和国际报告，FIM 项目每五年为《资源规划条例（RPA）》提供全国性评价报告，还为“森林可持续经营的标准和指标”（蒙特利尔进程）工作组等国际组织、大会提供美国森林资源的基本数据。

3. 水资源调查

1889 年，美国地质调查局在新墨西哥州的格兰德河开始了第一次河流测量，以帮助确定是否有足够的水用于灌溉，从而鼓励新的开发和西部扩张。现在美国地质调查局拥有 8200 余个连续流量计监测全国范围内的水资源，为各种用途提供流量信息，包括洪水预报、水资源管理和分配、工程设计和研究、船闸和水坝的运行以及水利安全和娱乐。

4. 地理分析和动态监测计划

美国的“地理分析和动态监测计划”由美国地质调查局负责开展。由于全球环境受到破坏，地震、海啸、泥石流、森林火灾等自然灾害日益威胁人类的生存，因此美国地质调查局于 2008 年更新了其在 2002 年启动的“地理分析和动态监测计划”（GAM），旨在从地理学的角度对所监测的地表状况进行分析，对形成这些表面的过程进行建模，并开发一系列产品，以帮助制定环境政策，了解美国急需解决的环境、自然资源和经济难题，为决策支持及资源的合理分配和利用提供科学依据。美国地质调查局、环保署等部门联合实施的“美国土地覆盖数据库”计划中，决策树分类技术在土地利用分类中的分类精度达到了73%—77%，可以满足大规模土地分类数据产品生产的要求，该计划从空间和时间尺度上评估土地覆盖状况，涉及的研究领域包括土地覆盖现状和趋势、生态效益和环境变化、社会脆弱性与风险评估、地理学研究等。主要研究成果是美国国家土地覆盖数据库，它是描述美国地表现状、由多种数据集构成的土地覆盖数据库，其第一代数据集于2000年完成，2008年完成了第二代数据集工作。所开展的土地覆盖趋势项目论述了1973—2000年美国本土土地利用与土地覆盖变化的频率、原因及所产生的结果。它以跨美国生态区分布的采样统计为依据，并根据这些研究成果编写了一系列工作报告，重点指出了土地覆盖变化的本质、原因及所产生的结果。

（二）德国森林资源监测

德国不仅是欧洲经济发达国家，而且森林资源丰富。德国利用遥感样地和高分遥感影像，通过判读解译获取林分类型和森林地类，依据样地到总体的概率估计方法，估计区域总体各林分类型和地类面积，并用德国国家森林资源清查（National Forest Inventory，NFI）数据检验估计误差。德国布设了334个1km×1km遥感样地，获取高分遥感数据进行判读和抽样估计，其中德国陆地面积估计误差为2.43%；森林面积估计误差为0.59%；森林覆盖率估计误差为2.96%；并获得省级森林资源详细数据。

德国在森林资源调查监测工作中充分发挥3S（RS，GIS和GPS）技术的优势，提高了工作效率。德国在森林资源监测中，应用了高分辨率遥感图像或大比例尺航空像片，进行森林类型、土地利用类型的分层和多重回归分析，然后针对有林地进行重点地面调查，并且在地面固定样地定位时采用GPS，减少了地面工作量。调查数据通过GIS进行汇总分析，不仅形成监测成果统计数据，还形成空间分布图件。

（三）法国森林资源调查监测

法国森林资源调查监测采用森林连续清查样地（固定和临时）的定期（5年）调查监测形式开展。其森林资源监测技术体系包含森林资源调查和森林健康环境监测两方面内容。森林资源调查从1956年开始高度利用航片信息进行面积判断、森林多功能评价、成图和分层抽样调查，调查的主要项目有树种、林分密度、立木材积、生长量等，同时还进行生态调查和植物及更新调查。并在GIS系统中应用数学模型进行土地利用分析和森林生长预测。

（四）俄罗斯自然资源管理体制

俄罗斯对自然资源和生态环境实行“相对集中与分类、分级、分部门管理相结合”的体制。土地管理由经济发展部负责，能源管理由能源部负责，其他如矿产资源、水资源、林业资源、海洋资源的管理及生态环境保护的职能绝大部分都集中于自然资源与生态部一个部门，其全面推行了权力清单制度，依照国家的法律法规和部门章程对俄联邦的自然资源与生态环境实行一体化的综合管理。

早在1993年，俄罗斯就建立了国家联合生态监测系统，包括动植物监测，环境数据系统的建立和运行，环境和自然资源大型数据库的建设。生态环境监督指对自然资源赖以存在的自然环境或资源开发和利用过程中的环境进行不间断地监测，防止因资源的开发与利用而造成的环境损害与毁灭，必要时要采取措施，限制或禁止资源开发，以恢复稳定、平衡的生态环境。俄联邦自然资源与生态部的两个司（环境保护与国家政策司，水文气象、环境监测与国家政策司）和两个联邦署（俄联邦自然资源利用监督署，俄联邦水文气象与环境监测署）负责自然资源生态环境保护工作。在职能分工方面，俄联邦自然资源利用监督署在环境保护与国家政策司的指导下进行陆地、海洋、大陆架、经济特区、自然保护区等区域内自然资源利用与保护的生态环境监督；俄联邦水文气象与环境监测署在水文气象、环境监测与国家政策司的指导下进行水文气象及其相关领域的环境污染监测。

（五）加拿大、澳大利亚自然资源管理体制

1. 确立资源可持续发展目标

加拿大自然资源部是加拿大联邦政府专门管理自然资源的部门，管理包括土地、能源、矿产、森林等自然资源。该部通过自身专业科学技术、政策和项目为社会提供自然资源相关公共服务，这些公共服务主要目标为资源的可持续发展和资源的市场竞争力。

集科研与信息服务于一体。加拿大自然资源部是西方国家典型的政府部门，行政管理部门和科研部门合在一起，在全国分设几个相应的机构，集科研与信息服务于一体，以提高公共服务的及时性。如自然资源部下的加拿大林业服务局，除总部在首都外，在全国设有大西洋森林中心和加拿大木纤维中心等六个服务中心。这些具有100余年历史的服务中心从自身科研能力出发，为各森林部门（包括森工企业）提供相应的服务，如虫害治理、森林植被管理、森林生产力提升、生物多样性等。自然资源部下的矿产与金属局，是管理矿产资源开发和爆炸物的主要机构，在安大略等省设置了矿产资源与金属材料研究机构。这些研究中心与当地的大学、企业、研究机构组成一个研究网，开展合作研究与社会服务工作。

信息服务搭建起公共服务平台。加拿大自然资源部的信息服务是为社会服务搭建一

个服务平台和框架，在这个平台上，通过科学数据、产业经济数据以及地理信息数据等的收集、分析为社会服务。加拿大地理信息和地球观测信息建设是领先的，他们的产品包括遥感卫星图像、大地测量、地籍、地理空间、法律调查和边界信息等，涵盖了地质、地表环境、植被、地下水、永冻土、冰雪，以及它们与开发和基础设施的相互作用。这些产品为社会各行各业提供各类相应的服务，无论经济的、社会的、科学的，还是安全的目的，都会有相应的服务系统来满足各类需求，同时也会在时间尺度、空间尺度上提供服务。

2. 国家层面设立委员会协调统一管理

自然资源开发利用在澳大利亚国民经济发展中地位非常重要，是其核心产业也是国家管理的重点。澳大利亚在联邦层级的自然资源管理并不集中在一个部门，而是分散在不同的行政部门，如管理水资源的部门主要有农业与水资源部、环境部、气象局等机构，分别从农业、环境、水库等方面来管理水资源。为了统一水资源的管理，各州一般会设水资源管理委员会，以及设立联邦与州的水资源协调委员会，跨区域的水资源，一般两个州会签一个合作协议。为协调自然资源的统一管理，澳大利亚在国家层面设立相应的委员会协调各部门之间的关系。

（六）欧洲全球土壤覆盖图

2008 年 3 月，欧洲航天局和联合国粮食计划署共同展示了最新绘制的全球土壤覆盖图。该地图根据最新拍摄的卫星图片绘制而成，分辨率超过以往任何地图 10 倍以上，为世界首个分辨率为 300m 的全球土地利用产品。图中展示了 22 种不同的土地覆盖类型，包括农田、沼泽、人工地表、水体和永久积雪和冰冻地等。为使用户最大限度地受益，该图的图例与联合国土地覆盖分类系统兼容。

（七）欧盟的“全球环境与安全监测计划”

2003 年，欧盟启动了“全球环境与安全监测计划”（GMES），主要目的是获取影响地球和气候变化的各类环境信息。GMES 项目目前提供的服务主要有五大类：陆地监测、海洋监测、应急管理、大气监测和安全。其中，陆地监测服务涵盖诸多领域，如土地利用和土地覆盖变化、土壤固封、水体质量和可用性、空间规划、森林监测和全球粮食安全等；应急管理服务涉及领域包括洪水、森林火灾、滑坡、地震、火山喷发、人道主义危机等；安全服务主要为边境监视、海上监视、欧盟对外行动等领域制定相关的政策提供支持。

二、国内情况

我国的地球遥感卫星技术起源于 20 世纪 80 年代，晚于欧美发达国家。经过 30 余年的迅速发展，航空航天及遥感技术取得了较大的进步，目前已经广泛应用于陆地自然资源调查、海洋生态环境保护、气象灾害预测和国家重大工程等诸多领域。

（一）林地资源调查监测

林地资源调查监测工作涉及林业、国土和测绘 3 个管理部门。林业部门森林资源调查分为一类调查和二类调查，一类调查范围更广，二类调查更为详实。全国第一次森林资源清查于 1973 年开始（一类调查），由原国家林业局组织开展，将林地资源分为有林地、疏林地、未成林造林地、灌木林地、苗圃地和无林地六类。2013 年第八次全国森林资源清查将林地资源分类进行优化，分为有林地、疏林地、灌木林地、未成林造林地、苗圃地、无立木林地、宜林地和辅助生产林地（八大类，13 个中类）。此后，林地资源调查周期为 5 年，实行年度更新。森林资源二类调查共开展三次（第一次 1975—1977 年，第二次 1980—1985 年，第三次 2003—2005 年），原则上调查周期为 10 年，实行年度更新。原国土资源部组织开展的全国土地调查（第一次调查 1984—1997 年，第二次调查 2007—2009 年，每年完成一次年度变更调查）将林地资源分为有林地、灌木林地和其他林地，仅分至大类。正在开展的第三次全国国土调查（简称“国土三调”）对林地分类进行优化，分为乔木林地、竹林地、红树林地、森林沼泽、灌木林地、灌丛沼泽、其他林地七大类，无中类。由测绘管理部门组织开展的全国地理国情普查（第一次 2013—2015 年，2016 年开始实行年度更新）将林地分为乔木林、灌木林、乔灌混合林、竹林、疏林、绿化林地、人工幼林、稀疏灌丛（八大类，12 个中类），其对城市建成区绿化林地进行了采集和细分，有利于城市内部绿化林地管理。

（二）水资源调查监测

水资源调查监测工作涉及水利、国土和测绘 3 个管理部门。水资源管理主要在水利部门，水利部于 2010 年组织开展了第一次全国水利普查，对湖泊和水库的分类标准与原国土部门一致（水库总设计库容大于等于 10 万 m^3，湖泊面积大于 $1km^2$），但河流采集线状要素，要求流域面积大于等于 $50km^2$。水资源调查不同于水利普查，水资源调查范围更广，调查内容包括水量、水质、可利用量、可开采量等。测绘管理部门与“国土三调”水资源分类体系基本一致，将水资源分为河渠、湖泊、库塘、海面、冰川与常年积雪，但采集标准存在较大差异（水库库容、湖泊和河流面积，边界范围线），如河流采集没有流域面积要求，水库没有总设计库容，仅对采集面积进行规定（$5000m^2$），采集边界按照堤防边界或高水位线范围。水资源调查最早由国土部门组织开展，全国土地调查（第一次调查和第二次调查）中水资源分为河流水面、湖泊水面、水库水面、坑塘水面、沿海滩涂、内陆滩涂、沟渠、水工建筑用地和冰川及永久积雪九类，“国土三调”增加沼泽地作为水资源二级类。2020 年 12 月，宁夏回族自治区全面完成了黄河流域自然资源监测工作，主要以第三次国土调查统一时点遥感影像为基础，对宁夏段黄河流域各类自然资源分布现状、利用状况、产权产籍等基本情况进行排查；河北省借助 MODIS 数据和 HY-1C 数据，开展近海海域海洋生态遥感预警监测。主要是为近海赤潮遥感预警监测，海水水色水温生态因子遥感监测，绿潮遥感监测和海洋生态红线区人类活动遥感监测。海洋生态遥感预警监测成果广泛应用于自然资源、海洋环境监测、港口等部门，为海洋管理、海洋生态综合保障、防灾减灾决策等提供有力的科学依据。

（三）草地资源调查监测

草地资源调查监测涉及农业、国土和测绘 3 个管理部门。全国草地资源调查开始于 1979 年，农业部组织开展草地资源调查工作，形成了第一批较完整的草地资源成果，后续没有再形成空间化的调查成果。2016 年，农业部发布草地分类标准，重点对天然草地资源进行调查。草地资源调查内容还包括天然草地退化程度、沙化程度、盐渍化程度、草地质量等级、合理载畜量等，内容非常丰富。全国土地调查（第一次和第二次调查）中把草地资源分为天然草地、人工草地和其他草地，“国土三调”中增加沼泽草地类别，且对草地不同植被覆盖度进行单独标注。测绘管理部门重点对人工草地进行细分，包括牧草地、绿化草地、固沙灌草、护坡灌草和其他人工草地，可以更好地满足不同尺度下城市绿化管理需求。2020 年，青海省运用定位观测–移动调查–遥感监测协同的高寒草地动态监测技术，融合多元遥感数据，对高寒草地的生物量、植被覆盖度、地表温度、土壤水分、土壤有机质等高寒草地指标进行了联动反演。对促进草地科学经营、畜牧业生产、生态修复等行业和领域的发展产生了极大的推动作用。

（四）湿地资源调查监测

湿地资源管理主要在林业主管部门。第一次全国湿地资源调查于 2003 年完成；2009 年国家林业局组织开展第二次全国湿地资源调查，于 2012 年完成。第二次湿地资源调查是我国首次按照国际公约要求对湿地生态系统进行的自然资源国情调查。其间，国家发布了《全国湿地资源调查技术规程》和《湿地分类》（GB/T 24708—2009），将湿地分为近海与海岸湿地、河流湿地、湖泊湿地、沼泽湿地、人工湿地五类 34 型。“国土三调”为加强与林地、湿地、水、草地资源的调查衔接，将湿地调整为一级地类，与耕地、林地、草地等一级地类并列，进一步体现自然资源属性信息。

（五）土地利用现状调查监测

全国土地调查由国土部门组织开展，第一次全国土地调查于 1984 年开始，由于计算机应用刚刚起步，大部分内业工作是人工操作，一直到1997年才完成调查。2007年开始第二次全国土地调查，随着3S技术的广泛应用，调查内容比第一次调查有较大变动，制定了分类标准和调查技术规程，土地利用现状分为耕地、园地、林地、草地、商服用地、工矿仓储用地、住宅用地、公共管理与公共服务用地、特殊用地、交通运输用地、水域及水利设施用地、其他土地共12个一级类、57个二级类。此外，还对城镇村及工矿用地进行单独分类。2017年“国土三调”正式开始，分类体系上沿用了第二次调查一级分类，增加“湿地资源”作为一级类，与耕地、林地、草地等一级地类并列；细化二级类指标，如林地增加森林沼泽、灌丛沼泽二级类，草地增加沼泽草地二级类，水域及水利设施增加沼泽地二级类等，并以2019年12月31日为统一时点。原则上，全国土地调查以县级为单位，按年度开展变更调查。

（六）地理国情普查与监测

地理国情普查与监测由测绘管理部门组织开展，第一次全国地理国情普查于2013年开始，到2015年结束。地理国情普查内容分为12个一级类、58个二级类、135个三级类，包括地表覆盖、地理国情要素和地理单元。其中，地表覆盖分为耕地、园地、林地、草地、房屋建筑（区）、铁路与道路、构筑物、人工堆掘地、荒漠与裸露地表、水域共10个一级类、51个二级类。2016年开始，地理国情普查实行年度更新，数据时点为每年6月30日。其中，浙江省于2019年围绕全省基本地理条件、经济人口状况、自然资源状况、城市发展格局、综合交通发展、海洋开发利用等方面设计指标，以此构建浙江省自然资源监测评价体系；2020年，由内蒙古大学出版社出版发行了《内蒙古自治区自然资源监测与生态修复项目分析研究报告集》，该报告主要包括自治区自然资源和生态环境变化的分析研究、基础性地理国情监测和专题性地理国情监测的分析研究以及测绘地理信息资源服务经济社会发展的分析研究等内容；吉林省与河南省通过高分辨率遥感影像提取变化图斑，开展变化图斑监测。北京、辽宁、甘肃、四川、重庆等多地也开展了相关地理国情监测工作。

三、小结

我国航天遥感监测技术与国外尚有一定差距。遥感技术关系到监测范围、监测质量以及可选择的监测频率，我国航天遥感技术起步较晚，虽然应用进入了一个较快的发展阶段，在技术上仍与国外存在差距，一方面是卫星影像地面分辨率提升较慢，监测的精度难以提升，另一方面是我国生态资源相关遥感工程应用（如林业、农业调查等）多数采用的是可见光波段，高光谱、红外遥感、微波等其他波段的应用大多数在科学研究领域。

我国自然资源调查监测进入系统重构的关键时期。由于过去我国自然资源管理机构较多、各自为政，不同自然资源的调查与监测工作由对应部门独立开展，各类调查工作存在概念不统一、内容有交叉、指标相矛盾、空间有重叠等问题，各部门对自然资源的管理相互制约的问题越来越突出，与我国社会主义新时代高速、高质量发展的要求不符，但从2013年启动的全国第一次地理国情普查工作开始，调查监测工作开始考虑了各类自然资源在概念、空间上的无缝衔接关系，形成了一套“所见即所得”、地表所有自然资源及建设用地无缝衔接的完整成果，随着我国职能机构的调整、自然资源“两统一”职责的确定，自然资源调查监测工作面临更高要求的系统重构、整合优化，需要在分类体系、基础数据、监测思路上都有新突破，自然资源调查监测工作任重道远。

第二章　贵州省自然资源监测工作组织实施与管理

第一节　监测组织实施

根据2018年5月26日贵州省人民政府印发《省人民政府办公厅关于开展全省农村“组组通”公路建设等遥感监测工作的通知》（黔府办发电〔2018〕79号），贵州省自然资源变化对生态影响遥感监测工作由贵州省国土资源厅（现贵州省自然资源厅）牵头，会同贵州省环境保护厅（现贵州省生态环境厅）、贵州省交通运输厅、贵州省农业委员会（现贵州省农业农村厅）、贵州省水利厅、贵州省林业厅（现贵州省林业局）、贵州省水库和生态移民局（现贵州省生态移民局）等有关部门和市、县级政府组织实施。

一、组织保障

监测工作按照“统一领导，多方协作，试点先行，稳步推进”的原则组织实施，成立以省自然资源厅党委书记、厅长为组长的贵州省自然资源变化对生态影响遥感监测工作领导小组（以下简称“领导小组”），领导小组负责贯彻落实省委省政府对监测工作的安排部署，统筹推进各项工作，协调解决监测工作中的重大问题和重要事项。领导小组下设办公室和技术保障办，办公室负责领导小组日常工作，负责监测工作的综合协调、跟踪报告、督促检查和进展评估，完成领导小组交办的其他工作；技术保障办负责监测工作的技术保障，包括制定技术路线、成果汇总等各环节有关事项，统筹解决工作过程中出现的技术问题，按时上报生产进度和情况。

二、组织实施与分工

贵州省自然资源变化对生态影响遥感监测由省、市、县三级机构组织实施，根据自身职责落实监测工作，保障监测工作顺利实施。各级组织机构职能职责如下：

（1）贵州省自然资源变化对生态影响遥感监测工作由省委省政府统一领导，省自然资源厅牵头实施，统筹协调资料收集和工作开展。

（2）省生态环境厅、省交通运输厅、省农业农村厅、省水利厅、省林业局、省生态移民局等7个相关职能部门负责提供相关行业专题资料。

（3）省自然资源厅负责统筹全省遥感影像数据获取，编制自然资源变化对生态影响遥感监测工作技术方案、技术标准，开展技术培训，组织数据处理及汇总分析，解决技术难题。

（4）市（州）政府负责各地监测工作的统筹、宣传和协调，组织所属县（区）开展监测工作。

（5）县（区）政府负责辖区监测工作的统筹、宣传和资源协调，部署所属乡镇工作，协调有关部门工作。

三、监测队伍

监测工作实施过程中，由贵州省自然资源厅国土测绘处负责统筹协调，省第一测绘院作为技术牵头单位，负责编制自然资源变化对生态影响遥感监测工作技术方案，制定贵州省自然资源变化对生态影响遥感监测内容与指标、数据采集规定与采集要求等标准，面向工作技术人员开展技术培训，省第一测绘院、第二测绘院、第三测绘院分区域承担项目相关生产工作，省基础地理信息中心负责全省遥感影像统筹工作，省测绘产品质量监督检验站负责全省监测成果的质检工作。

四、监测周期和经费保障

2018年下半年开始试点工作，2019年监测全面铺开，2020年底结束，历时两年，投入经费共计909.34万元，其中2019年经费为475.2万元，2020年监测工作经费为434.14万元。

五、制度保障

贵州省自然资源变化对生态环境影响遥感监测是一项复杂的系统工程，监测为取得好的成效，必须建立完善的工作机制。为切实保障贵州省自然资源变化对生态环境影响遥感监测工作顺利开展，提高监测管理工作效率，项目领导小组办公室制定了合作研究机制、工作机制、会议制度、技术保障机制共4项制度规定。

（一）合作研究机制

为创新产学研合作机制，发挥项目的社会效益，促进区域经济社会发展，充分引入省内外知名高校及科研机构资源，加强部门和地方联动，充分整合资源，发挥各方优势、形成工作合力。

（1）领导小组负责对合作研究工作的领导，统筹调配相关资源，协调各有关部门，确保各项合作事项稳步推进。领导小组办公室指派专人，负责与合作高校、科研机构对接工作。

（2）以本项目为契机，各方合作共建科技合作平台，结合实际进行创新性研究，共同申报、攻关重大科研课题。

（二）工作机制

（1）人员调配机制。工作中采用分组集中的方式，打破单位界限，各单位根据职责选派精兵强将参与监测工作，各组人员采取非固定办公的方式，根据实际工作需要可采取集中办公，保障工作顺利开展。

（2）沟通机制。及时进行会议通知、工作安排等沟通互动，各单位负责人需及时关注并回应。

（3）问题反馈机制。各单位在工作过程中遇到需要协调的问题应及时汇总上报，交由技术专班研究解决办法并进行反馈。

（三）会议制度

1. 领导小组办公室联席会议

为加强对贵州省自然资源变化对生态影响遥感监测工作的组织领导，强化部门间协调配合，统筹做好贵州省自然资源变化对生态影响遥感监测工作，建立贵州省自然资源变化对生态影响遥感监测工作联席会议（以下简称联席会议）制度。

会议时间由领导小组办公室安排，参加会议人员主要包括各成员单位有关负责同志，根据工作需要，会议可邀请相关部门和单位的专家参加，联席会议成员因工作变动需要调整的，由所在单位提出，联席会议确定。联席会议原则上每季度召开一次全体会议，根据工作需要不定期召开专题会议，由召集人或召集人委托人主持。成员单位根据工作需要可以提出召开会议的建议。在联席会议召开之前，召集人和各成员单位联络员沟通，研究讨论联席会议议题和需要提交联席会议议定的事项及其他有关事项。

2. 专班业务、技术会议

专班业务、技术会议的召开时间、研究内容、参加会议人员，由专班提出方案后，专班负责人决定，并由专班负责人负责召集，专班业务、技术会议可邀请其他相关部门和专家参与。办公地点为原贵州省第一次地理国情普查领导小组办公室。会议每周召开一次，每半月以书面形式向领导小组办公室汇报。会议内容主要包括汇报专班工作小组的生产、工作情况；研究解决生产、工作中存在的问题；制定、部署、安排专班工作小组的生产计划；以及需要通过会议解决的其他问题。会议内容以工作简报的形式报送领导小组办公室。

（四）技术保障机制

充分整合各单位专业技术力量，组建专业技术队伍，为开展贵州省自然资源变化对生态影响遥感监测工作提供强劲的技术保障。开展技术队伍建设与技术培训，采取以点带面的方式，逐步形成技术力量雄厚的技术队伍。各承担单位组织一批学习能力强、技术精、有经验、有热情且踏实肯干的技术骨干成立专班，负责本承担单位的技术设计、技术问题解决以及质量控制方案制定。通过集中培训、技术交流，快速掌握贵州省自然资源变化对生态影响遥感监测的技术要求，并在实践中迅速贯彻落实。

第二节　技术质量管理

贵州省自然资源变化对生态环境影响遥感监测覆盖面积广、监测内容全面、工艺流程复杂、涉及资料多、质量要求高，为保障高质量完成自然资源变化对生态环境影响遥感监测工作，建立了严格的技术质量管理体系，主要包含技术管理、质量管理等方面。

一、技术管理

（一）贯穿项目全流程的技术培训

监测工作实施前，强化监测工作培训。在项目开展之前，组织项目管理人员、技术骨干、质检人员进行培训，学习掌握监测基础理论知识、技术流程及技术要求。监测工作实施中，强化技术指导，针对各环节工作中遇到的技术问题，集中召开现场交流会，统一技术标准，以保障监测成果质量。

（二）严格的技术方案编制流程

建立了一套科学、高效的技术方案编制流程，即试点探索、编制方案、专家评审、完善优化、逐级审批等环节。在全省选典型区域，开展监测工作，探索监测技术标准、技术方法，在试点工作的基础上，编制技术方案，方案形成后组织省内相关领域专家对技术方案的科学性、可行性进行评审，提出改进意见，结合专家意见与试点经验，完善、优化技术方案，将完善后的方案提交技术组审核，技术组批准后提交省自然资源厅审批，批准后方可印发实施。

（三）建立问题反馈及处理机制

问题反馈及处理机制包括问题反馈和技术问题会商。问题反馈机制，即监测单位明确技术负责人，负责问题的收集、汇总及上报工作，将问题上报至领导小组技术保障办。领导小组技术保障办根据问题的汇总情况，召开技术问题会商座谈会，研究解决问题的方案并及时反馈。

二、质量管理

（一）生产过程中的质量控制

生产过程中的质量控制包括前期准备质量控制、实施过程质量控制、验前成果质量控制。

（1）前期准备质量控制，包括技术设计、培训情况、技术装备、资料收集等质量监督。技术设计质量监督主要对设计依据符合性、履行审批程序的合规性进行检查；培训情况质量监督主要对培训的落实情况进行检查；技术装备质量监督主要对仪器设备的检定情况进行检查；资料收集质量监督主要对收集资料的权威性、完整性、现势性、科学性进行检查。

（2）实施过程质量控制，包括首件成果、生产工艺、过程成果质量抽查、技术问题处理、一级检查等。首件成果质量监督主要对生产单位第一幅（批）图的技术设计验证情况进行检查；生产工艺质量监督主要对技术设计符合性进行检查；过程成果质量抽查是将整个项目按照监测流程划分多个工序节点，抽查每个工序阶段性成果质量；技术问题处理质量监督主要对生产中出现问题的记录汇总、上报及处理情况进行检查；一级检查监督主要对监测单位一级检查情况进行抽查。

（3）验前成果质量控制，包括资料完整性、成果数据组织、二级检查情况等。资料完整性检查是根据技术设计，对监测单位基础性监测成果和专题性监测成果的完整性进行检查；成果数据组织检查是根据技术设计对监测单位提交的成果组织形式、数据格式、文件命名等进行检查；二级检查情况的检查是对监测单位二级检查执行情况进行检查，包括检查比率的符合性，检查内容、检查记录的完整性，质量问题修改与复查情况，检查报告的规范性等。

（二）质量评价

监测成果检验严格执行“两级检查、一级验收”制度。监测单位负责监测成果质量的“两级检查”，领导小组办公室委托省测绘产品质量监督检验站对监测成果进行验收。采用抽样检验的方式，首先对成果进行总体概查，通体概查通过后进行样本详查与样本野外概查，检验不合格的成果退回处理，并重新提交验收。重新检验时，侧重新抽样检查。

本次监测工作中，形成了2017—2018年度和2018—2019年度两期监测成果。2019年9月和2020年9月底，省测绘产品质量监督检验站分别对监测数据成果进行检验，监测成果数据中基础性监测数据库空间参考系正确，位置精度和影像套合、时间精度符合要求，元数据各项参数符合要求，数据属性精度经过质量评定，监测成果实现了合格率达到100%、优良品率达到80%以上的质量管理目标，满足项目设计要求，成果质量合格。

（三）成果验收

贵州省自然资源厅在贵阳市组织召开贵州省自然资源变化对生态影响遥感监测成果评审会，专家组一致认为贵州省自然资源变化对生态环境影响遥感监测成果对贵州生态环境保护具有一定指导意义，达到预期目标。

第三章　贵州省自然资源变化监测技术方法

第一节　总体技术思路

在全省范围内选择自然资源类型较丰富的典型区域开展试点，研究建立贵州省自然资源分类体系、生态影响评价体系。以2017—2019年基础性地理国情监测数据及遥感影像为基础，结合第三次全国国土调查成果、林业变更调查成果等资料，提取全省农业、林木、草、地表水等自然资源变化信息，并进行外业实地核查，将数据整理形成监测数据库。结合水系、自然保护地、地形地貌等专题资料进行统计分析，客观反映贵州各类自然资源的变化量、变化频率、分布特征、地域空间差异、变化趋势等，并依据生态影响评价体系，从生态系统格局与构成、生态系统质量、生态系统服务功能、生态环境问题等方面，分析、评价自然资源变化对生态的客观影响，形成反映各类资源、环境、生态要素的空间分布及发展变化规律的专题图件、报告等一系列成果。

一、工作内容

（一）构建贵州省自然资源监测标准体系

监测标准体系主要包括分类标准体系和生态影响评价体系。在调研贵州省发展和改革委员会、自然资源厅、住房和城乡建设厅、农业农村厅、林业局、生态环境厅、水利厅等部门基础上，以“山水林田湖草是生命共同体”的理念为指导，以体现自然资源生态功能差异为目标研究自然资源现有技术标准，围绕种植土地、林地、草地、水域等自然资源，构建土地资源、森林资源、草原资源、地表水资源、湿地资源等分类标准体系。并结合贵州省生态环境特征，科学选取生态功能及生态环境评价方法与模型，建立集生态系统格局与构成、生态系统质量、生态系统服务功能、生态环境问题为一体的生态环境影响评价指标体系。

（二）全省自然资源变化监测

在贵州省多源遥感影像统筹获取的基础上，利用优于2m分辨率的可见光遥感影像，辅以中分高光谱遥感影像。收集基础性地理国情监测数据，自然资源、农业、林业、水利等行业部门的最新专题数据，现势性以当年影像获取时间为准，按照监测内容与指标，对全省范围内林木资源、农业资源、草资源、地表水资源等自然资源的现状及变化信息进行统计分析，对现有自然资源基础地理信息数据进行更新，统计自然资源的空间分布、面积、人均资源占用量等。

（三）自然资源变化对生态影响评价

在各年度自然资源监测成果数据库基础上，结合多源遥感数据和相关部门专题资料，从生态系统格局与构成、生态系统质量、生态系统服务功能、生态环境问题等方面，分析贵州省自然资源变化对生态环境所产生的影响。

二、基础资料

（一）矢量数据本底资料

1. 贵州省第一次全国地理国情普查精细化数字高程模型

贵州省第一次全国地理国情普查的 1：50000 分幅精细化数字高程模型数据，来源于省测绘资料档案馆，数据格式为 GRID 格式，格网间距 10m，现势性为 2014 年，坐标系为 2000 国家大地坐标系，高斯-克吕格投影，6 度分带，高程基准为 1985 国家高程基准，数字高程模型是自然资源在不同坡度带中分布特征统计分析的辅助数据。

2. 2017—2019 年基础性地理国情监测数据

2017 年、2018 年、2019 年贵州省基础性地理国情监测矢量数据成果来源于省测绘资料档案馆，坐标系为 2000 国家大地坐标系，高程基准为 1985 国家高程基准，包括地表覆盖与地理国情要素数据、样本数据和元数据，是自然资源现状、变化数据库的重要基础资料。

3. 全国土地调查阶段性成果

成果来自贵州省国土空间勘测规划院，包括全国第二次土地调查更新成果数据库（时相为 2017 年）、全国第三次土地调查阶段性成果数据库（时相为 2019 年），主要用于农业资源的补充。

4. 林业相关数据库

2018 年贵州省林业变更调查成果数据库、2019 年林业变更调查成果数据库等基础数据来源于贵州省林业局，坐标系为 2000 国家大地坐标系，主要用于林木资源的补充。

（二）影像资料

遥感影像资料主要用于辅助自然资源变化信息的确认、核实，工作中使用的影像主要包括基础性地理国情监测遥感影像、贵州省农业产业结构调整遥感监测基础影像。

1. 基础性地理国情监测遥感影像

2017 年、2018 年、2019 年贵州省基础性地理国情监测的高分辨率遥感影像，以分辨率为 2m 左右的遥感影像为主，坐标系为 2000 国家大地坐标系，高程基准为 1985 国家高程基准，TIFF 格式。

2. 贵州省农业产业结构调整遥感监测基础影像

2017—2019 年，依据贵州省农业产业结构调整遥感监测项目需求，由贵州省测绘资料档案馆统筹获取全省范围内高分辨率遥感影像，以优于 2m 的影像为主，作为基础性地理国情监测影像缺失区域的补充，辅助变化信息核实工作。

（三）专题数据

专题数据主要为全省重要的生态功能单元范围，包括生态保护红线、重要自然保护地、水系等，用于分析全省重要生态功能区、功能单元内自然资源现状及变化。

1. 贵州省生态保护红线矢量数据库

贵州省生态保护红线矢量数据库，是 2020 年贵州省林业局提供的贵州省生态保护红线划定阶段性成果，坐标系为 2000 国家大地坐标系，数据库中包含具有重要生态保护价值的石漠化区域、水土流失区域。用于分析生态保护红线范围内重要石漠化区域、水土流失区域自然资源变化，以及生态环境变化研究。

2. 贵州省重要生态保护地

贵州省重要生态保护地矢量数据库，是 2019 年贵州省林业局提供的全省重要保护地矢量范围，坐标系为 2000 国家大地坐标系，数据库中包含全省范围内自然保护区、湿地公园、森林公园名称和边界等相关信息。用于分析全省自然保护区、湿地公园、森林公园内自然资源变化及生态变化情况。

3. 贵州省重要水系

项目中涉及的贵州省重要水系矢量数据，来自 2015 年贵州省全国第一次地理国情普查成果数据库，主要包括牛栏江横江、乌江、赤水河綦江河、沅江、南盘江、北盘江、红水河、都柳江八个水系。

第二节　工作特点

贵州省自然资源变化对生态影响遥感监测工作，结合国家、省内相关政策标准以及监测工作需求，采用产学研相结合、点面结合、试点先行的方式开展，充分引入当前国内主流技术及省内高校科研机构，发挥多方优势、形成工作合力。选取试点研究建立贵州省自然资源监测分类体系、生态影响评价体系，支撑后续各年度全省自然资源变化对生态影响遥感监测，同时选取局部地区开展遥感监测新技术研究，探索高光谱影像自然资源精细化分类方法及变化信息自动提取方法。工作方法与技术方法主要有以下特点：

一、产、学、研有效结合

自然资源相关现状与变化调查是行业部门及地理信息部门领域常规的调查工作，与研究工作相比，数据资源丰富、精度相对较高；生态环境变化影响研究是科研机构的常规工作，但数据源通常采用非涉密的公开数据源，研究区域相对较大、数据资源相对单一、精度相对较低。贵州省自然资源变化对生态影响遥感监测以优于 2m 的遥感影像为基础资料，同时将调查监测工作与生态影响评价工作有效结合，建立了分类标准体系与评价体系，基于高精度监测数据库开展全省生态影响评价工作，全面评估全省生态系统与环境状况，分析生态系统的演变特征及总体变化趋势，反映生态系统与生态环境变化的驱动力。与传统工作相比，监测工作既对自然资源的量开展了调查、体现微观自然资源变化，又通过分析评价体现自然资源引起的生态系统与环境的质变和宏观生态环境变化，同时具备监测面积广、监测精度高、研究程度较深的特点，是一项有意义的产、学、研一体化的探索工作。

二、点面结合

遥感技术是近年开展调查监测及研究工作的主要技术，且随着航空航天技术的快速发展，遥感自动变化监测将成为未来调查与监测的重要方式。自动变化监测的关键技术主要为遥感影像自动处理技术、自动化分类技术、变化信息自动提取技术。2018 年起，贵州省除了在全省范围内按年度开展自然资源变化对生态影响遥感监测以外，还结合贵州省气候环境特殊、多光谱遥感影像数据获取困难、遥感影像质量难以提升、自然资源分布破碎不集中、监测工作信息化程度难以提高的实际出发，在局部地区开展了遥感自动变化监测关键技术探索：在六盘水市乌蒙山国家地质公园，开展了高光谱遥感技术在自然资源监测中的精细化分类方法研究；在黔南州平塘县周边区域开展了变化信息自动提取实验研究，初步将新技术方法应用在监测工作中。

三、试点先行

贵州省自然资源变化对生态影响遥感监测是一项全新的探索工作，涉及区域广、参与人员多、监测任务重，为确保全省监测工作顺利开展，项目于2018年选取六盘水市钟山区作为试点区域，探索贵州省自然资源分类指标体系，并验证评价体系和模型的适应性，在试点过程中探索技术方法、总结技术问题、对技术路线与标准体系进行调整优化，同时探索监测图件、报告等成果编制要求，为全省总体技术方案制定、后期监测工作的全面实施奠定了坚实基础。

第三节　技 术 创 新

一、GIS技术与其他行业主流技术相结合

贵州省自然资源变化对生态影响遥感监测工作涉及自然资源类型多、监测面积广，为确保年度监测高效完成，综合运用3S现代测绘结合“互联网+”的现代化方式，进行疑问变化图斑外业核实，并充分运用大数据技术，在数据统计分析与生态影响评价工作中，结合国土、农业、林业、水利等行业部门的专题数据，进行快速统计分析与生态影响评价和信息挖掘。

二、高光谱技术监测应用

贵州省地处典型喀斯特地貌地区，以高原山地为主，地形地貌复杂且气候温暖湿润，常年雨季，阴天多，日照少，自然资源分布破碎不集中。遥感技术应用过程中存在影像获取难度大（云量多、拍摄困难）、影像质量难以提升等方面的困难，将高分辨率多光谱数据与高光谱数据进行融合，可以有效提升遥感数据的信息量，对于提升自然资源监测自动化、信息化及精细化程度有重要意义。

（一）不同数据源的自然资源分类模型

考虑到不同数据源的包容度和分类的效率，采用最大似然法对试验区域进行分类。为了保证变量统一，研究使用同一组样本。然后分别对高分辨影像数据、高分辨率+纹理影像数据、高光谱+纹理影像数据、融合影像数据与融合+纹理影像数据进行分类，最后从样本分离度体现数据源对不同地物的特征体现程度，缩略图直观体现分类结果，与2018年图斑的混淆矩阵体现分类的精度变化。

（二）不同分类方法的自然资源分类模型

考虑到不同的分类方法基于不同的特征，所以选取包含信息量种类最多的融合+纹理

数据作为对比研究的数据源。在同一工作平台下，分别记录不同分类方法所运行产生的时间，将分类结果与国情现状图进行参照对比，以得出性能最佳的分类方法。通过运用最大似然法、支持向量机、ISO 非监督分类、平行六面体、最小距离法与马氏距离的自然资源分类方法，得到支持向量机的自然资源分类的精度是 ENVI 所有分类方法里最高的，最大似然法的自然资源分类方法效率和精度最好。

（三）基于波段值对相关植被指数计算分析模型

通过获取的高光谱影像数据，运用 ENVI 的波段值计算模型计算植被的归一化植被指数（NDVI）、植被衰减指数（PSRI）、归一化植被指数的平均相对误差（MRENDVI）、植被健康等指数并进行分析，客观地体现区域内植物的生长状况。

目前整套监测技术方法在贵州省六盘水市乌蒙山国家地质公园自然资源变化监测应用中，取得了阶段性的成果。在自然资源分类对比研究中，通过不同数据源和不同分类方法的结合，得出了不同情况下可参照的数据源和分类方法得到的最优结果；高光谱遥感具备捕捉细微光谱特征的能力，数据丰富的光谱信息可以提供许多肉眼观察不到的信息，通过对地物中的微量元素浓度或植被指数的反演了解到地物的状态。利用反演得到的归一化植被指数和指数衰减指数，客观反映出乌蒙山地区植物的健康状况。利用反演得到的叶绿素 a、悬浮物、总磷、总氮、氨氮浓度，为乌蒙山水域的浑浊度和生态环境提供了研究数据。

三、遥感影像自动变化提取应用

工作中以贵州省黔南州平塘县周边地区为试验区（面积约 2000km^2），选择与自然资源变化关系密切、变化频率最高的动土层（建设用地、采掘地等）作为研究对象，研究变化信息自动提取。以深度学习的卷积计算理论为支撑，模拟人脑分层结构的神经计算模型，构建多层神经网络来抽取目标特征，从高分辨率遥感影像上自动进行变化特征学习，寻找和发现图像目标的内部结构和关系；同时，充分利用遥感大数据、GPU 计算等手段，提升变化信息提取的准确性和普适性。具体工作内容如下：

（1）结合平塘县周边地区地貌和生态环境特点，分析人工建筑在遥感影像上呈现的遥感特征，包括颜色、大小、形状、阴影、纹理等直接解译标志和相对关系等间接解译标志；评估其是否存在区域差异性和是否受季节影响；并总结人工建筑遥感影像变化特征，通过全面的特征分析进一步支撑建筑变化遥感监测需求分析和解决方案的提出。

（2）针对建筑变化分析结论，明确数据源，进行样本制作和训练工作。其中样本制作包括样本标注/整理、样本扩增、样本筛选与质检等；训练工作基于深度学习框架开展，针对 FAST 宁静区建筑变化特点进行深度学习样本预处理、网络模型构建、迭代调优训练、模型验证等工作，获取提取精度和普适性较强的模型，为智能提取功能的开发提供技术基础。

（3）基于建筑变化深度学习训练模型，结合工程化应用需求，开展平塘县周边区域建筑变化的自动提取工具研发工作。

综合运用已有深度学习技术方法，结合建筑变化业务场景，分析建筑变化遥感影像特征，以适配的 Tensorflow 开源深度学习框架为基础，开展深度学习网络模型设计；制作样本数据集，开展深度学习模型训练。

研究表明，项目中设计的模型适用于贵州山区高分一号、高分二号、资源三号、北京二号等数据源的融合影像数据，在平塘县周边区域的建筑变化提取精度为46%，能有效提高变化信息自动检测提取效率。在对连片裸土或构筑物上新增建筑变化提取效果较好，对连片建筑物消亡后变为裸土的情况变化提取效果也较好，与此同时，小面积建筑的新增或消亡变化漏提取现象较为明显，由于山体或水体阴影变化造成的建筑变化误提取现象也较为明显。

第四节　自然资源分类体系

2018 年以前，更新频率较高、覆盖面积较广、分类较全面的自然资源相关调查监测，主要为基础性地理国情监测、第二次全国土地调查、林业变更调查。但由于数据服务重点对象有差别，因此分类体系与采集指标都有侧重点：基础性地理国情监测工作由当时的测绘地理信息部门牵头开展，关注的对象既包括生态类资源，也包括建设用地，各项分类都较细致，采集指标也偏向测绘地理信息行业要求，精度相对较高，注重资源的自然属性；第二次全国土地调查分类主要以土地用途为依据，农业类、建设类用地分类较细，但更注重土地用途属性；林业变更调查更注重林业资源的属性与用途，对于森林资源的分类和采集指标设计较精细，农业、草地、水域等资源的划分相对简单。

以上每种分类体系均不能同时具备贵州省自然资源监测工作的要求：既能充分体现各类资源在生态功能方面的差异，又能兼顾大尺度范围常态化自然资源监测工作效率的要求。因此监测工作开展前，首先以“山水林田湖草生命共同体”理念为导向，以更好地体现自然资源生态功能差异为目的。在研究当前自然资源有关分类体系基础上，建立了贵州省自然资源分类体系，确保自然资源覆盖变化数据更好地支撑生态影响评价。

一、贵州省自然资源分类体系

贵州省自然资源变化对生态影响遥感监测范围覆盖全省全域，全省地貌类型以山地为主，存在少量丘陵、平原和台地。气候上具有明显的亚热带性质，植被组成种类繁多，区系成分复杂。根据贵州省特定的地理位置和复杂的地形地貌，按照其属性和用途等性质，将陆地自然资源分为四级，一级类包括农业资源、林木资源、草资源、水资源和其他用地；二级类包括耕地、有林地、天然草地等共 13 类；三级类在二级分类基础上共包括 16 类。贵州省自然资源分类见表 3-1。

表 3-1　贵州省自然资源分类表

自然资源一级类		自然资源二级类		自然资源三级类		最小面积指标/m²
编码	名称	编码	名称	编码	名称	
A	农业资源	A1	耕地			400
		A2	园地			400
F	林木资源	F1	有林地	F11	乔木林地	400
				F12	竹林	400
		F2	疏林地			400
		F3	绿化林地			100
		F4	灌木林地			400
		F5	未成林造林地			400
G	草资源	G1	天然草地			400
		G2	人工草地	G21	绿化草地	100
				G22	其他人工草地	400
S	水资源	S1	地表水	S11	河流水面	400
				S12	湖泊水面	
				S13	库塘水面	
				S14	沟渠	
				S15	沼泽地	
E	其他用地	E1	人工地表	E11	建筑物及硬化地表	200
				E12	未硬化地表	
				E13	道路用地	
		E2	未利用地	E21	裸岩石砾地	1600
				E22	盐碱地表	
				E23	泥土地表	
				E24	沙质地表	
		E3	露天采矿			600

（1）农业资源：指在一定技术条件和一定时间内可为人类利用的农业用地类型。是土地资源的一部分，属于经济范畴，人类利用后能带来财富。贵州省自然资源监测的农业资

源主要包括耕地和园地。

（2）林木资源：是林地及其所生长的森林有机体的总称。贵州省自然资源监测的林木资源主要包括有林地、疏林地、绿化林地、灌木林地、未成林造林地五大类，不包括林中和林下植物、野生动物、土壤微生物及其他自然环境因子等资源。

（3）草资源：指地表长年稳定存在的草本植物、人工干预的土地后期生长且常年存在的草本植物、专供畜牧养殖的牧草地。由于贵州省气候潮湿，自然生长的草地在短时间内也会快速发育灌丛植被，大多数为草灌伴生，长期稳定且独立存在的草资源稀少（多数为牧草地、绿化草），草灌伴生的资源优先认定为林木资源中的灌木。

（4）水资源：是陆地表面上动态水资源和静态水资源的总称，主要有河流、湖泊、沼泽、冰川、冰盖等，包括人工水与天然水。贵州省自然资源监测中的水资源主要包括河流水面、湖泊水面、库塘水面、沟渠、沼泽地。

（5）其他用地：指以上资源未列入的其他陆地资源，贵州省自然资源监测中的其他用地类型主要为除以上自然资源以外的地表类型，包括人工地表（人工建筑等）、未利用地和露天采矿三大类，一同监测形成省域全覆盖、无缝衔接的自然资源监测数据库，同时作为自然资源流转分析的参考，也是生态系统中城乡聚落类型的主体。

二、贵州省生态系统分类体系

中国生态系统评估研究中将生态系统分为森林生态系统、灌丛生态系统、草地生态系统、农田生态系统、城镇生态系统/城乡聚落生态系统、荒漠生态系统、湿地生态系统、裸地、冰川/永久积雪 9 种一级类型。以原环境保护部与中国科学院联合开展的《全国生态环境十年变化（2000—2010 年）遥感调查评估》技术指南为参考，结合贵州实际，构建生态系统分类体系。贵州省生态系统属于陆地生态系统，在生态系统纲一级，陆地生态系统可以分为森林生态系统、灌丛生态系统、草地生态系统、湿地生态系统、农田生态系统、城乡聚落生态系统和荒漠生态系统 7 类；生态系统二级分类包括针叶林、阔叶林等共 20 类。生态系统分类见表 3-2。

表 3-2　生态系统分类表

生态系统一级类		生态系统二级类	
编码	名称	编码	名称
1	森林生态系统	101	针叶林
		102	阔叶林
		103	针阔混交林
		104	竹林

续表

生态系统一级类		生态系统二级类	
编码	名称	编码	名称
2	灌丛生态系统	201	阔叶灌
		202	针叶灌
		203	稀疏灌
3	草地生态系统	301	人工草
		302	天然草
4	湿地生态系统	401	河流
		402	湖泊
		403	水库
		404	沼泽
5	农田生态系统	501	耕地
		502	园地
6	城乡聚落生态系统	601	城镇
		602	乡村
		603	交通
7	荒漠生态系统	701	裸岩
		702	裸土

（1）森林生态系统：指以乔木、竹林等为主要生产者的陆地生态系统。森林生态系统对维持我国自然生态系统格局、功能和过程具有特殊的生态意义。客观衡量森林生态系统的服务效能，对于森林资源保护及其科学利用具有重要意义。

（2）灌丛生态系统：指以灌木为主要生产者的陆地生态系统。灌丛生态系统是在生境条件不太适宜的情况下形成的一种稳定的生态系统类型，这种生境不适宜的原因有的是气候方面的，有的是土壤基质条件的限制，也有的是长期人为活动的干扰，正是由于这些限制（干扰）因子的作用，该地域不能发育成森林，而适应这些条件的灌丛得以持久存在并形成稳定的生态系统类型。灌丛生态系统的植被类型是灌丛，其植株矮化，多分枝，叶片小而质硬，成丛状或匍匐状生长，有的还具有肉质、多刺等明显的旱生特征。

（3）草地生态系统：指在中纬度地带大陆性半湿润和半干旱气候条件下，由多年生耐旱、耐低温，以禾草占优势的植物群落的总称，指的是以多年生草本植物为主要生产者的陆地生态系统。草地生态系统具有防风、固沙、保土、调节气候、净化空气、涵养水源等生态功能。草地生态系统是自然生态系统的重要组成部分，对维系生态平衡、地区经济、人文历史具有重要地理价值。草地生态系统是以饲用植物和食草动物为主体的生物群落与其生存环境共同构成的开放生态系统。

（4）湿地生态系统：湿地一词最早出现于1956年美国鱼类和野生动物管理局《39号通告》，通告将湿地定义为“被间歇的或永久的浅水层覆盖的土地”。本书中湿地生态系统指所有的陆地淡水生态系统，包括河流、湖泊、沼泽、水库。

（5）农田生态系统：指人工建立和依赖人工管理的以农作物种植为中心的土地利用类型。农田生态统属于人工生态系统，是人类设计和驯化的生态系统，是人类利用生物和非生物环境之间以及生物种群之间的相互关系，通过合理的生态结构和高效生态机能，进行能量转化和物质循环，并按人类社会需要进行物质生产的综合体。农田生态系统不仅受自然规律的制约，还受人类活动的影响；不仅受自然生态规律的支配，还受社会经济规律的支配。相对自然生态系统，群落结构单一，往往为一种或数种作物/品种，功能状态几乎完全受制于人为管理措施，农产品随收获而移出系统，养分循环主要依靠系统外投入而保持平衡。农田生态系统的稳定和物质服务功能的可持续是人类社会存在和发展的基础。

（6）城乡聚落生态系统：是人类对自然环境的适应、加工、改造而建设起来的特殊的人工生态系统。城乡聚落生态系统是一个综合系统，由自然环境、社会经济和文化科学技术共同组成。它包括作为城市发展基础的房屋建筑和其他设施，以及作为城市主体的居民及其活动。城市在更大程度上属于人工系统。它不仅有生物组成要素（植物、动物和细菌、真菌、病毒）和非生物组成要素（光、热、水、大气等），还包括人类和社会经济要素，这些要素通过能量流动、生物地球化学循环以及物资供应与废物处理系统，形成一个具有内在联系的统一整体。

（7）荒漠生态系统：指分布于干旱与半干旱区、植被覆盖度低于4%的土地。荒漠生态系统分布于干旱地区，极端耐旱植物占优势。由于水分缺乏，植被极其稀疏，甚至有大片的裸露土地，植物种类单调，生物生产量很低，能量流动和物质循环缓慢。

三、贵州省自然资源与生态系统分类衔接关系

根据自然资源变化分析其对生态系统产生的影响，结合自然资源属性和生态系统类型性质，构建了贵州省自然资源分类体系与生态系统分类之间的衔接关系，如表3-3所示。

表3-3 贵州省自然资源分类与生态系统分类衔接表

自然资源类		自然资源亚类		自然资源细类		生态系统一级分类
编码	名称	编码	名称	编码	名称	
A	农业资源	A1	耕地			农田生态系统
		A2	园地			

续表

<table>
<tr><th colspan="2">自然资源类</th><th colspan="2">自然资源亚类</th><th colspan="2">自然资源细类</th><th rowspan="2">生态系统一级分类</th></tr>
<tr><th>编码</th><th>名称</th><th>编码</th><th>名称</th><th>编码</th><th>名称</th></tr>
<tr><td rowspan="6">F</td><td rowspan="6">林木资源</td><td rowspan="2">F1</td><td rowspan="2">有林地</td><td>F11</td><td>乔木林地</td><td rowspan="4">森林生态系统</td></tr>
<tr><td>F12</td><td>竹林</td></tr>
<tr><td>F2</td><td>疏林</td><td></td><td></td></tr>
<tr><td>F3</td><td>绿化林地</td><td></td><td></td></tr>
<tr><td>F4</td><td>灌木林</td><td></td><td></td><td rowspan="2">灌丛生态系统</td></tr>
<tr><td>F5</td><td>未成林造林地</td><td></td><td></td></tr>
<tr><td rowspan="3">G</td><td rowspan="3">草资源</td><td>G1</td><td>天然草地</td><td></td><td></td><td rowspan="3">草地生态系统</td></tr>
<tr><td rowspan="2">G2</td><td rowspan="2">人工草地</td><td>G21</td><td>绿化草地</td></tr>
<tr><td>G22</td><td>其他人工草地</td></tr>
<tr><td rowspan="5">S</td><td rowspan="5">水资源</td><td rowspan="5">S1</td><td rowspan="5">地表水</td><td>S11</td><td>河流水面</td><td rowspan="5">湿地生态系统</td></tr>
<tr><td>S12</td><td>湖泊水面</td></tr>
<tr><td>S13</td><td>库塘水面</td></tr>
<tr><td>S14</td><td>沟渠</td></tr>
<tr><td>S15</td><td>沼泽地</td></tr>
<tr><td rowspan="8">E</td><td rowspan="8">其他用地</td><td rowspan="3">E1</td><td rowspan="3">人工地表</td><td>E11</td><td>建筑物及硬化地表</td><td rowspan="3">城乡聚落生态系统</td></tr>
<tr><td>E12</td><td>未硬化地表</td></tr>
<tr><td>E13</td><td>道路用地</td></tr>
<tr><td rowspan="4">E2</td><td rowspan="4">未利用地</td><td>E21</td><td>裸岩石砾地</td><td rowspan="4">荒漠生态系统</td></tr>
<tr><td>E22</td><td>盐碱地表</td></tr>
<tr><td>E23</td><td>泥土地表</td></tr>
<tr><td>E24</td><td>沙质地表</td></tr>
<tr><td>E3</td><td>露天采矿</td><td></td><td></td><td>城乡聚落生态系统</td></tr>
</table>

第五节　生态环境影响评价体系

生态环境影响评价主要从生态系统格局、生态系统质量、生态系统服务功能、生态系统环境问题等方面开展，分析贵州省自然资源变化对生态环境所产生的影响，如图 3-1 所示。

一、生态系统格局

生态系统格局包括生态系统空间格局和景观格局，即不同生态系统在空间上的配置

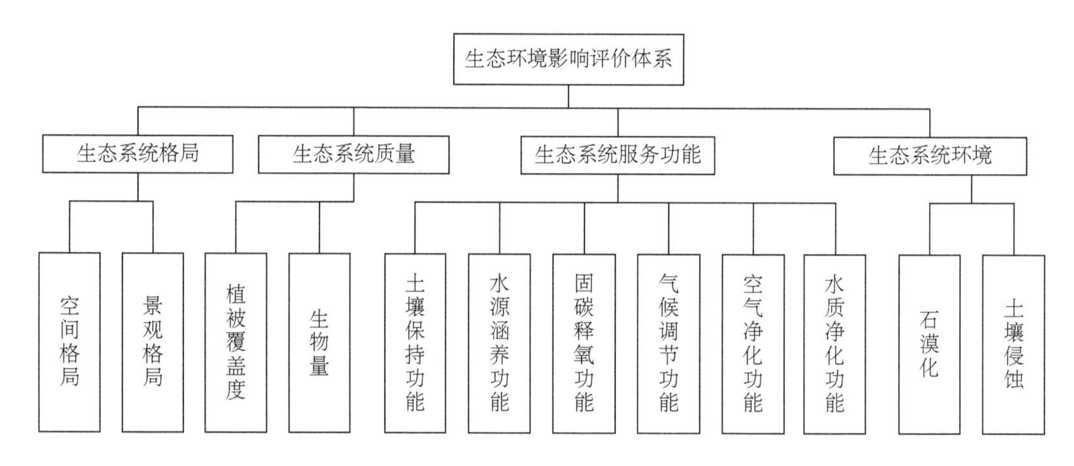

图 3-1　生态环境影响评价体系图

以及不同景观之间的分布构成。分析不同生态系统类型在空间上的分布、数量比例、空间格局，以及不同类型生态系统相互转化特征及生态系统变化的强度，可以挖掘生态系统类型变化的热点区域。工作中根据分析与评估内容，构建了生态系统格局评价指标体系，如表 3-4 所示。

表 3-4　全国生态系统格局及变化评价指标

评价内容	评价指标
生态系统构成	生态系统面积
	生态系统构成比例
生态系统构成变化	类型面积变化率
生态系统景观格局特征及其变化	斑块数量（NP）
	平均斑块面积（MPS）
	斑块密度（PD）（m/hm^2）
	斑块聚合度（AI）
生态系统结构变化各类型之间相互转换特征	生态系统类型变化方向
	综合生态系统动态度

二、生态系统质量

生态系统质量是指主要表征生态系统自然植被的优劣程度，反映生态系统内植被与生态系统整体状况。工作中以贵州省自然资源变化监测数据为基础，评估生态系统的生物量和植被覆盖度的变化状况及其空间格局变化，明确生态系统质量变化趋势与特征。

生态系统质量评估主要针对森林、灌丛、草地等生态系统质量进行时空动态变化监测，评估包括地上生物量和植被覆盖度的年平均值指标，如表 3-5 所示。

表 3-5　生态系统质量评估指标体系

序号	生态系统	评估指标
1	森林	年生物量
		相对生物量密度
		年均植被覆盖度
2	灌丛	年生物量
		相对生物量密度
		年均植被覆盖度
3	草地	年均植被覆盖度

三、生态系统服务功能

生态系统服务功能是指生态系统与生态过程所形成及所维持的人类赖以生存的自然环境条件与效用，它给人类提供生存必需的食物、医药及工农业生产的原料，而且维持了人类赖以生存和发展的生命支持系统。

贵州省自然资源变化对生态影响评价以遥感影像、监测成果数据库为基础，结合国家生态系统观测研究网络的长期监测数据，应用生态系统服务功能评估模型，评估生态系统的土壤保持、水源涵养、固碳释氧、气候调节、空气净化、水质净化等服务功能状况及其空间特征。因贵州无较大风沙出现，在此不做防风固沙功能分析；由于文化服务功能主要与自然景观（旅游景点）和游客消费有关，与自然资源变化无直接关系，故不做文化服务功能分析，具体指标体系如表 3-6 所示。

表 3-6　生态系统服务功能评估指标体系

序号	生态系统服务功能	评估指标
1	土壤保持	土壤保持量
2	水源涵养	水源涵养量
3	固碳释氧	固碳量
		固碳速率
		释氧量
4	气候调节	蒸腾量/蒸发量
5	空气净化	空气自净能力估算功能量
6	水质净化	水质自净能力估算功能量

四、生态系统环境问题

生态系统环境问题是指由于生态平衡遭到破坏，导致生态系统的结构和功能严重失调，从而威胁到人类的生存和发展的现象。随着贵州省社会经济的快速发展，建设活动与资源开发强度不断加大，对贵州省的生态系统造成了巨大的威胁，也同样是造成贵州省生态格局、质量、服务功能变化的重要原因。监测工作中生态系统环境问题主要从石漠化和土壤侵蚀两个方面进行分析评价。

第四章　数据库建设及统计分析

贵州省自然资源变化对生态影响遥感基础监测和专题监测形成了大量的数据成果，需要对其进行科学的存储、管理及发布，并通过统计分析体现数据价值。涉及的主要工作包括自然资源年度现状数据和变化数据建库、生态系统年度现状数据和变化数据建库，自然资源和生态环境指标统计分析。其中数据建库工作是将已完成的地理国情监测（2017 年）或第三次全国国土调查（2018 年、2019 年）地类覆盖信息与自然资源分类数据映射和入库检查的各种成果数据，包括正射影像、地表覆盖分类、自然资源现状地类要素、自然资源变化地类要素、专题监测成果、自然资源监测元数据等批量入库到数据库中，实现数据的存储、管理及运算。统计分析工作是以自然资源对生态影响遥感监测数据为基础，结合相关行业部门专题数据，基于不同统计单元，采用多种统计分析模型及方法，对自然、生态等自然资源要素进行统计和分析，综合反映各类型统计单元内自然资源的空间分布、空间结构、空间关系、地域差异等特征，揭示自然资源环境和生态系统功能的空间分布规律，形成自然资源统计分析报告。

第一节　数据库建设

一、数据库建设的原则与目标

依据《贵州省自然资源变化对生态影响遥感监测数据库建设技术设计书》和《贵州省自然资源变化对生态影响遥感监测生产建设指导书》，建立贵州省自然资源变化对生态影响遥感监测数据库，包含遥感影像、自然资源现状要素、自然资源变化要素、生态系统现状要素、生态系统变化要素、专题数据、自然资源统计分析成果、生态系统统计分析成果等 9 个子库。数据库建设按以下原则与目标进行设计与建设。

（一）实现自然资源监测数据省市县统一建库

针对省市县三级监测内容，采用统一的分类原则和技术标准，统一建设自然资源监测数据库，实现省市县自然资源监测成果数据互联互通，为后期数据共享、成果复用奠定基础。

（二）为生态环境统计分析提供支撑

开展常态化自然资源变化对生态影响遥感监测，需要以空间连续、时点统一的本底数据库为基础，及时获取全省地表自然和生态环境要素的变化数据，结合全省生态系统格局、生态系统质量、生态系统服务功能和生态环境问题评估结果，综合统计分析并评估全省生态环境质量总体特征、空间格局和年度变化趋势，形成多期自然资源变化对生态影响监测成果数据。数据库建设为持续开展全省地表自然资源和生态环境要素的空间化定量化监测、分析挖掘提供基础数据，可揭示自然资源和生态系统的空间分布和变化规律，为全省生态文明建设的优化管理提供支撑。

（三）为政府和社会公众提供数据应用服务

政府在进行政策制定和科学决策时，需要大量数据、信息作为支撑，其中自然资源信息是重要内容之一。以自然资源监测成果为基础，结合相关经济社会和生态环境等专题数据，基于自然资源大数据管理与分析，提炼准确的生态环境信息，为政府部门政策制定和科学决策提供支撑。

二、数据库建设总体结构

采用基于 ArcGIS GeoDatabase 的地理数据库，将成果数据分为三级层次结构组织：一级为年度自然资源监测成果；二级为文档成果、图件成果、数据成果；三级为元数据库、监测数据库，元数据库、监测数据库以市（州）、县（区）名称命名。监测数据库和元数据库由 10 个分库组成，分别为地表覆盖库、自然资源现状要素库、自然资源变化要素库、遥感影像库、遥感影像解译样本库、元数据库、专题资料库、专题监测库、文档资料库、统计分析成果库。基于数据库实现对数据的管理与维护，包括数据检索、统计分析、专题图制作、数据交换等功能。数据库建设总体框架如图 4-1 所示。

（一）基础性监测数据库设计

1. 图层设计

根据自然资源变化对生态影响遥感监测方案，基础性监测数据库分为 6 层，具体的图层名称及说明如表 4-1。

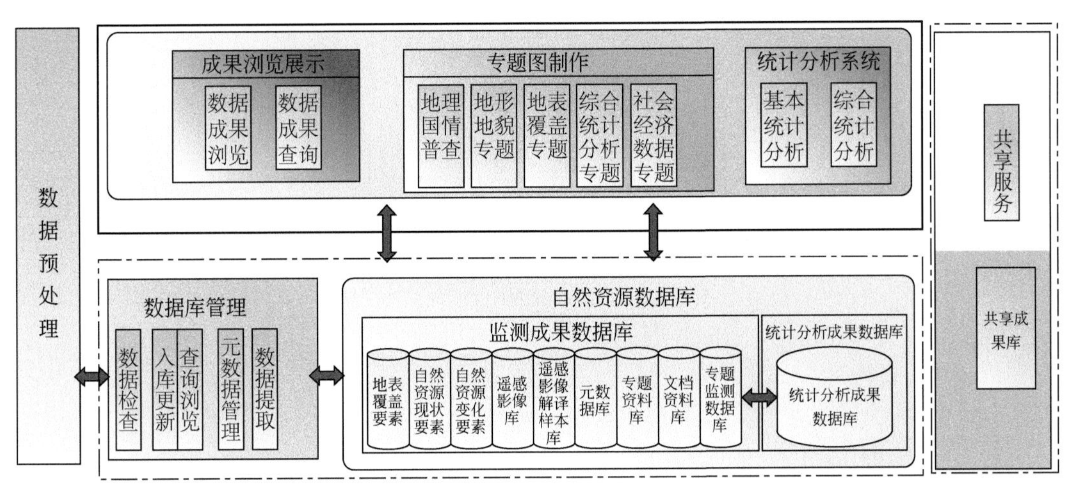

图 4-1　数据库总体结构

表 4-1　自然资源数据库的图层

图层名称	描述	图层类型
ZRZYXZ_X	自然资源现状_××县	面图层
ZRZYBH_X	自然资源变化_××县	面图层
ZRZYXZ_GNDY	自然资源现状_××功能单元	面图层
ZRZYBH_GNDY	自然资源变化_××功能单元	面图层
ZRZYXZ_ZTQY	自然资源现状_××专题区域	面图层
ZRZYBH_ZTQY	自然资源变化_××专题区域	面图层

2. 属性结构

1）年度自然资源现状图层的属性结构

自然资源现状图层属性结构如表 4-2，该图层记录了自然资源一级类、二级类和三级类自然资源编码及图斑面积。

表 4-2　年度自然资源现状图层的属性结构

序号	字段名称	描述	数据类型	长度	约束条件
1	ZRZY171	2017 年自然资源一级类	TEXT	8	M
2	ZRZY172	2017 年自然资源二级类	TEXT	8	M
3	ZRZY173	2017 年自然资源三级类	TEXT	8	M
4	MJ	地类面积	double		M

2）年度自然资源变化情况的属性结构

自然资源变化图层属性结构如表 4-3，该图层记录了监测期基期自然资源一级类、二级类、三级类自然资源编码和末期自然资源一级类、二级类、三级类自然资源编码及图斑面积。

表 4-3　年度自然资源变化图层的属性结构

序号	字段名称	描述	数据类型	长度	约束条件
1	ZRZY181	2018 年自然资源一级类	TEXT	8	M
2	ZRZY182	2018 年自然资源二级类	TEXT	8	M
3	ZRZY183	2018 年自然资源三级类	TEXT	8	M
4	ZRZY191	2019 年自然资源一级类	TEXT	8	M
5	ZRZY192	2019 年自然资源二级类	TEXT	8	M
6	ZRZY193	2019 年自然资源三级类	TEXT	8	M
7	MJ	地类面积	double		M

3）湿地资源变化图层属性结构及字段设计

湿地资源变化图层属性结构如表 4-4，该图层记录了监测期基期自然资源一级类、二级类、三级类自然资源编码和末期自然资源一级类、二级类、三级类自然资源编码及图斑面积。

表 4-4　年度湿地资源变化图层的属性结构

序号	字段名称	描述	数据类型	长度	约束条件
1	NAME	湿地资源名称	TEXT	64	M
2	TYPE	湿地类型	TEXT	32	M
3	AREA	湿地面积	Double		M
4	变化情况	湿地变化类别	TEXT	255	M

（二）评价数据库设计

1. 图层设计

根据自然资源变化对生态影响遥感监测方案，评价数据库分为三层，具体的图层名称及说明如表 4-5。

表 4-5　生态系统数据库的图层

序号	图层名称	说明
1	STXTXZ2019	2019 年生态系统现状
2	STXTXZ2018	2018 年生态系统现状

续表

序号	图层名称	说明
3	STXTXZ2017	2017 年生态系统现状
4	STXTBH2018_2019	2018—2019 年生态系统变化
5	STXTBH2017_2018	2017—2018 年生态系统变化

2. 属性结构

1）年度生态系统现状图层的属性结构

生态系统现状图层属性结构如表4-6，该图层记录了生态系统一级类和二级类名称及生态系统面积。

表 4-6　年度生态系统现状图层的属性结构

序号	字段名称	描述	数据类型	长度	约束条件
1	STXT181	生态系统一级类	TEXT	8	M
2	STXT182	生态系统二级类	TEXT	8	M
3	MJ	地类面积	double		M

2）年度生态系统变化图层的属性结构

生态系统变化图层属性结构如表4-7，该图层记录了监测期基期生态系统类型、末期生态系统类型及生态系统面积。

表 4-7　年度生态系统变化图层的属性结构

序号	字段名称	描述	数据类型	长度	约束条件
1	STXT171	生态系统一级类	TEXT	8	M
2	STXT172	生态系统二级类	TEXT	8	M
3	STXT181	生态系统一级类	TEXT	8	M
4	STXT182	生态系统二级类	TEXT	8	M
5	MJ	地类面积	double		M

三、数据库建设内容

（一）本底数据库

本底数据库由2017年地理国情监测数据和第二次全国土地调查成果数据中耕地、园地、林地、草地、房屋建筑、道路、构筑物、人工堆掘地、荒漠与裸露地表、水域等地表覆盖类型的空间范围和属性信息组成。监测本底数据概念模型如图 4-2 所示。

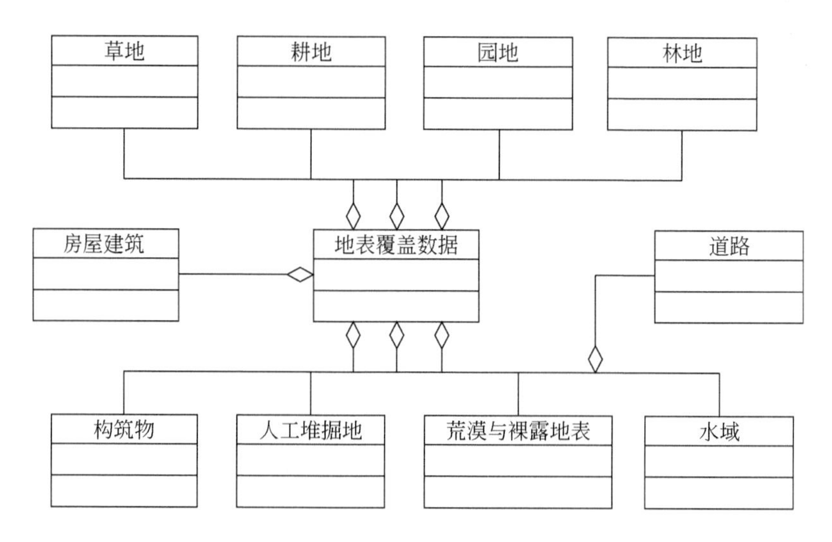

图 4-2　地表覆盖概念模型

（二）现状数据库

现状数据库主要存储以行政区划等为统计单元的湿地、农业、森林、草地、地表水、矿产等基础性自然资源监测内容。现状数据库概念模型如图 4-3 所示。

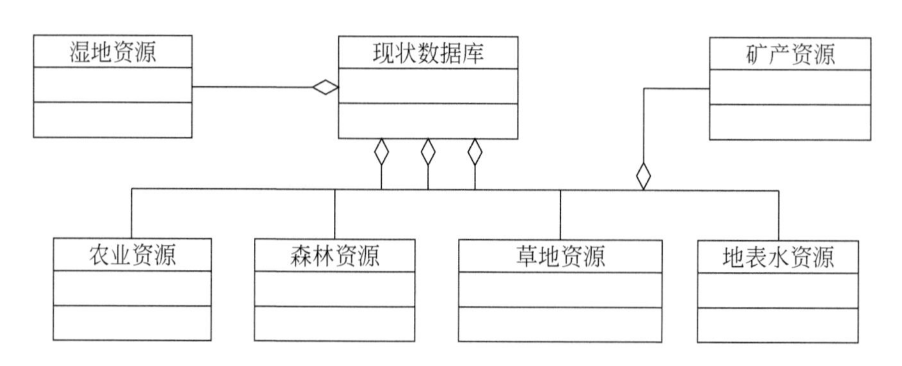

图 4-3　资源现状概念模型

（三）变化数据库

变化数据库主要存储以行政区划等为统计单元，经过专题数据提取、影像核查后得到的作物、林木、草地、地表水、人工地表、未利用地、露天采矿用地等基础性监测年度变化内容。

（四）专题监测数据库

专题监测库主要存储自然资源变化对生态影响遥感监测中专题监测内容，主要包括全省自然保护区内自然资源监测、湿地公园内自然资源监测、森林公园内自然资源监测、生态保护红线内自然资源监测、重要水系范围内自然资源监测、水土流失区自然资源监测、石漠化区自然资源监测、不同等级坡度区域自然资源监测等。专题监测库概念模型如图 4-4 所示。

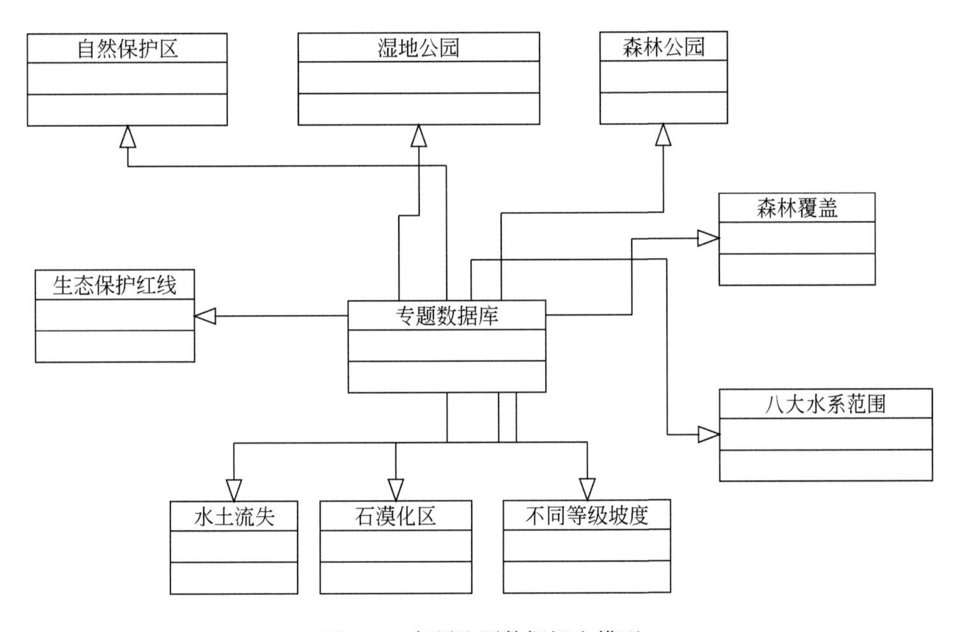

图 4-4　专题监测数据概念模型

（五）生态系统数据库

生态系统数据库主要存储自然资源变化对生态影响遥感监测中生态环境影响评价内容，主要包括全省生态系统格局、生态系统质量、生态系统服务功能与变化、生态环境问题影响、自然资源变化对生态影响等生态环境分析内容。

（六）统计分析成果数据库

统计分析成果数据库包括基本统计成果、综合统计成果和分析评价成果。其中，基本统计成果主要分为数据集、报表和基本统计报告；综合统计成果、分析评价成果主要为数据集和报告成果。监测工作统计分析概念模型如图 4-5 所示。

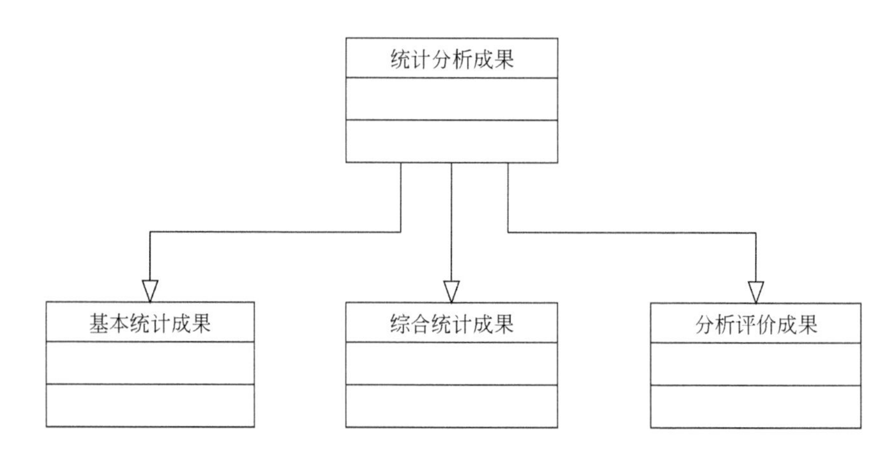

图 4-5　监测工作分析统计数据概念模型

（七）影像数据库

遥感影像数据分为正射影像、高分辨率影像和原始卫星影像数据。其中正射影像包括分幅正射影像，影像控制点数据包括控制点影像和控制点信息文件，如图 4-6。遥感影像数据坐标系统为 2000 国家大地坐标系，高斯-克吕格投影 6 度分带，高程基准为 1985 国家高程基准，TIFF 格式。

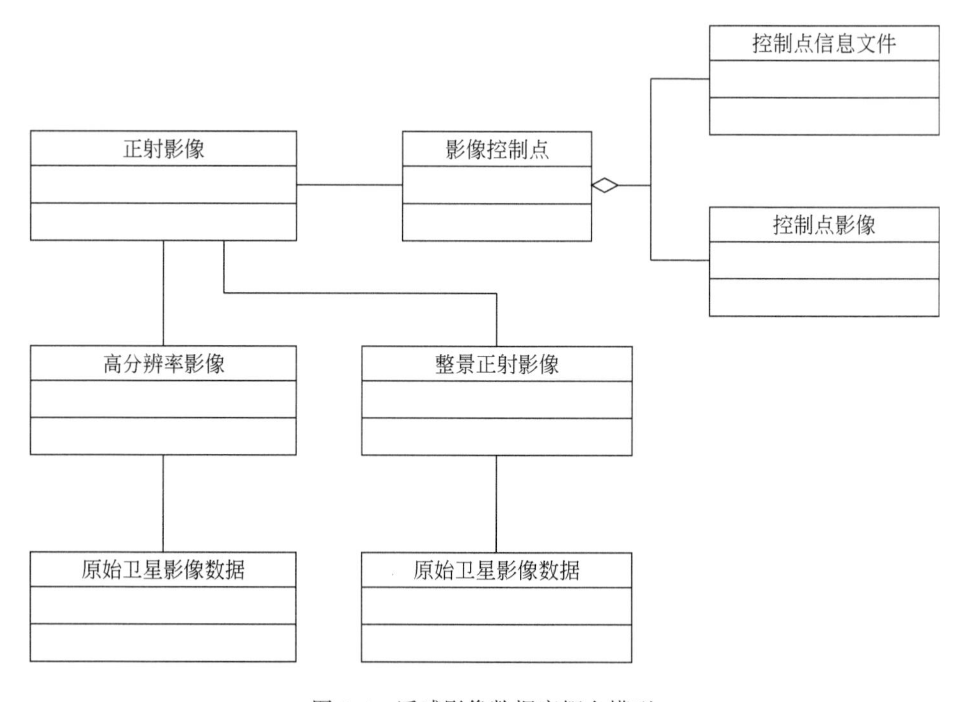

图 4-6　遥感影像数据库概念模型

（八）样本数据库

样本数据库以年度基础性地理国情监测样本数据库为基础，将地理国情监测样本地类编码转换为自然资源分类码，得到自然资源样本初始数据库，利用 2018 年基础性国情监测影像对样本数据库进行人工筛选、判读，对样本照片模糊、特征不明显、角度不理想、样本点特征与自然资源分类图斑不一致、方位角指向模糊、一点多拍或拍摄点基本重合、拍摄点过于密集等进行剔除，并注意照片与矢量点应同时删除，确保最终样本照片数量与矢量样本点数量保持一致，从而建立自然资源变化对生态影响监测样本数据库。

第二节　统 计 分 析

一、统计分析主要指标

统计监测期各类自然资源现状及变化面积、资源占比，依据资源变化特征，将统计数据按一级类或二级类进行汇总，如表 4-8 所示。

表 4-8　自然资源基本统计指标

统计指标	描述	公式	单位
面积	各类自然资源面积		km^2
占比	各类自然资源占地表自然资源总面积的比例	各类自然资源/地表自然资源总面积	%
面积变化	年度间各类自然资源的面积变化量	监测期面积–本底面积	km^2

二、基本统计分析

分别以全省、不同空间区域、重要功区为单元，统计各类自然资源的整体分布及变化趋势，其流程如图 4-7 所示。

三、综合分析

结合自然资源转移矩阵、自然资源程度指数、自然资源变化动态度指数等指标，挖掘各类自然资源相互转化特征、转化强度和趋势。

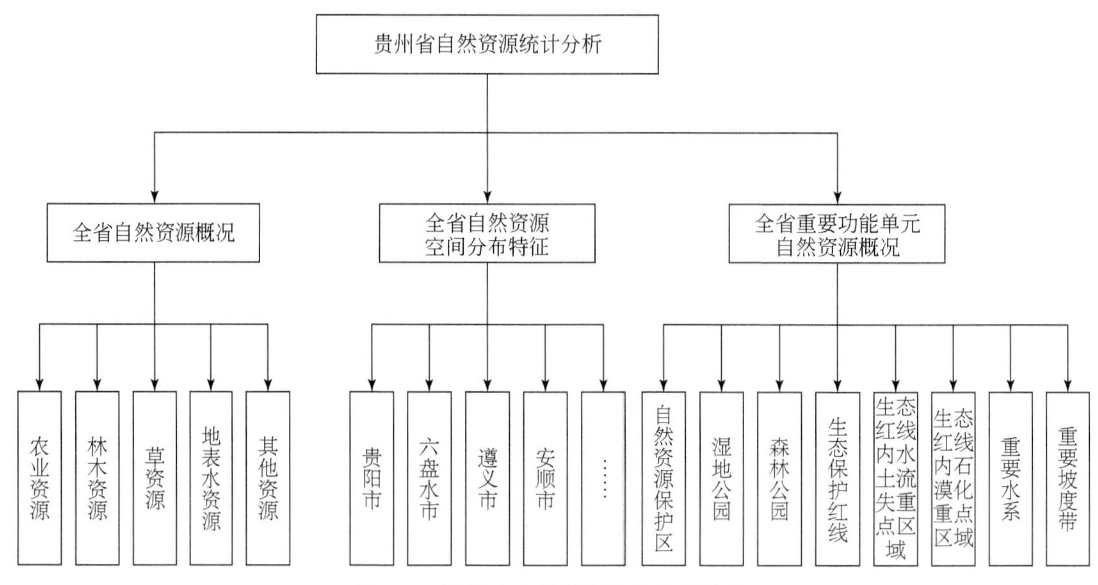

图 4-7　贵州省自然资源统计分析单元

（一）自然资源转移矩阵

转移矩阵来源于系统分析中对系统状态与状态转移的定量描述。使用转移矩阵及衍生的变化量，能较好地分析区域自然资源变化的数量结构特征与各用地类型变化的方向。

自然资源转移如表 4-9 所示。表中，*An* 表示自然资源类型，行表示 T1 时点自然资源类型，列表示 T2 时点自然资源类型。P_{ij}表示 T1—T2 期间自然资源类型 i 转换为自然资源类型 j 的面积占土地总面积的百分比；P_{ii}表示 T1—T2 期间 i 种自然资源类型保持不变的面积百分比。P_{i+}表示 T1 时点自然资源类型 i 的总面积百分比。P_{+j}表示 T2 时点 j 种自然资源类型的总面积百分比。$P_{i+}-P_{ii}$为 T1—T2 期间自然资源类型 i 面积减少的百分比；$P_{+j}-P_{jj}$为 T1—T2 期间自然资源类型 j 面积增加的百分比，如表 4-9 所示。

表 4-9　自然资源转移矩阵样表

		T1				P_{i+}A1	减少 A2
		A1	A2	…	A*n*		
T2	A1	P_{11}	P_{12}	…	A1	P_{11}	P_{12}
	A2	P_{21}	P_{22}	…	A2	P_{21}	P_{22}
	⋮	⋮	⋮	⋮	⋮	⋮	⋮
	A*n*	P_{n1}	P_{n2}	…	A*n*	P_{n1}	P_{n2}
	P_{+j}	P_{+1}	P_{+2}	…	$P+j$	P_{+1}	P_{+2}
	新增	$P_{+1}-P_{11}$	$P_{+2}-P_{22}$	…	新增	$P_{+1}-P_{11}$	$P_{+2}-P_{22}$

以自然资源转移矩阵为基础，构建了自然资源净变化量、数据交换量、总变化量等的计算方法：

（1）净变化量（绝对变化量）D_j。

不能反映自然资源的演变过程。当净变化量为0时，并不一定表示自然资源景观没有发生变化，而很有可能是自然资源类型空间位置发生了变化。

$$D_j = \mathrm{Max}(P_{jj}, P_{+j} - P_{jj}) - \mathrm{Min}(P_{j+} - P_{jj}, P_{+j} - P_{jj}) = |P_{+j} - P_{j+}|$$

（2）P_{j+}-交换量 S_j。

定量分析一个自然资源类型在一个地方转换为其他类型，同时在另外的地方又有其他类型转换为该类型。

$$S_j = 2 \times \mathrm{Min}(P_{j+} - P_{jj}, P_{+j} - P_{jj})$$

（3）总变化量 C_j。

由于整个区域是一个封闭系统，新增和减少是一个相互过程，系统内一种自然资源类型的增加必然伴随着另外一种自然资源类型的减少。总变化量等于净变化量加上交换量，也等于新增量加上减少量。

$$C_j = D_j + S_j = \mathrm{Max}(P_{j+} - P_{jj}, P_{+j} - P_{jj}) - \mathrm{Min}(P_{j+} - P_{jj}, P_{+j} - P_{jj})$$

（4）T1—T2时期新增自然资源类型 i 来自类型 j 的理论值 G_{ij}。

假设各自然资源类型的新增量和T2时点各种自然资源类型的面积百分比是固定的，并且T1—T2时期，各自然资源类型保持不变的理论值与实际值相等，然后根据T1时点各自然资源类型面积的相对比例来对新增加量进行分配，从而获得随机变化条件下 G_{ij}。

$$G_{ij} = (P_{+j} - P_{jj})\left(\frac{P_{i+}}{\sum\limits_{i=1, i \neq j}^{j} P_{i+}}\right)$$

（5）T1—T2时期自然资源类型 i 减少为类型 j 的理论值 L_{ij}。

假设每个自然资源类型的减少量是固定的，T1—T2时期，各自然资源类型保持不变的理论值与实际值相等，然后根据T2时点各自然资源类型面积的相对百分比来对减少量进行分配，从而获得随机变化条件下 L_{ij}。

$$L_{ij} = (P_{i+} - P_{ii})\left(\frac{P_{i+}}{\sum\limits_{j=1, j \neq i}^{j} P_{+j}}\right)$$

自然资源转换的规律识别 $P_{ij}-L_{ij}$、$P_{ij}-G_{ij}$ 与 $\frac{P_{ij}-L_{ij}}{L_{ij}}$、$\frac{P_{ij}-G_{ij}}{G_{ij}}$ 通过实际发生的转换面积百分比与相应理论值的对比来识别自然资源转换的规律。

$P_{ij}-L_{ij}$、$P_{ij}-G_{ij}$ 反应了两者之间差异的大小。该值为正，表明实际转换面积大于理论转换面积，说明该转换具有倾向性优势；如果该值为负，则说明该转换不具有倾向性转换优势；如果该值为0，表明实际转换百分比等于相应理论转换面积百分比，说明该转换为非倾向性转换。

$\frac{P_{ij}-L_{ij}}{L_{ij}}$、$\frac{P_{ij}-G_{ij}}{G_{ij}}$反映了实际转换百分比与其理论值转换百分比的差异强度，相对差值为正的情况下，其值越大，说明该种转换的倾向性优势越强；相对差值为负的情况下，其绝对值越大表明该种转换不具有倾向性优势的强度越强。

（二）自然资源程度指数

自然资源程度指数，用于分析区域自然资源强度与强度变化情况。自然资源程度指数计算公式如下：

$$L = 100 \times \sum_{i=1}^{n} A_i \times C_i L \in [100,400]$$

式中：L为监测区自然资源程度指数；A_i为区域内第i级自然资源程度分级指数；C_i为区域内第i级自然资源程度分级面积百分比；n为自然资源程度分级数。$L_{b-a}=L_b-L_a$表示研究区监测时段末期自然资源程度综合指数L_b与监测时段初期L_a的差值，即监测时段内自然资源程度综合指数变化量。若$L_{b-a}>0$，则表示该区域自然资源处于发展期，否则处于调整期或衰退期。

按照土地在社会因素影响下的自然平衡状态，赋予各自然资源类型不同的利用程度分级标准，根据本项目自然资源分类情况以及国内外相关研究的普遍划分方式，定义了不同自然资源类型的利用程度级别，如表4-10所示。

表4-10　自然资源程度分级指数标准

自然资源类型	土地	森林	草原	湿地	矿产	水流
分级指数	3	3	3	2	4	2

（三）自然资源变化动态度指数

自然资源变化动态度定量描述了地表覆被变化速度的指标，能很好地反映监测时段内区域地表覆被变化的总体态势。该指数综合考虑了研究时段内地表覆被类型间的转移状况，以行政区划为统计单元能较好地反映区域地表覆被变化的剧烈程度，便于在不同空间尺度上找出变化热点区域。

本方法要求对监测数据集中现状图层各自然资源类型进行面积统计。以研究时段内自然资源类型间的转换面积为研究对象，将其各种类型之间的转换面积与前一时期各类型面积进行比较。自然资源变化动态度指数计算公式如下：

$$LC_s = \frac{\sum_{i=1}^{n} |\Delta LU_{in-i} + \Delta LU_{out-i}|}{2\sum_{i=1}^{n} LU_{ai}} \times \frac{1}{T} \times 100\%$$

式中：LU_{ai}为监测起始时间第 i 类土地覆被类型的面积；T 为监测时段；ΔLU_{out-i}为监测时段 T 内第 i 类土地覆被类型转变为非 i 类土地覆被类型的面积之和；ΔLU_{in-i}为监测时段 T 内非 i 类转变为第 i 类土地覆被类型的面积之和；n 为土地覆被类型数。

LC_s 的值越高，表明各类自然资源类型之间的转入、转出频繁，土地覆被状况变化较为剧烈；值越低，表明各类自然资源类型之间结构较为稳定，土地覆被状况变化小。

第五章　监 测 成 果

贵州省自然资源变化对生态影响遥感监测形成的主要成果包括数据成果、文档成果、图件成果等。

第一节　数 据 成 果

监测成果数据库主要包括自然资源本底数据库、现状数据库、变化数据库、专题数据库、生态影响评价数据库、遥感影像数据库、元数据库、文档资料库和专题资料库共 9 个子库，数据总量约 37T，如表 5-1 所示。其中自然资源本底数据库数据量为 750G，现状数据库数据量为 5G，变化数据库数据量为 5G，专题数据库数据量为 2T，生态影响评价数据库数据量为 3T，遥感影像数据库数据量为 31T，元数据库数据量为 1G。

表 5-1　贵州省自然资源变化对生态影响遥感监测数据成果表

数据库名称	主要内容
本底数据库	基础性地理国情监测要素矢量数据、第三次全国国土调查矢量数据、林业变更调查数据、第二次全国国土调查矢量数据、水土流失遥感调查成果数据
现状数据库	农业、林木、草地、地表水、人工地表、未利用地、露天采矿等基础性监测内容
变化数据库	专题数据提取、影像核查后得到的作物、林木、草地、地表水、人工地表、未利用地、露天采矿等基础性监测年度变化内容
专题数据库	自然保护区、湿地公园、森林公园、生态保护红线内、重要水系范围内、水土流失区、石漠化区、不同坡度等级区域内等专题性监测内容
生态影响评价数据库	生态系统格局、生态系统质量、生态系统服务功能与变化、生态环境问题影响、自然资源变化对生态环境影响等生态环境分析内容
遥感影像数据库	原始影像、控制资料数据、数字正射影像数据
元数据库	数字正射影响元数据、原始影像元数据、自然资源变化对生态环境影响遥感监测生态元数据
文档资料库	监测实施方案、相关技术方案、数据生产作业指导书、监测数据库技术设计方案、成果数据质量检查报告、技术总结
专题资料库	自然资源、林业、水利等行业部门资料数据

第二节　文 档 成 果

文档成果主要包括自然资源变化对生态影响监测成果报告、工作技术总结报告、统计分析成果报告等。

一、监测成果报告

按年度编制了《贵州省自然资源变化对生态影响监测成果报告》，报告采用地图、表格、文字相结合的方式，从自然资源现状、自然资源变化情况、自然资源对生态影响综合分析、自然资源对生态影响评价四个方面，全面反映了贵州省自然资源变化对生态影响概况，报告将监测数据与行业部门相应数据进行深入对比分析，为政府部门决策提供参考，便于相关部门了解贵州省自然资源“家底”。

二、工作技术总结报告

编制了《贵州省自然资源变化对生态影响遥感监测工作技术总结》，分别从项目的组织实施、技术设计执行情况、关键技术及创新点、质量控制及质量情况进行总结，为今后工作的开展提供了经验遵循。

三、统计分析成果报告

基于数据成果，按照全省行政区划、生态功能区等多个层次，编制形成了基本统计分析成果表格。

第三节　图 件 成 果

监测工作形成了丰富的图件成果，编制形成了涵盖全省基本自然资源现状概况、自然资源地表覆盖变化情况、国家湿地公园-自然资源现状、国家森林公园自然资源现状、生态系统空间分布、植被覆盖度空间分布现状、生物量空间分布现状、土壤保持量空间分布现状、水源涵养量空间分布现状、固碳量空间分布现状、释养量空间分布现状、调节气候功能量空间分布现状、土壤侵蚀空间分布现状、石漠化空间分布现状、自然生态系统空间分布现状、严重退化生态系统空间分布现状、生态综合评价结果空间分布等专题监测图件成果。

第二篇
自然资源分布特征

|第六章|　贵州省自然资源特征

第一节　林 木 资 源

一、林木资源现状

2019 年贵州省林木资源面积为 112657.50km^2（约 1126.58 万 hm^2），占全省土地面积的 63.93%。黔东南州林木分布最广（图 6-1），共 23311.63km^2（约 233.12 万 hm^2），占全省林木资源总面积的 20.69%；遵义市和黔南州林木资源面积次之，林木资源面积分别为 19478.97km^2（约 194.79 万 hm^2）、18803.61km^2（约 188.04 万 hm^2），分别占全省林木资源总面积的 17.29%、16.69%。各市州林木覆盖率中黔东南州最高，达到了 76.95%，黔南州次之，为 71.69%，毕节市最低，为 52.01%（表 6-1、图 6-2）。

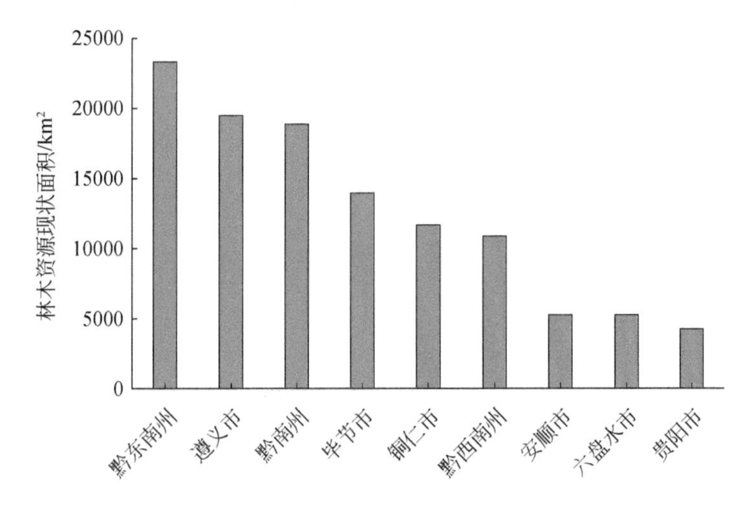

图 6-1　贵州省 2019 年林木资源现状

表 6-1　贵州省 2019 年林木资源现状

行政区划	2019 年面积/km²	占全省林木资源总面积的比例/%	林木覆盖率/%
贵阳市	4224.40	3.75	52.49
六盘水市	5207.46	4.62	52.52
遵义市	19478.97	17.29	63.24
安顺市	5211.53	4.63	56.46
铜仁市	11646.60	10.34	64.56
黔西南州	10808.11	9.59	64.30
毕节市	13965.19	12.40	52.01
黔东南州	23311.63	20.69	76.95
黔南州	18803.61	16.69	71.69
合计	112657.50	100.00	63.93

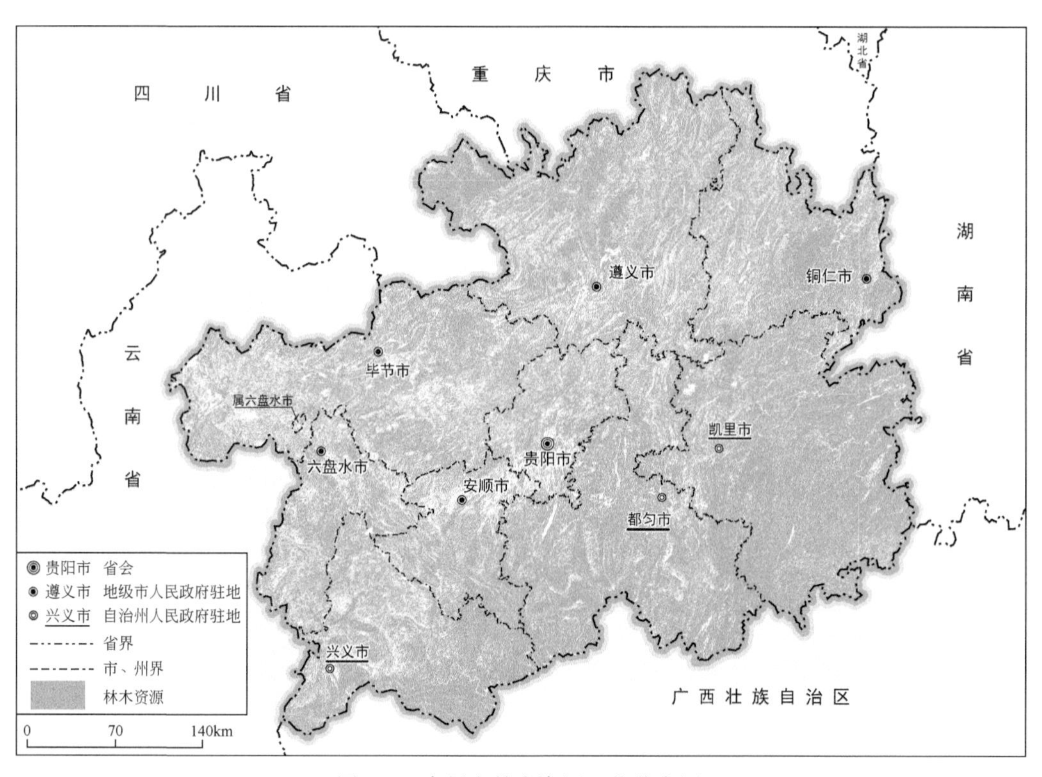

图 6-2　贵州省林木资源现状分布图

从空间分布来看，贵州省林木资源分布较广，这与近年来贵州省全面实施绿水青山工程，开展植树造林、低效林改造、石漠化综合治理、森林城市建设、生物多样性保护、自然保护地整合优化等工作密不可分。林木资源主要集中在贵州省南部和东南部，西部区域分布相对较少。其中黔东南州有 8 个县被列为贵州省林业重点县，林木资源面积为全省之冠。贵州省西部为喀斯特区域，特别是贵州省内乌蒙山区（贵州省毕节市、六盘水市），这是该区域森林、灌丛等分布较少的主要原因。

二、林木资源变化

贵州省林木资源总量持续增加。2017—2019 年贵州省林木资源面积增加 2692. 18km^2（约 26. 92 万 hm^2），其中有林地面积增加 1648. 10km^2（约 16. 48 万 hm^2），较 2017 年增加 2. 11%，灌木林地面积增加 1763. 40km^2（约 17. 63 万 hm^2），较 2017 年增加 5. 67%。遵义市和毕节市林木资源面积显著增加（表 6-2、图 6-3），分别增加 927. 88km^2（约 9. 28 万 hm^2）、694. 90km^2（约 6. 95 万 hm^2）。

表 6-2　贵州省 2017—2019 年林木资源面积变化情况　　（单位：km^2）

行政区划	2017—2018 年变化	2018—2019 年变化	2017—2019 年变化
贵阳市	-22. 85	29. 92	7. 07
六盘水市	-14. 25	221. 07	206. 82
遵义市	713. 98	213. 90	927. 88
安顺市	206. 80	179. 49	386. 29
铜仁市	149. 33	155. 44	304. 77
黔西南州	-56. 01	186. 05	130. 04
毕节市	186. 63	508. 27	694. 90
黔东南州	57. 31	-29. 84	27. 47
黔南州	-46. 68	53. 62	6. 94
合计	1174. 26	1517. 92	2692. 18

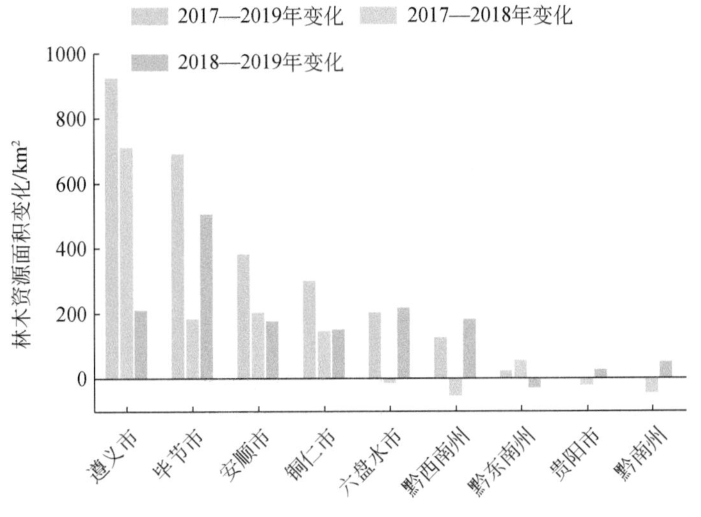

图 6-3　贵州省 2017—2019 年林木资源面积变化

2017—2019 年贵州省林木资源有所增长，增长较大的区域为贵州省西北部（遵义市和毕节市）。变化的主要原因一是人工造林、封山育林等措施发挥了作用；二是天然林资源保护二期工程和国家储备林工程向毕节市倾斜，并于 2017 年着手建立生态文明建设试验区，重点治理改善生态环境，效果较为显著；三是遵义市结合地区特色优势产业，坚持林草，兼顾“林药”“林茶”发展政策，促进区域内林木资源的稳定增长。

第二节　农业资源

一、农业资源现状

2019 年贵州省农业资源面积为 49304.22km^2（约 7395.63 万亩①），占全省土地面积的 27.98%，其中耕地 43541.57km^2（约 6531.24 万亩），园地 5762.65km^2（约 864.40 万亩）。从空间分布上看，贵州省农业资源除凯里市、都匀市和兴义市东部区域分布相对较少，其他区域农业资源分布较为均匀。毕节市农业资源面积最多，共 10684.64km^2（约 1602.70 万亩），占全省农业资源总面积的 21.67%，遵义市、黔南州农业资源面积次之，农业资源面积分别为 9148.69km^2（约 1372.30 万亩）、5550.13km^2（约 832.52 万亩），占全省农业资源总面积的 18.56%、11.26%。从各市州农业资源覆盖率来看，毕节市最高，达到了 39.79%，黔东南州最低，为 17.64%（表 6-3、图 6-4、图 6-5）。

表 6-3　贵州省 2019 年农业资源现状

行政区划	2019 年现状/km^2	占全省农业资源总面积的比例/%	农业资源覆盖率/%
贵阳市	2654.29	5.38	32.98
六盘水市	3669.53	7.44	37.01
遵义市	9148.69	18.56	29.70
安顺市	2992.79	6.07	32.42
铜仁市	5039.61	10.22	27.94
黔西南州	4221.28	8.56	25.11
毕节市	10684.64	21.67	39.79
黔东南州	5343.26	10.84	17.64
黔南州	5550.13	11.26	21.16
合计	49304.22	100.00	27.98

① 1 亩≈667m^2。

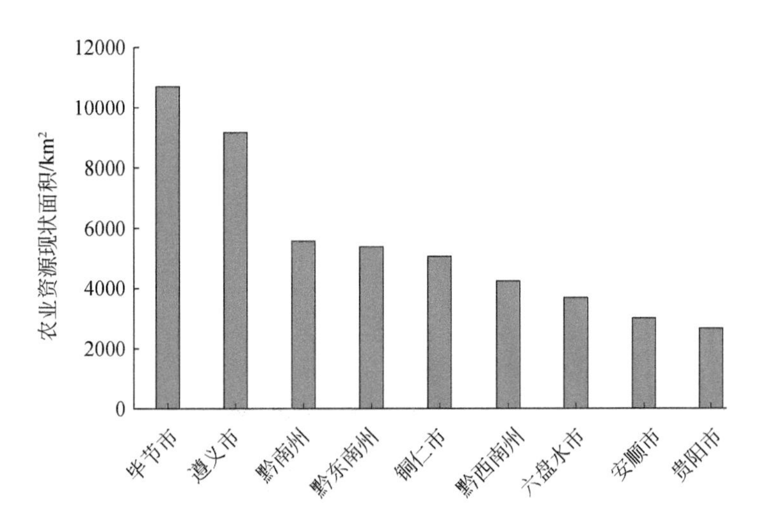

图 6-4　贵州省 2019 年农业资源现状

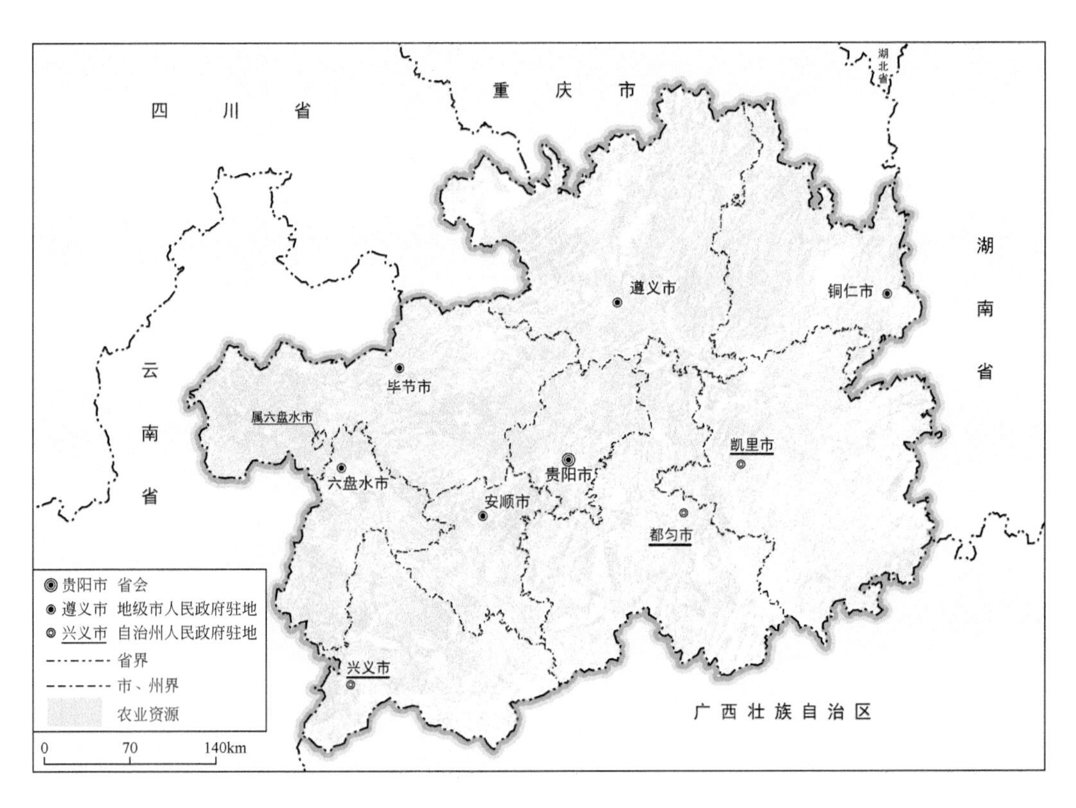

图 6-5　贵州省农业资源现状分布图

二、农业资源变化

贵州省农业资源总量持续减少。2017—2019 年贵州省农业资源面积减少 2388.08km^2（约 358.21 万亩），其中耕地面积减少 2648.73km^2（约 397.31 万亩），较 2017 年减少 5.73%，园地面积增加 260.65km^2（约 39.10 万亩），较 2017 年增加 4.75%（表 6-4、图 6-6）。从各市州来看，2017—2019 年毕节市和遵义市农业资源面积减少明显，分别减少 588.61km^2（约 88.29 万亩）和 729.32km^2（约 109.40 万亩）。贵州省农业资源减少，主要原因一是贵州省农业产业结构调整政策的实施；二是近年来贵州省农村外出务工人口增多，导致部分耕地、园地撂荒。

表 6-4　贵州省 2017—2019 年农业资源变化情况　（单位：km^2）

行政区划	2017—2018 年变化	2018—2019 年变化	2017—2019 年变化
贵阳市	-12.32	-45.69	-58.01
六盘水市	-4.92	-232.20	-237.12
遵义市	-483.93	-245.39	-729.32
安顺市	-26.40	-150.97	-177.37
铜仁市	-25.70	-177.76	-203.46
黔西南州	-27.84	-187.39	-215.23
毕节市	-41.05	-547.56	-588.61
黔东南州	-68.35	-24.75	-93.10
黔南州	-25.61	-60.25	-85.86
合计	-716.12	-1671.96	-2388.08

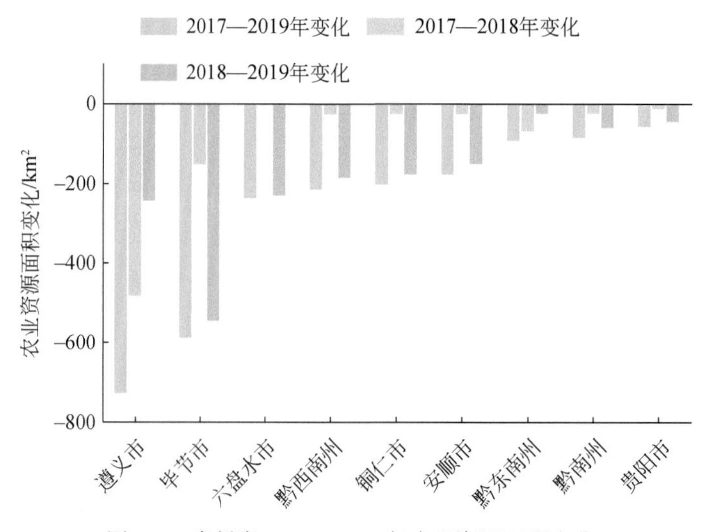

图 6-6　贵州省 2017—2019 年农业资源面积变化

第三节　草　资　源

一、草资源现状

2019 年贵州省草资源面积为 1760.71km^2，占全省土地面积的 1.00%。黔西南州草资源面积最大，共 447.99km^2，占全省草资源总面积的 25.44%，黔南州和毕节市草资源面积次之，草资源面积分别为 325.68km^2、300.54km^2，占全省草资源总面积的 18.50%、17.07%。从各市州草资源覆盖率来看，黔西南州最高，为 2.67%，遵义市最低为 0.26%（表 6-5）。从空间分布上看，贵州省草资源表现为中西部区域较多，东、北部区域较少（图 6-7、图 6-8）。

表 6-5　贵州省 2019 年草资源现状

行政区划	2019 年现状/km^2	占全省草总面积的比例/%	草资源覆盖率/%
贵阳市	46.31	2.63	0.58
六盘水市	201.81	11.46	2.04
遵义市	80.09	4.55	0.26
安顺市	175.28	9.96	1.90
铜仁市	54.27	3.08	0.30
黔西南州	447.99	25.44	2.67
毕节市	300.54	17.07	1.12
黔东南州	128.74	7.31	0.42
黔南州	325.68	18.50	1.24
合计	1760.71	100.00	1.00

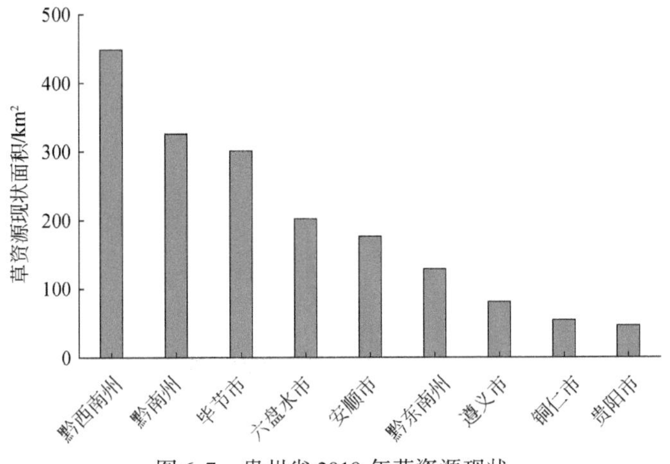

图 6-7　贵州省 2019 年草资源现状

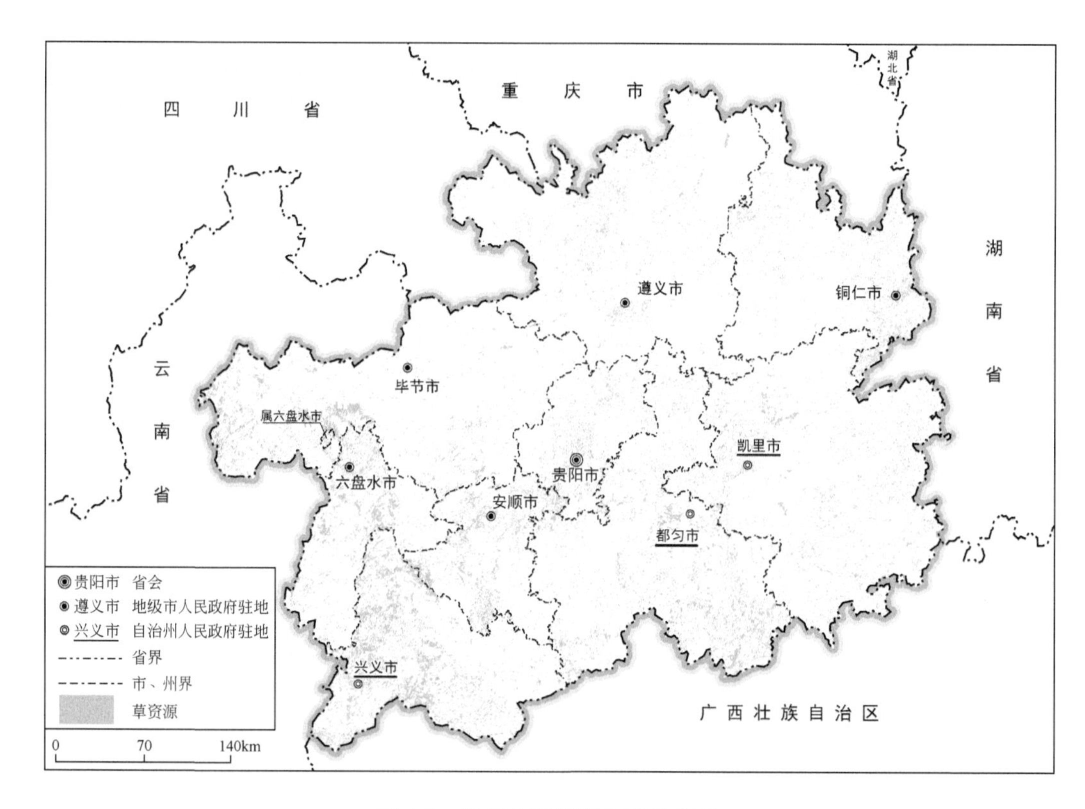

图 6-8 贵州省草资源现状分布图

二、草资源变化

贵州省草资源总量减少。2017—2019 年贵州省草资源面积减少 993. 78km²，较 2017 年减少 36. 08%，其中天然草地面积减少 1028. 40km²，较 2017 年减少 37. 09%；人工草地面积增加 34. 62km²。从贵州省各市州统计，遵义市和安顺市草资源面积减少明显，2017—2019 年草资源面积分别减少 339. 32km²、231. 06km²，贵阳市和六盘水市草资源面积变化相对较小（表 6-6、图 6-9）。

表 6-6 贵州省 2017—2019 年草资源变化情况 （单位：km²）

行政区划	2017—2018 年变化	2018—2019 年变化	2017—2019 年变化
贵阳市	-1. 30	-2. 25	-3. 55
六盘水市	-5. 75	-1. 58	-7. 33
遵义市	-338. 39	-0. 93	-339. 32
安顺市	-236. 48	5. 42	-231. 06

续表

行政区划	2017—2018 年变化	2018—2019 年变化	2017—2019 年变化
铜仁市	-202.57	-3.46	-206.03
黔西南州	27.33	14.86	42.19
毕节市	-209.62	2.38	-207.24
黔东南州	-66.43	45.75	-20.68
黔南州	-9.94	-10.82	-20.76
合计	-1043.15	49.37	-993.78

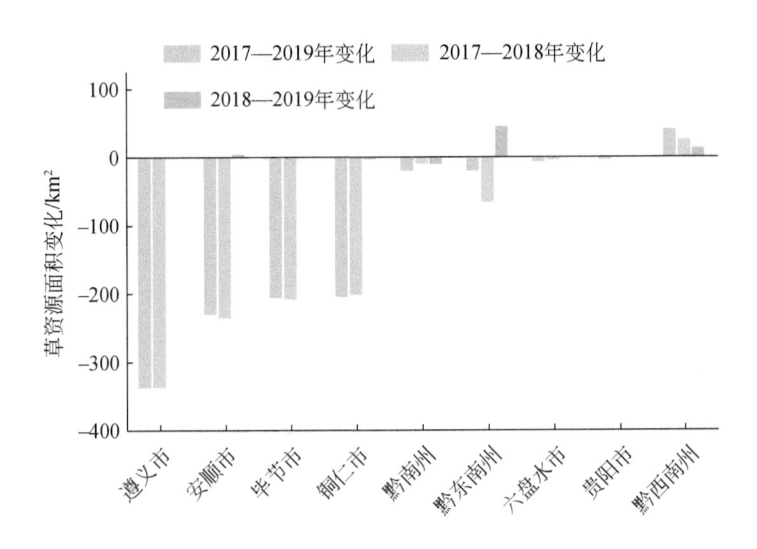

图 6-9 贵州省 2017—2019 年草资源面积变化

第四节 地表水资源

一、地表水资源现状

2019 年贵州省地表水资源面积为 2506.68km^2，占全省总面积的 1.42%。黔东南州地表水资源面积最多，共 453.59km^2，占全省地表水资源总面积的 18.10%，遵义市和黔南州地表水资源面积次之，地表水资源面积分别为 393.85km^2、350.23km^2，分别占全省地表水资源总面积的 15.71%、13.97%。从各市州地表水资源覆盖率来看，贵阳市最高，为 2.16%，六盘水市最低为 0.97%。从空间分布上看，贵州省地表水资源主要分布在东、南部地区，西北部地区地表水资源相对较少（表6-7、图6-10、图6-11）。

表6-7　贵州省2019年地表水资源现状

行政区划	2019年现状/km^2	占全省地表水总面积的比例/%	地表水资源覆盖率/%
贵阳市	173.80	6.93	2.16
六盘水市	96.24	3.84	0.97
遵义市	393.85	15.71	1.28
安顺市	142.77	5.70	1.55
铜仁市	283.50	11.31	1.57
黔西南州	303.77	12.12	1.81
毕节市	308.93	12.32	1.15
黔东南州	453.59	18.10	1.50
黔南州	350.23	13.97	1.34
合计	2506.68	100.00	1.42

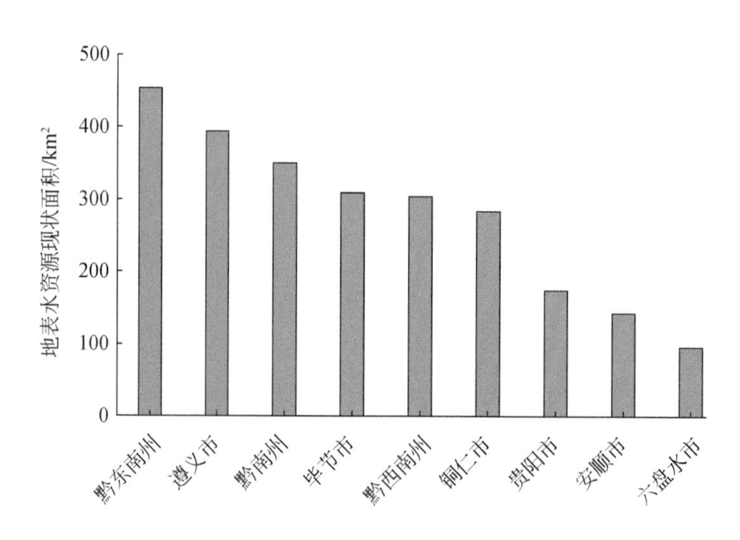

图6-10　贵州省2019年地表水资源现状

二、地表水资源变化

贵州省地表水资源总面积持续增加。2017—2019年贵州省地表水资源面积增加43.38km^2，较2017年增加1.76%，其中河流水面面积增加43.89km^2，较2017年增加

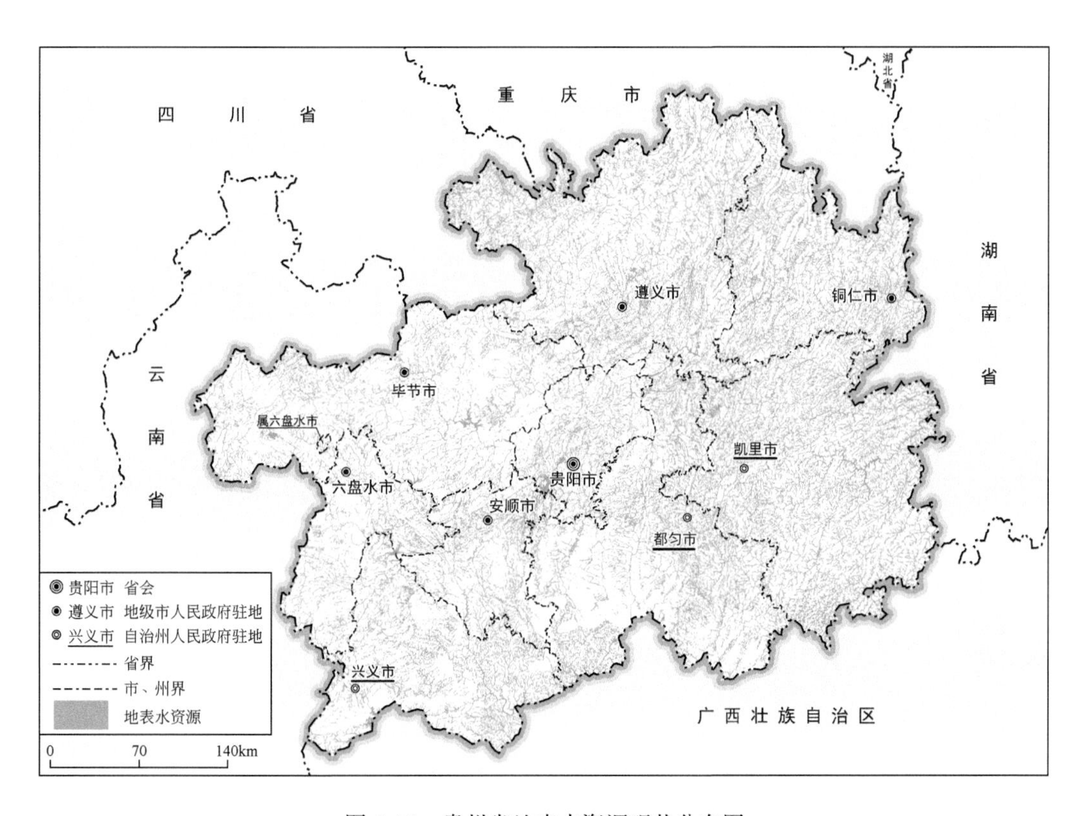

图 6-11 贵州省地表水资源现状分布图

3.12%。遵义市、铜仁市和黔东南州地表水资源面积增加明显，2017—2019 年地表水资源面积分别增加 8.68km²、8.76km²、7.73km²（表 6-8、图 6-12）。

表 6-8 贵州省 2017—2019 年地表水资源覆盖变化情况 （单位：km²）

行政区划	2017—2018 年变化	2018—2019 年变化	2017—2019 年变化
贵阳市	1.11	-0.06	1.05
六盘水市	0.81	1.10	1.91
遵义市	6.97	1.71	8.68
安顺市	3.34	0.75	4.09
铜仁市	2.53	6.23	8.76
黔西南州	2.01	-0.49	1.52
毕节市	3.24	1.34	4.58
黔东南州	3.67	4.06	7.73
黔南州	2.07	2.99	5.06
合计	25.75	17.63	43.38

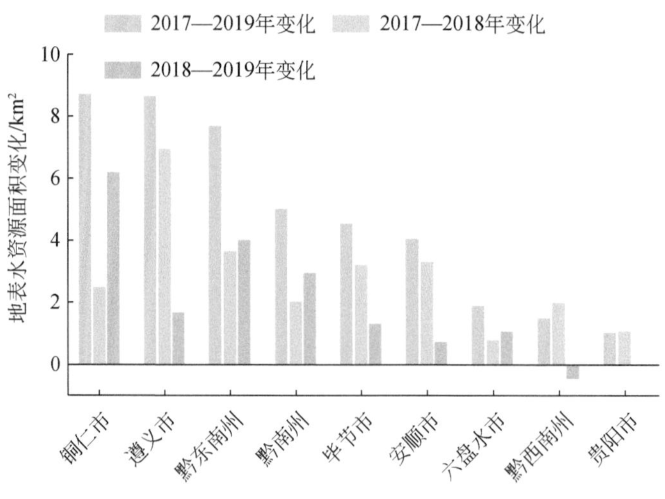

图 6-12　贵州省 2017—2019 年地表水资源面积变化

第五节　其 他 用 地

一、其他用地现状

2019 年贵州省其他用地面积为 9992.49km²，占全省总面积的 5.67%。贵州省人工地表面积为 9057.17km²，占其他用地总面积的 90.64%，未利用地面积为 428.03km²，占其他用地总面积的 4.28%，露天采矿用地面积为 507.29km²，占其他用地总面积的 5.08%。从各市州其他用地覆盖率来看，贵阳市最高，达到了 11.79%，黔东南州最低为 3.49%（表 6-9、图 6-13、图 6-14）。

表 6-9　贵州省 2019 年其他用地覆盖现状

行政区划	2019 年现状/km²	占全省其他用地总面积的比例/%	其他用地覆盖率/%
贵阳市	949.32	9.50	11.79
六盘水市	739.79	7.40	7.46
遵义市	1699.99	17.01	5.52
安顺市	708.19	7.09	7.67
铜仁市	1016.48	10.17	5.63
黔西南州	1027.17	10.28	6.11
毕节市	1593.76	15.95	5.94
黔东南州	1057.86	10.59	3.49

续表

行政区划	2019 年现状/km²	占全省其他用地总面积的比例/%	其他用地覆盖率/%
黔南州	1199.93	12.01	4.57
合计	9992.49	100.00	5.67

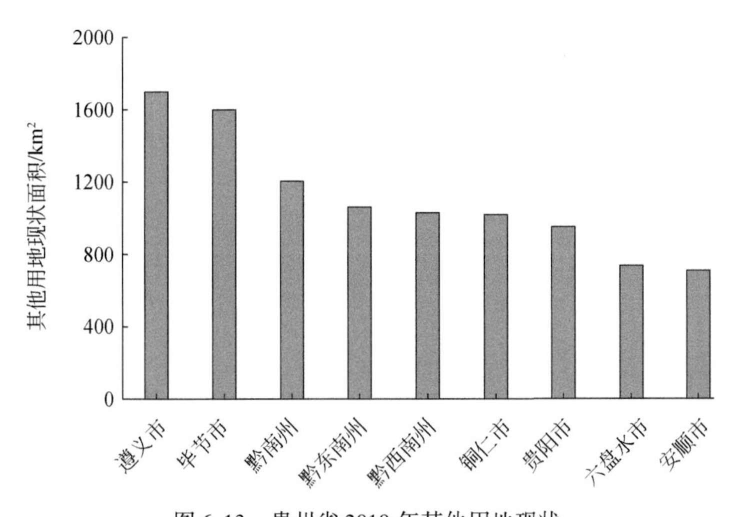

图 6-13　贵州省 2019 年其他用地现状

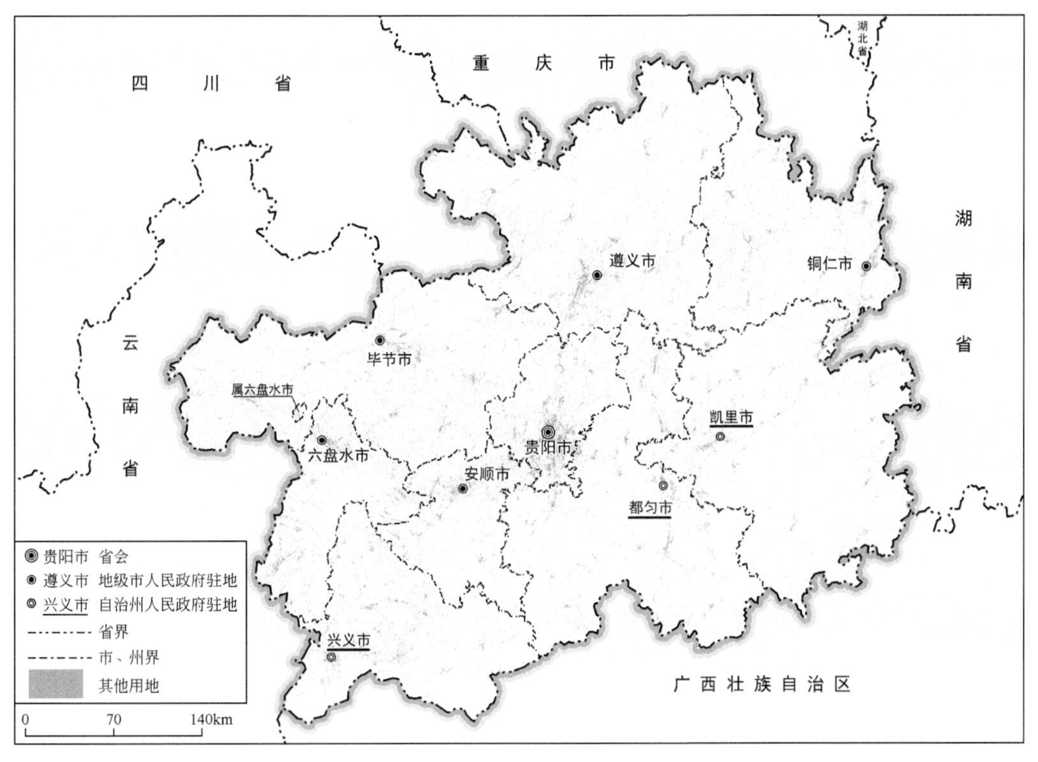

图 6-14　贵州省其他用地现状分布图

二、其他用地变化

贵州省其他用地总量持续增加。2017—2019 年贵州省其他用地覆盖面积增加 646.30km²，较 2017 年增加 6.91%，其中人工地表覆盖面积增加 697.97km²，较 2017 年增加 8.35%；未利用地覆盖面积减少 86.28km²，较 2017 年减少 16.78%。从贵州省各市州统计，遵义市、铜仁市和毕节市其他用地面积明显增加，2017—2019 年其他用地覆盖面积分别增加 132.08km²、95.96km²、96.37km²（表 6-10、图 6-15）。全省其他用地总量增加主要原因是城乡建设的合理扩张发展。

表 6-10　贵州省 2017—2019 年其他用地变化情况　　（单位：km²）

行政区划	2017—2018 年变化	2018—2019 年变化	2017—2019 年变化
贵阳市	35.36	18.08	53.44
六盘水市	24.11	11.61	35.72
遵义市	101.37	30.71	132.08
安顺市	52.74	-34.69	18.05
铜仁市	76.41	19.55	95.96
黔西南州	54.51	-13.03	41.48
毕节市	60.80	35.57	96.37
黔东南州	73.80	4.78	78.58
黔南州	80.16	14.46	94.62
合计	559.26	87.04	646.30

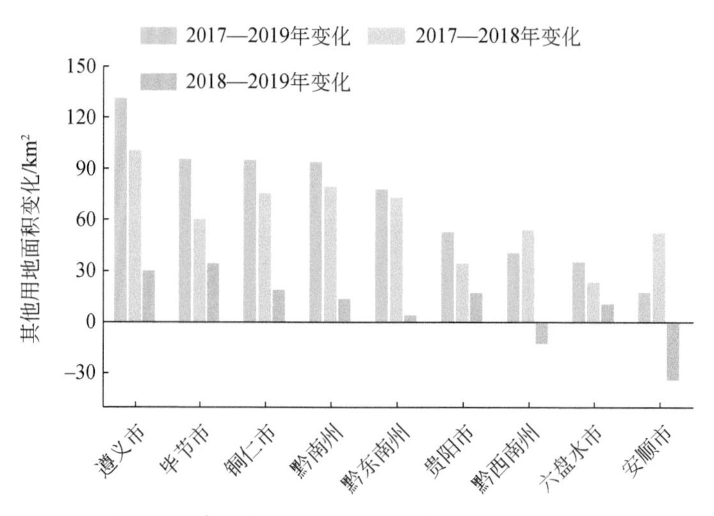

图 6-15　贵州省 2017—2019 年其他用地面积变化

第七章 贵州省各市州自然资源特征

第一节 贵 阳 市

一、贵阳市概况

贵阳市位于贵州省中部，是全省的政治、经济、文化、科教、交通中心和西南地区重要的交通通信枢纽、工业基地及商贸旅游服务中心。“贵阳”因位于境内贵山之南而得名，已有400余年历史。贵阳风光旖旎，是一座“山中有城，城中有山，绿带环绕，森林围城，城在林中，林在城中”的具有高原特色的现代化都市，中国首个国家森林城市、循环经济试点城市。以温度适宜、湿度适中、风速有利、紫外线辐射弱、空气清洁、水质优良、海拔适宜、夏季低耗能等气候优势，荣登“中国十大避暑旅游城市”榜首，被中国气象学会授予“中国避暑之都”称号。土地面积为8043km^2，2019年末常住人口有497.14万人，下辖六区（云岩区、南明区、花溪区、乌当区、白云区、观山湖区），一市三县（清镇市、修文县、息烽县、开阳县）和四个国家级开发区（高新区、经开区、综保区、双龙航空港经济区）。贵阳气候凉爽、空气清新，夏季平均气温24℃，一年中空气质量优良天数超过98.9%，森林覆盖面积达55%；平均海拔为1100m，是世界上紫外线辐射最弱的区域之一。地质结构稳定，远离地震带，灾害风险低。贵阳水煤资源丰富，电力价格较低①。

二、贵阳市自然资源分布及变化

2019年贵阳市林木资源面积占比为52.49%，农业资源面积占比为32.98%，地表水资源面积占比为2.16%，草资源面积占比为0.58%，其他用地面积占比为11.79%（图7-1）。2017—2019年贵阳市林木资源、地表水资源和其他用地面积增加，草资源和农

① 贵阳市人民政府．精彩贵阳［EB/OL］．2021-01-06. http：//www.guiyang.gov.cn/jcgy.

业资源面积减少（图 7-2）。

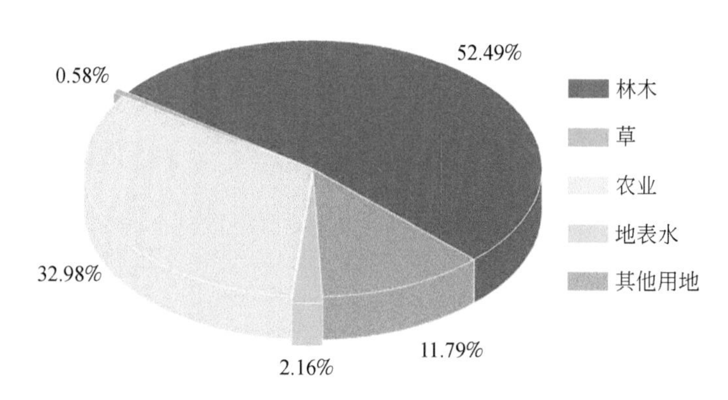

图 7-1　贵阳市 2019 年自然资源面积占比

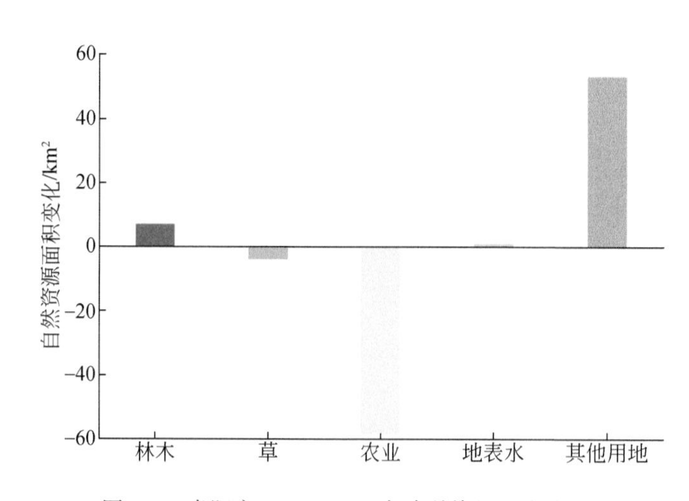

图 7-2　贵阳市 2017—2019 年自然资源面积变化

（一）林木资源

2019 年贵阳市林木资源面积为 4224. 39km^2（约 42. 24 万 hm^2），以有林地和灌木林为主，分别占贵阳市林木资源面积总量的 67. 68%、32. 21%。开阳县林木资源分布较广，占贵阳市林木资源面积总量的 27. 23%，乌当区林木资源覆盖率较高，占乌当区面积总量的 58. 90%（表 7-1、图 7-3）。

贵阳市林木资源面积总量增加。2017—2019 年贵阳市林木资源面积增加 7. 15km^2（715hm^2），以有林地和灌木林增加为主，绿化林地面积少量增加。修文县林木资源面积显著增加，以灌木林增加为主。息烽县林木资源面积大幅减少。

表 7-1　贵阳市 2019 年林木资源现状及变化情况

区县	面积/km²	占贵阳市林木资源总面积的比例/%	区县内林木资源面积比例/%	2017—2019 年变化/km²
南明区	82.81	1.96	39.55	-2.65
云岩区	34.71	0.82	37.86	0.37
乌当区	402.55	9.53	58.90	0.95
花溪区	456.25	10.80	47.30	-0.90
白云区	122.73	2.91	45.52	1.55
清镇市	675.10	15.98	48.67	1.80
开阳县	1150.33	27.23	56.80	3.28
息烽县	568.11	13.45	54.79	-14.98
修文县	581.70	13.77	54.26	18.62
观山湖区	150.10	3.55	48.77	-0.89

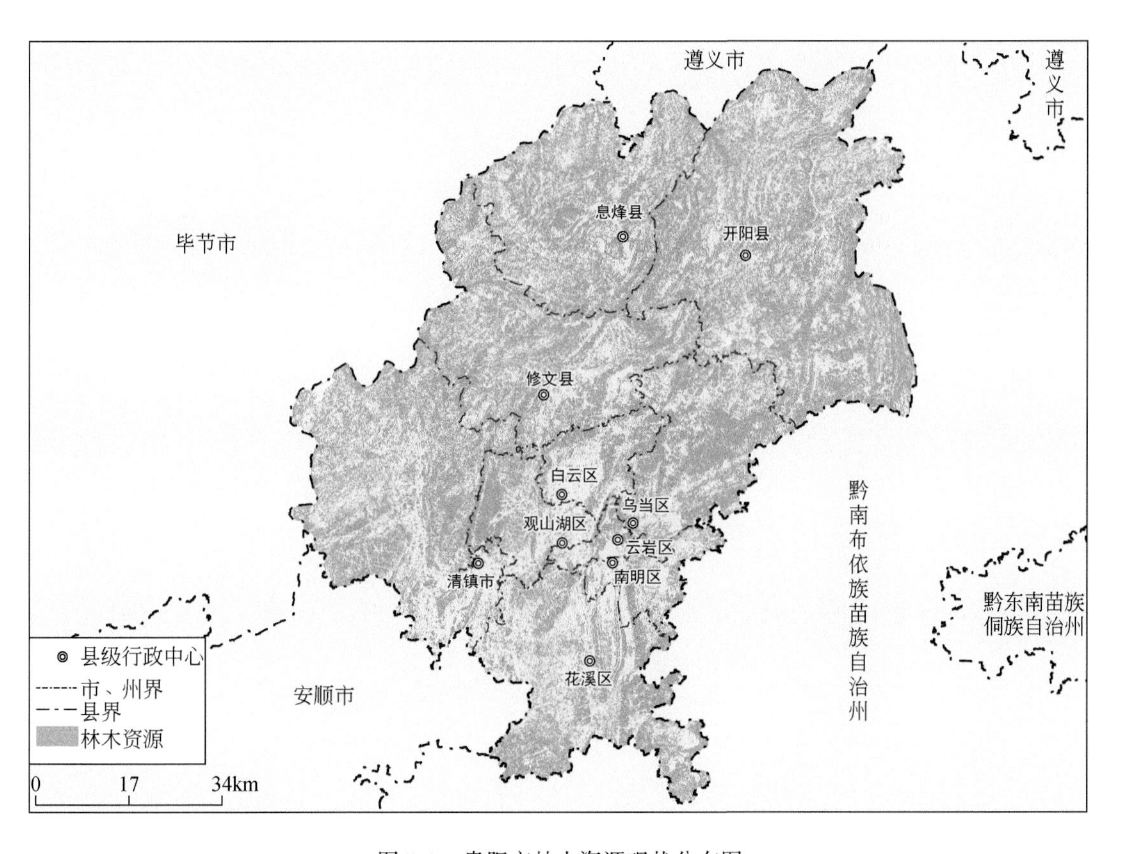

图 7-3　贵阳市林木资源现状分布图

（二）农业资源

2019 年贵阳市农业资源面积为 2654.29km^2（约 398.14 万亩），其中耕地和园地分别占贵阳市农业资源面积总量的 83.56%、16.44%。开阳县、清镇市、修文县农业资源面积较大，分别占贵阳市农业资源总面积的 26.90%、19.11%、14.17%。观山湖区、南明区、云岩区农业资源面积较小，占贵阳市农业资源总面积的 2.21%、1.50%、0.40%（图 7-4、表 7-2）。

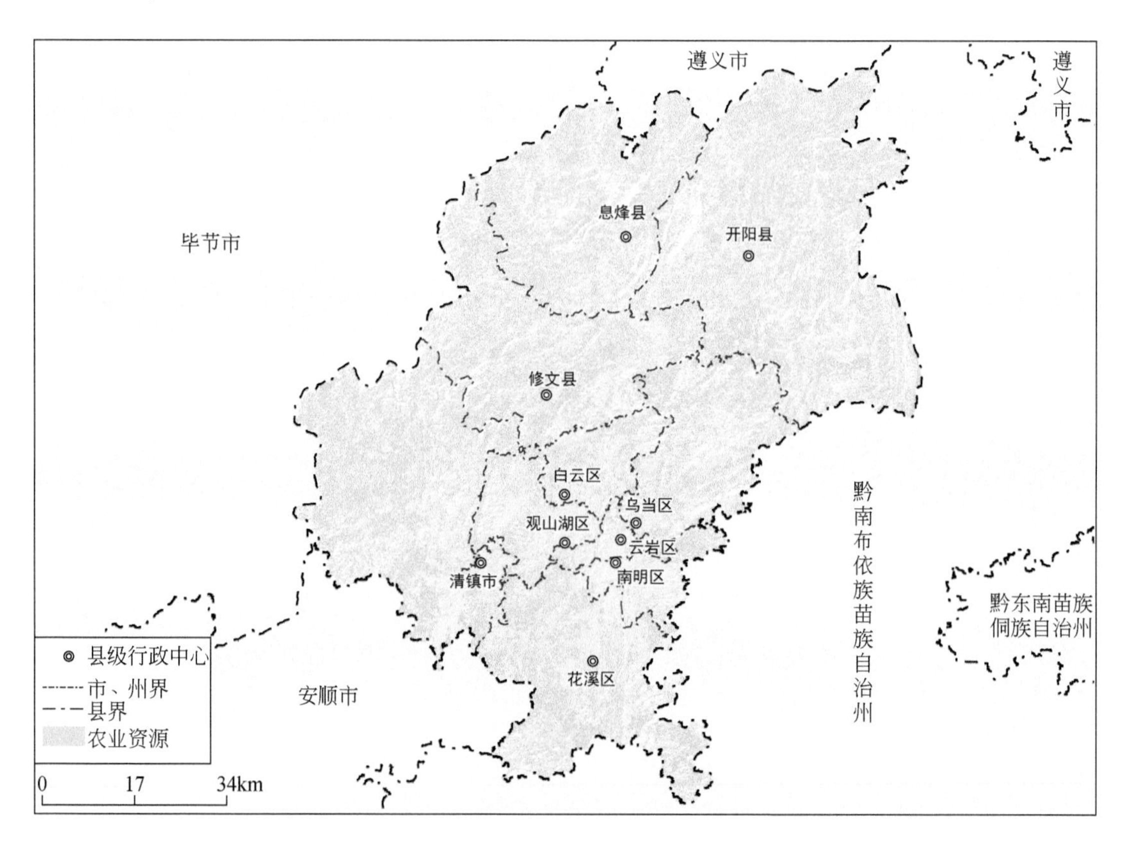

图 7-4 贵阳市农业资源现状分布图

表 7-2 贵阳市 2019 年农业资源现状及变化情况

区县	面积/km^2	占贵阳市农业资源总面积的比例/%	区县内农业资源面积比例/%	2017—2019 年变化/km^2
南明区	39.92	1.50	19.07	-6.65
云岩区	10.61	0.40	11.57	-0.89
乌当区	202.09	7.61	29.57	-4.89

续表

区县	面积/km^2	占贵阳市农业资源总面积的比例/%	区县内农业资源面积比例/%	2017—2019 年变化/km^2
花溪区	312.96	11.79	32.44	-9.49
白云区	62.26	2.35	23.09	-2.36
清镇市	507.14	19.11	36.56	-9.72
开阳县	713.99	26.90	35.25	-11.25
息烽县	370.48	13.96	35.73	14.15
修文县	376.10	14.17	35.08	-24.88
观山湖区	58.74	2.21	19.08	-2.02

贵阳市农业资源总面积减少。2017—2019 年贵阳市农业资源面积减少 58.00km^2（约 8.70 万亩），较 2017 年减少 2.14%。其中耕地面积减少 104.40km^2（约 15.66 万亩），较 2017 年减少 4.50%；园地面积增加 46.40km^2（约 6.96 万亩），较 2017 年增加 11.90%。息烽县农业资源面积明显增加，修文县农业资源面积大幅减少。

（三）草资源

2019 年贵阳市草资源面积为 46.31km^2，以天然草地为主。开阳县、花溪区、清镇市草资源面积较大，分别占贵阳市草资源总面积的 20.11%、20.01%、14.33%；息烽县、乌当区、云岩区草资源面积较小，分别占贵阳市草资源总面积的 6.34%、5.25%、0.77%（表 7-3、图 7-5）。

表 7-3　贵阳市 2019 年草资源现状及变化情况

区县	面积/km^2	占贵阳市草资源总面积的比例/%	区县内草资源面积比例/%	2017—2019 年变化/km^2
南明区	3.3	7.12	1.58	-1.60
云岩区	0.35	0.77	0.38	0.04
乌当区	2.43	5.25	0.36	0.80
花溪区	9.27	20.01	0.96	1.67
白云区	4.28	9.25	1.59	-0.44
清镇市	6.64	14.33	0.48	-0.51
开阳县	9.31	20.11	0.46	-0.40
息烽县	2.94	6.34	0.28	-0.62
修文县	4.82	10.41	0.45	0.08
观山湖区	2.97	6.41	0.96	-1.57

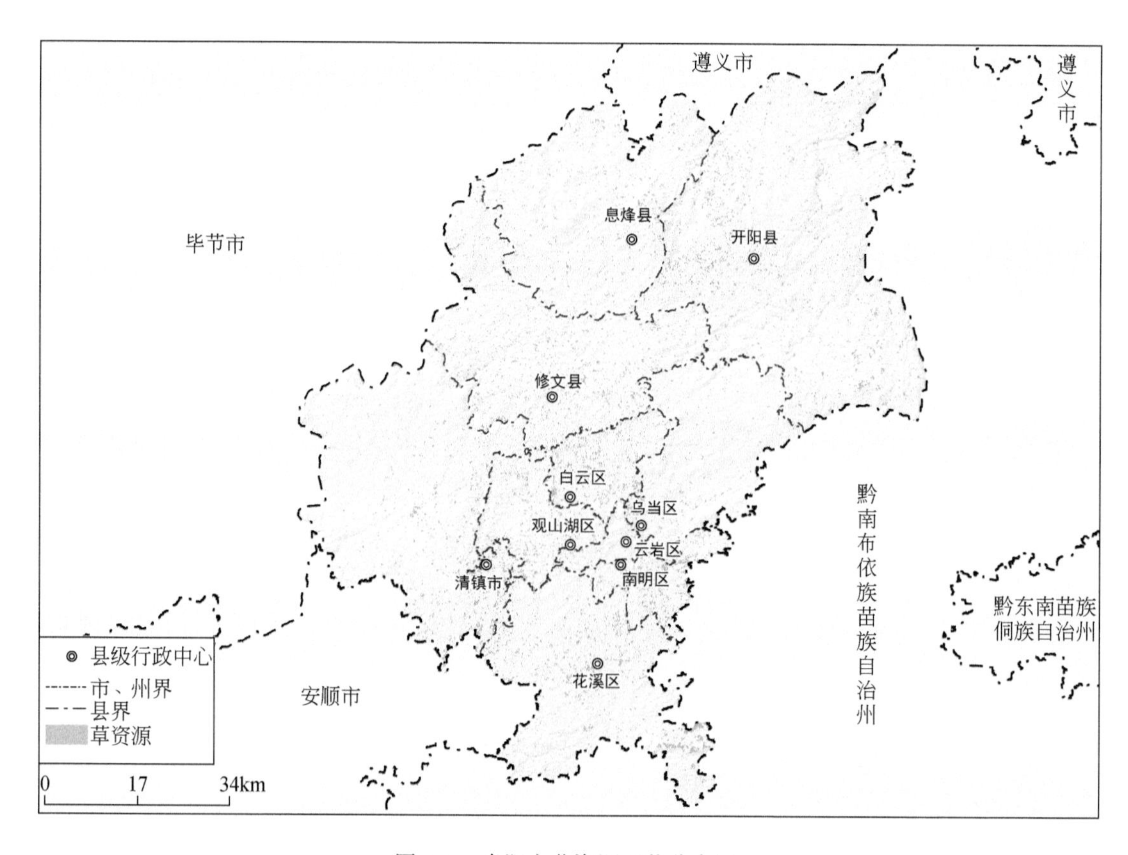

图 7-5　贵阳市草资源现状分布图

贵阳市草资源面积减少。2017—2019 年贵阳市草资源面积减少 3. 55km²，其中天然草地减少 7. 82km²、人工草地增加 4. 27km²。花溪区和乌当区草资源面积显著增加，观山湖区、南明区、息烽县草资源面积大幅减少。

（四）地表水资源

2019 年贵阳市地表水资源面积为 173. 80km²，以库塘和河流水面为主，有少量的沟渠水，分别占贵阳市地表水资源总面积的 68. 02%、29. 87%、0. 01%。清镇市、开阳县、息烽县地表水面积较大，分别占贵阳市地表水资源总面积的 32. 00%、21. 20%、11. 79%。白云区、南明区、云岩区地表水面积较小，分别占贵阳市地表水资源总面积的 2. 08%、1. 63%、0. 73%（图 7-6、表 7-4）。

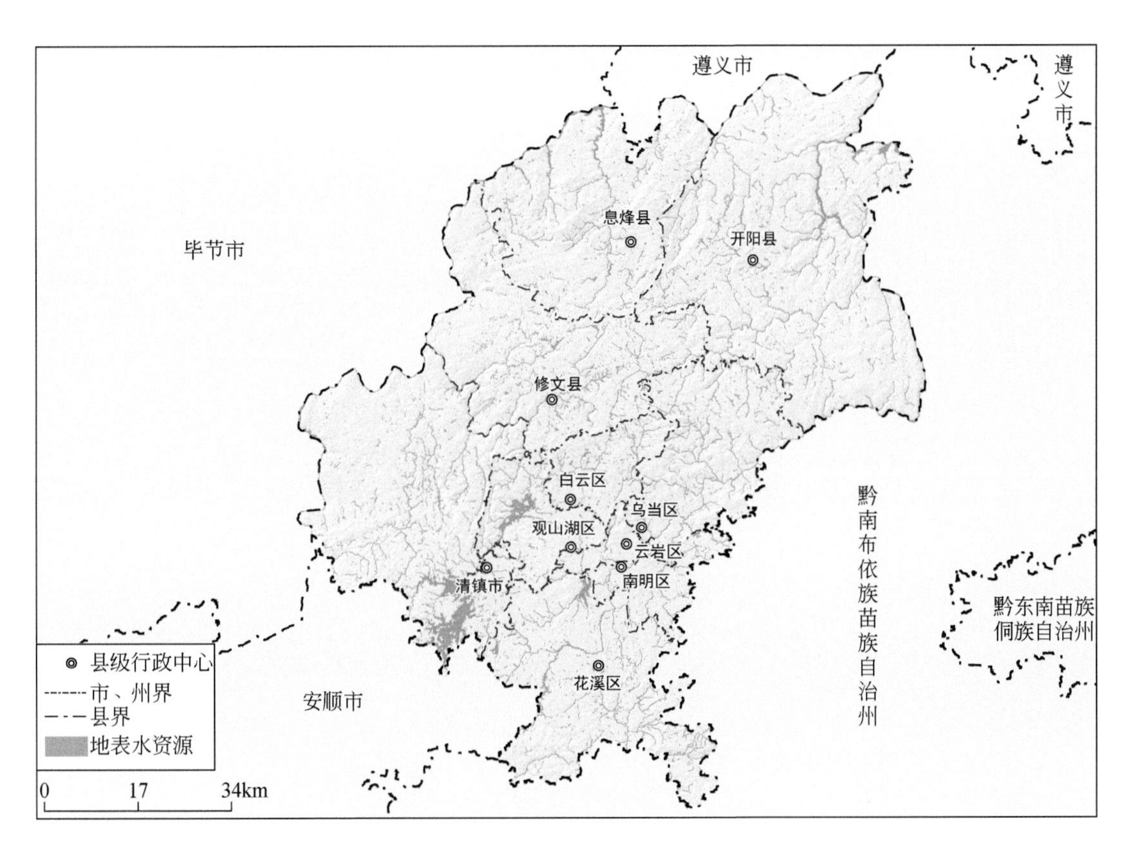

图 7-6　贵阳市地表水资源现状分布图

表 7-4　贵阳市 2019 年地表水资源现状及变化情况

区县	面积/km²	占贵阳市地表水资源总面积的比例/%	区县内地表水资源面积比例/%	2017—2019 年变化/km²
南明区	2.83	1.63%	1.35	−0.01
云岩区	1.29	0.73%	1.40	0.00
乌当区	7.43	4.28%	1.09	−0.01
花溪区	15.81	9.10%	1.64	0.09
白云区	3.61	2.08%	1.34	0.19
清镇市	55.62	32.00%	4.01	0.05
开阳县	36.85	21.20%	1.82	0.50
息烽县	20.49	11.79%	1.98	0.10
修文县	14.56	8.38%	1.36	0.29
观山湖区	15.31	8.81%	4.97	−0.15

贵阳市地表水资源面积增加。2017—2019 年贵阳市地表水资源面积增加 1.05km^2，以河流水面增加为主，库塘水面积稳定。百花水库和红枫湖景区位于贵阳市西南部地区，水资源保护措施较为完善，地表水资源面积较为稳定。开阳县、修文县地表水资源面积增加较多，观山湖区地表水资源面积明显减少。

第二节 六盘水市

一、六盘水市概况

六盘水市位于贵州省西部乌蒙山区，是国家“三线”建设时期发展起来的一座能源原材料工业城市。全市总面积为9914.48km^2，辖六枝特区、盘州市、水城区、钟山区4个县级行政区和5个省级经济开发区，92个乡镇（街道）。2019年末全市常住人口为295.05万人，以彝族、苗族、布依族为代表的少数民族人口占总人口的30%。六盘水矿产资源富集，有煤、铁、锰、锌、玄武岩等矿产资源30余种，其中煤炭资源远景储量达844亿t，探明储量达233.24亿t，保有储量达222.74亿t，具有储量大、煤种全、品质优的特点，是全国“14个亿吨级大型煤炭基地”之“云贵基地”的重要组成部分，是长江以南最大的主焦煤基地，素有“江南煤都”之称。六盘水市气候资源独特，境内最高海拔为2900.6m，最低海拔为586m，立体气候明显。冬无严寒、夏无酷暑，年平均气温为15℃，夏季平均气温为19.7℃，冬季平均气温为3℃。气候凉爽、舒适、滋润、清新，紫外线辐射适中，被中国气象学会授予“中国凉都”称号，是全国唯一以气候特征命名的城市。六盘水市旅游资源丰富，境内瀑布、溶洞、森林、峡谷、湖泊、温泉，比比皆是，山奇、水灵、谷美、石秀，处处成景，是名副其实的山地公园市。六盘水市生物资源多样，全市森林覆盖率为59%，境内种子植物162科614属1700余种，有红豆杉、银杏、珙桐、水杉等国家一级保护植物10种，有西康玉兰、香果树、鹅掌楸、十齿花、伞花木等国家二级保护植物15种，被誉为世界古银杏之乡、中国红豆杉之乡、中国野生猕猴桃之乡、中国野生刺梨之乡。境内有玉舍国家森林公园、贵州黄果树瀑布源国家森林公园、贵州水城国家杜鹃公园、牂牁江国家湿地公园、娘娘山国家湿地公园、明湖国家湿地公园①。

二、六盘水市自然资源分布及变化

2019年六盘水市林木资源面积占比为52.52%，农业资源面积占比为37.01%，地表

① 六盘水市人民政府．走进凉都［EB/OL］．2005-01-01. http：//www. gzlps. gov. cn/zjld.

水资源面积占比为0.97%，草资源面积占比为2.04%，其他用地面积占比为7.46%（图7-7）。2017—2019年六盘水市林木资源、地表水资源和其他用地面积增加，草资源和农业资源面积减少（图7-8）。

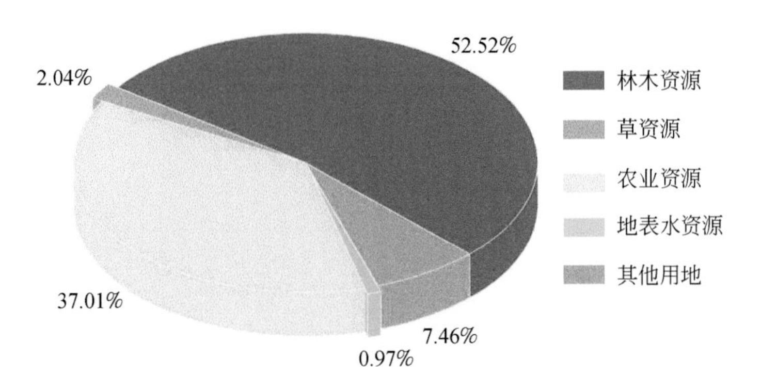

图7-7　六盘水市2019年自然资源面积占比

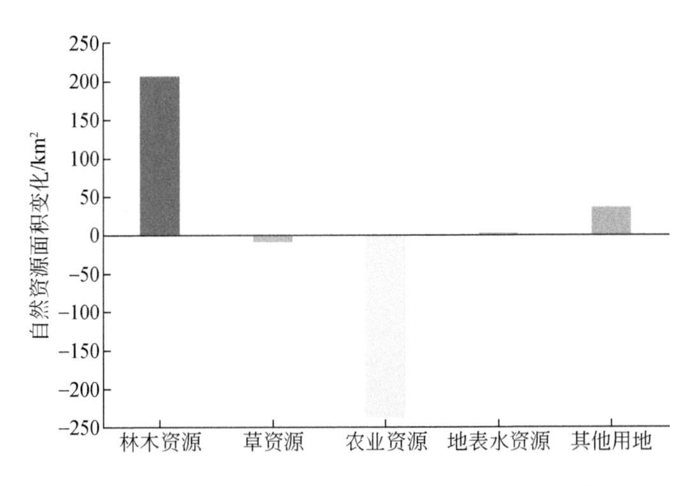

图7-8　六盘水市2017—2019年自然资源面积变化

（一）林木资源

2019年六盘水市林木资源面积为5207.46km^2（约52.07万hm^2），以有林地和灌木林为主，少量的绿化林地，分别占六盘水市林木资源总面积的54.54%、45.43%、0.03%。盘州市、水城区林木资源面积较大，分别占六盘水市林木资源总面积的39.93%、37.43%。钟山区林木资源面积较小，占六盘水市林木资源总面积的3.93%（图7-9、表7-5）。

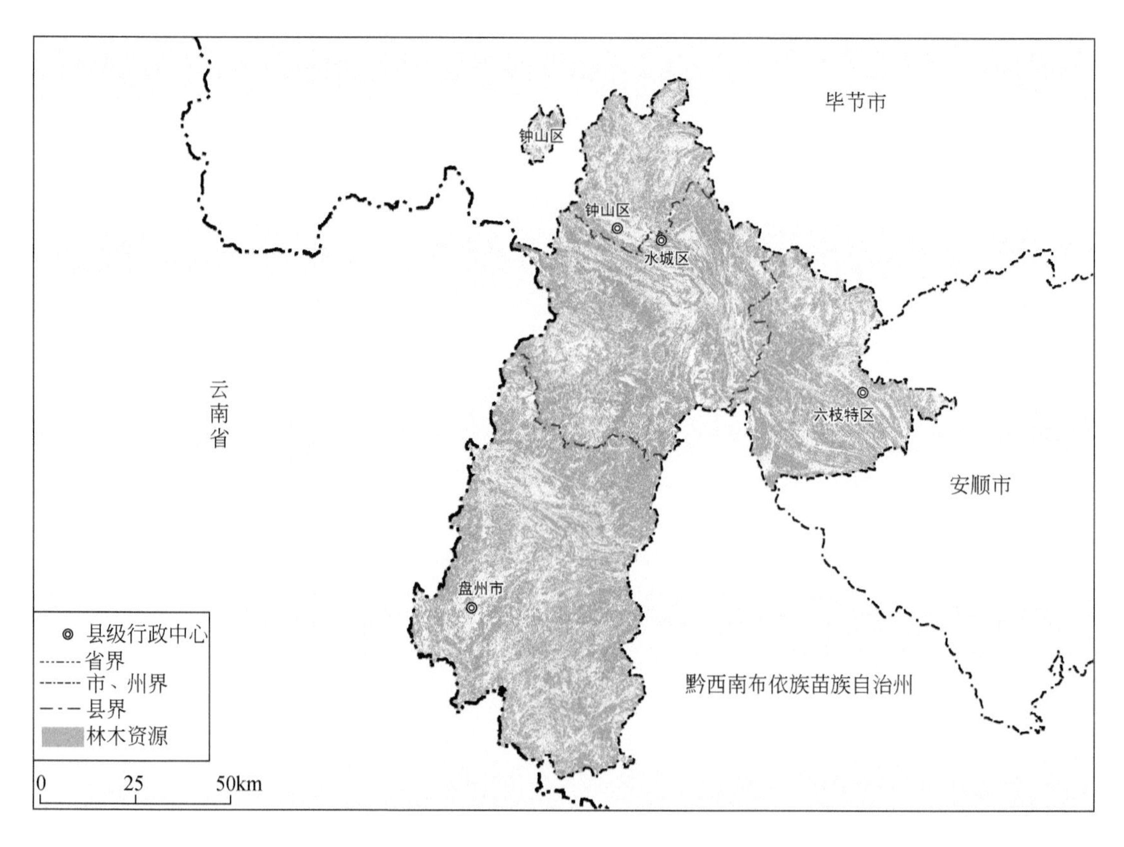

图 7-9　六盘水市林木资源现状分布图

表 7-5　六盘水市 2019 年林木资源现状及变化情况

区县	面积/km^2	占六盘水市林木资源总面积的比例/%	区县内林木资源面积比例/%	2017—2019 年变化/km^2
钟山区	204.45	3.93	43.28	14.15
六枝特区	974.38	18.71	54.15	-3.15
盘州市	2079.65	39.93	51.47	166.08
水城区	1948.98	37.43	54.10	29.73

六盘水市林木资源面积增加。2017—2019 年六盘水市林木资源面积增加 206.81km^2（约 2.07 万 hm^2），其中有林地增加 42.84km^2（约 0.43 万 hm^2），灌木林增加 243.17km^2（约 2.43 万 hm^2）。盘州市林木覆盖面积大幅增加。六枝特区林木资源面积少量减少。

（二）农业资源

2019 年六盘水市农业资源面积为 3669.53km^2（约 550.43 万亩），其中耕地和园地分别占六盘水市农业资源总面积的83.68%、16.32%。盘州市、水城区农业资源面积较大，分别占六盘水市农业资源面积总量的43.66%、35.07%。钟山区农业资源面积较小，占六盘水市农业资源总面积的4.28%（图7-10、表7-6）。

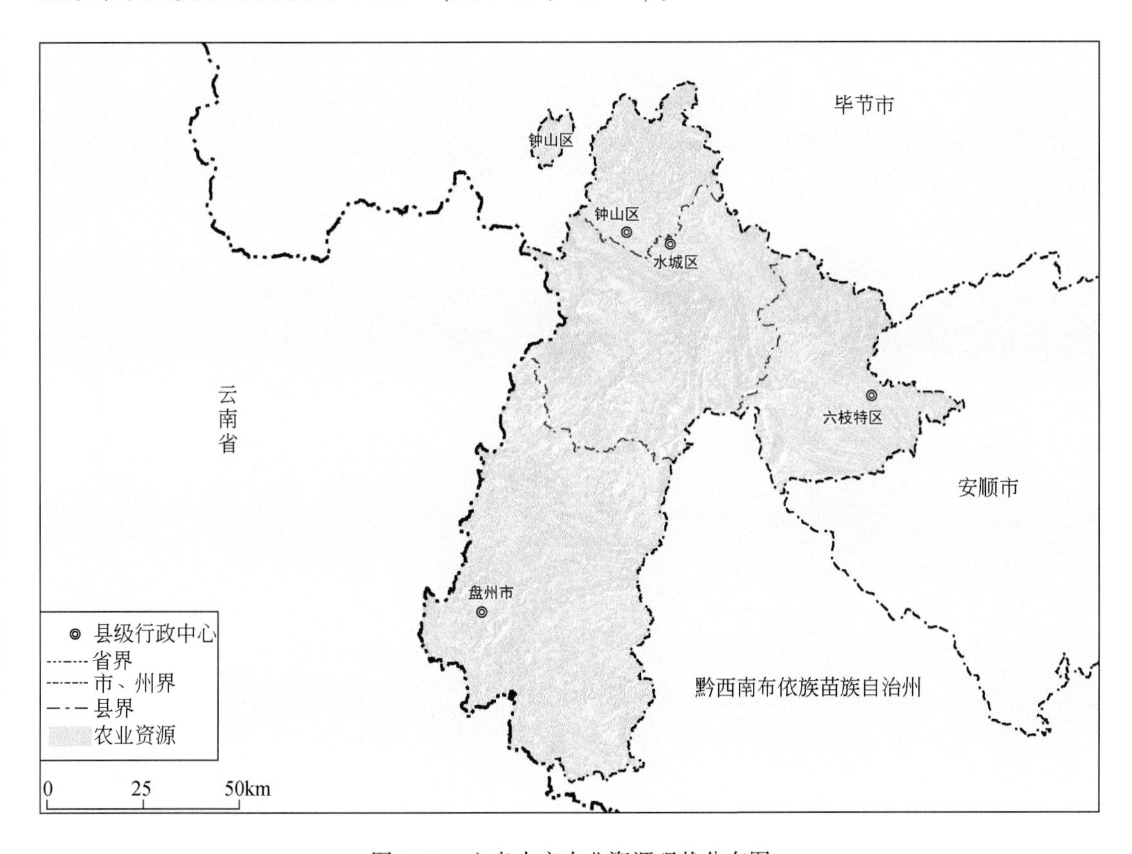

图7-10　六盘水市农业资源现状分布图

表7-6　六盘水市2019年农业资源现状及变化情况

区县	面积/km^2	占六盘水市农业资源总面积的比例/%	区县内农业资源面积比例/%	2017—2019年变化/km^2
钟山区	157.13	4.28	33.27	-16.64
六枝特区	623.32	16.99	34.64	-1.63
盘州市	1602.29	43.66	39.66	-173.52
水城区	1286.79	35.07	35.72	-45.35

六盘水市农业资源面积总量减少。2017—2019年六盘水市农业资源面积减少237.14km^2（约35.57万亩），其中耕地面积减少252.64km^2（约37.90万亩），2017—2019年园地增加15.50km^2（约2.33万亩）。盘州市农业资源面积减少较为突出。

（三）草资源

2019 年六盘水市草资源面积为 201.81km²，主要为天然草地。水城区草资源面积较大，占六盘水市草资源总面积的 65.36%，钟山区和六枝特区草资源面积较小，分别占六盘水市草资源总面积的 7.34%、6.52%（图 7-11、表 7-7）。

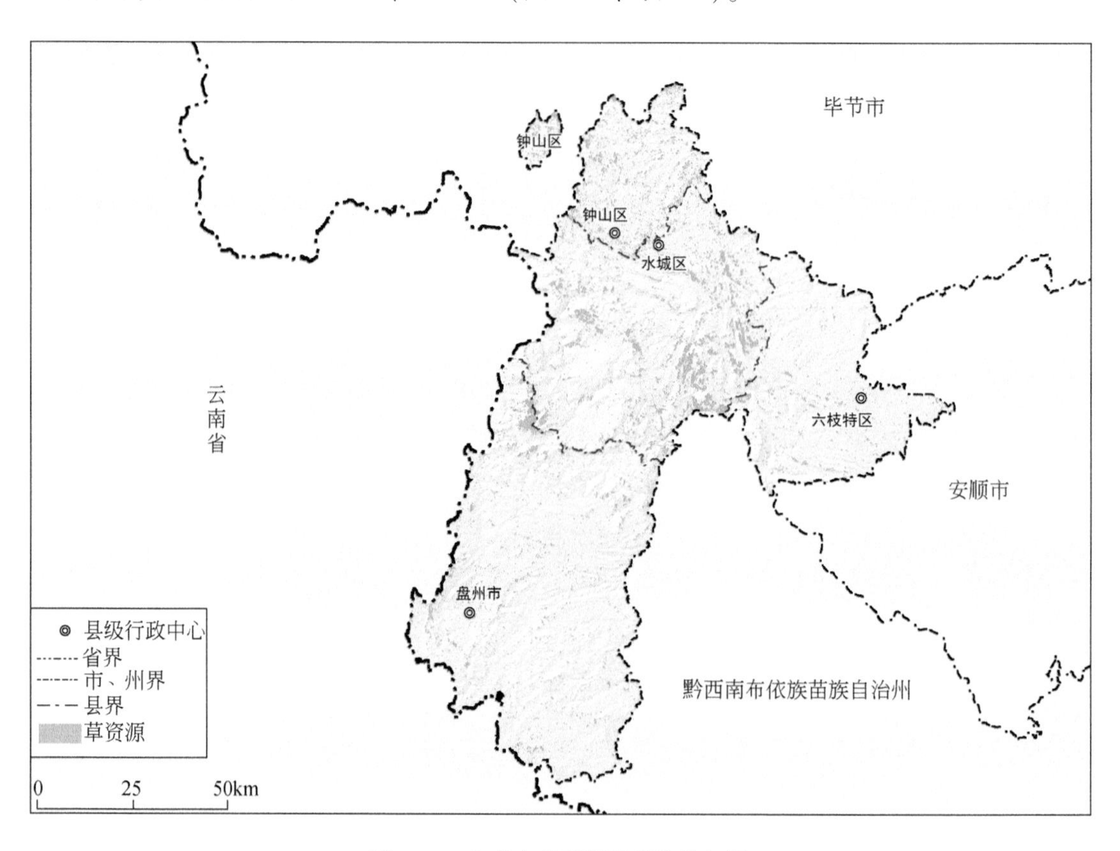

图 7-11　六盘水市草资源现状分布图

表 7-7　六盘水市 2019 年草资源现状及变化情况

区县	面积/km²	占六盘水市草资源面积总量比例/%	区县内草资源面积比例/%	2017—2019 年变化/km²
钟山区	14.82	7.34	3.14	-0.25
六枝特区	13.16	6.52	0.73	-1.25
盘州市	41.93	20.78	1.04	-2.69
水城区	131.90	65.36	3.66	-3.11

六盘水市草资源面积减少。2017—2019 年六盘水市草资源面积减少 7.30km²，其中天

然草地面积减少 8.50km²，人工草地面积增加 1.20km²。水城区和盘州市草资源面积大幅减少。

（四）地表水资源

2019 年六盘水市地表水资源面积为 96.23km²，以河流水和库塘水为主，其次是少量沟渠水和湖泊水，分别占六盘水市地表水资源总面积的 50.62%、44.03%、5.27%、0.08%。六枝特区、水城区地表水资源面积较大，分别占六盘水市地表水资源总面积的 39.01%、33.26%。钟山区地表水资源面积较小，占六盘水市地表水资源总面积的 4.14%（图 7-12、表 7-8）。

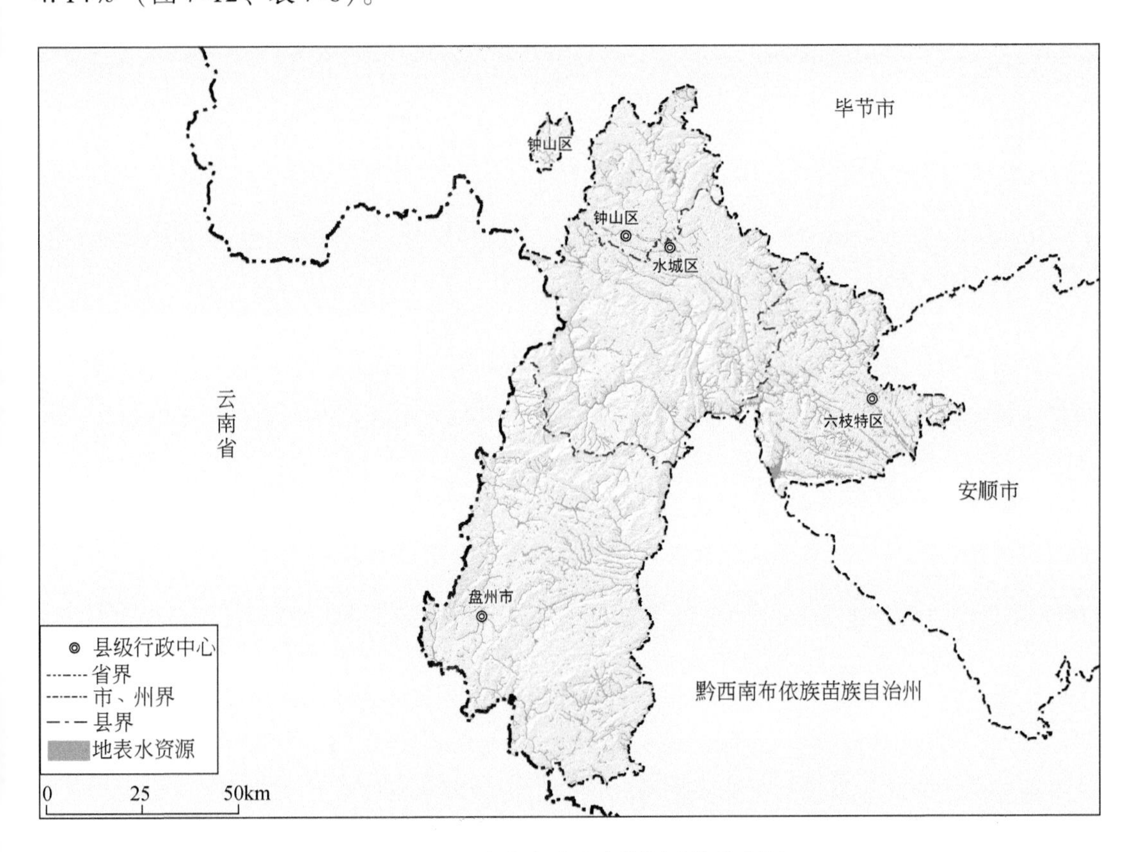

图 7-12　六盘水市地表水资源现状分布图

表 7-8　六盘水市 2019 年地表水资源现状及变化情况

区县	面积/km²	占六盘水市地表水资源总面积的比例/%	区县内地表水资源面积比例/%	2017—2019 年变化/km²
钟山区	3.98	4.14	0.84	0.08

续表

区县	面积/km^2	占六盘水市地表水资源总面积的比例/%	区县内地表水资源面积比例/%	2017—2019 年变化/km^2
六枝特区	37.54	39.01	2.09	0.47
盘州市	22.70	23.59	0.56	0.40
水城区	32.01	33.26	0.89	0.96

六盘水市地表水资源面积小幅增长。2017—2019 年六盘水市地表水资源面积增加 1.91km^2，以河流水增加为主，库塘水面积较为稳定，沟渠水面积略微增加。其中水城区地表水资源面积增加较为突出。

第三节　遵　义　市

一、遵义市概况

遵义市地处中国西南地区、贵州省北部，南临贵阳市、北倚重庆市、西接四川省，是国家全域旅游示范区，是西南地区承接南北、连接东西、通江达海的重要交通枢纽。遵义市全市下辖 3 个区、7 个县、2 个民族自治县、2 个代管市和 1 个新区。即红花岗区、汇川区、播州区、桐梓县、绥阳县、正安县、道真仡佬族苗族自治县、务川仡佬族苗族自治县、凤冈县、湄潭县、余庆县、习水县、仁怀市、赤水市、新蒲新区。全市下辖 253 个乡镇（街道）、2073 个城乡社区，其中城市社区 1454 个、农村社区 619 个。总面积为 30762km^2，建成区面积为 120km^2，2019 年末常住人口为 630.20 万人，城镇人口 342.5 万人，城镇化率达到 54%。遵义市处于云贵高原向湖南丘陵和四川盆地过渡的斜坡地带，地形起伏大，地貌类型复杂。大娄山山脉自西南向东北横亘其间，成为天然屏障，是市内南北水系的分水岭，在地貌上明显地把遵义市划分为两大片，山南是贵州高原的主体之一，以低中山丘陵和宽谷盆地为主，一般耕地比较集中连片，土地利用率较高，是粮食、油料农业资源的主要产地。遵义市地下径流量为 43.89 亿 m^3，占地表（河川）径流量的 24.4%，人均占有水量约为 700m^3。市内已探明的矿产有 60 余种。煤、铝土矿、钛、锰、镁、钼、钡、烧碱等在国内省内占有重要地位，已形成全省乃至全国重要的钛、锰、烧碱、高性能钢丝绳等原材料生产基地。市内野生动植物资源丰富，有野生和常见的高等植物2000余种，以亚热带常绿阔叶林为典型，具有植物区系南北过渡性和起源古老性的特点①。

二、遵义市自然资源分布及变化

2019年遵义市林木资源面积占比为63.24%，农业资源面积占比为29.70%，地表水资源面积占比为1.28%，草资源面积占比为0.26%，其他用地面积占比为5.52%（图7-13）。2017—2019年遵义市林木资源、地表水资源和其他用地面积均增加，草资源和农业资源面积减少（图7-14）。

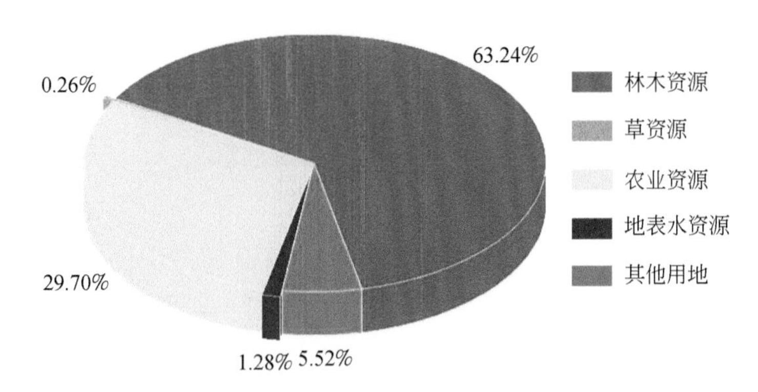

图7-13　遵义市2019年自然资源面积占比

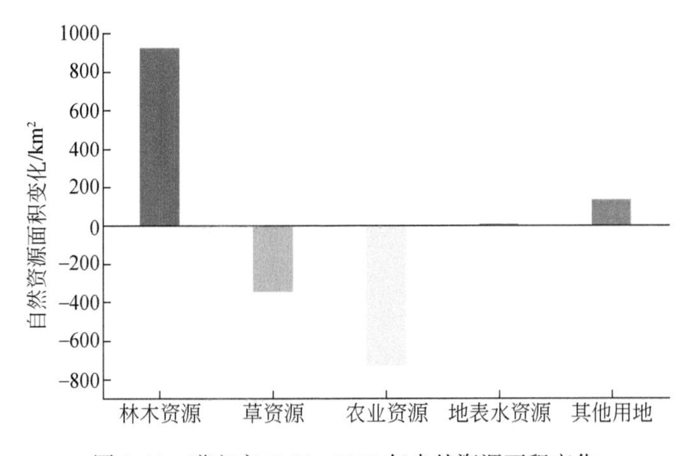

图7-14　遵义市2017—2019年自然资源面积变化

① 遵义市人民政府. 醉美遵义［EB/OL］. 2021-05-06. http：//www.zunyi.gov.cn/zmzy.

（一）林木资源

2019 年遵义市林木资源面积为 19478.97km²（约 194.79 万 hm²），以有林地和灌木林为主，少量的绿化林地，分别占遵义市林木资源总面积的 73.06%、26.93%、0.02%。桐梓县、习水县、务川县林木资源面积较多，分别占遵义市林木资源总面积的 11.29%、10.76%、9.48%；余庆县、汇川区、红花岗区林木资源面积较小，分别占遵义市林木资源总面积的 4.85%、4.77%、3.69%（图 7-15、表 7-9）。

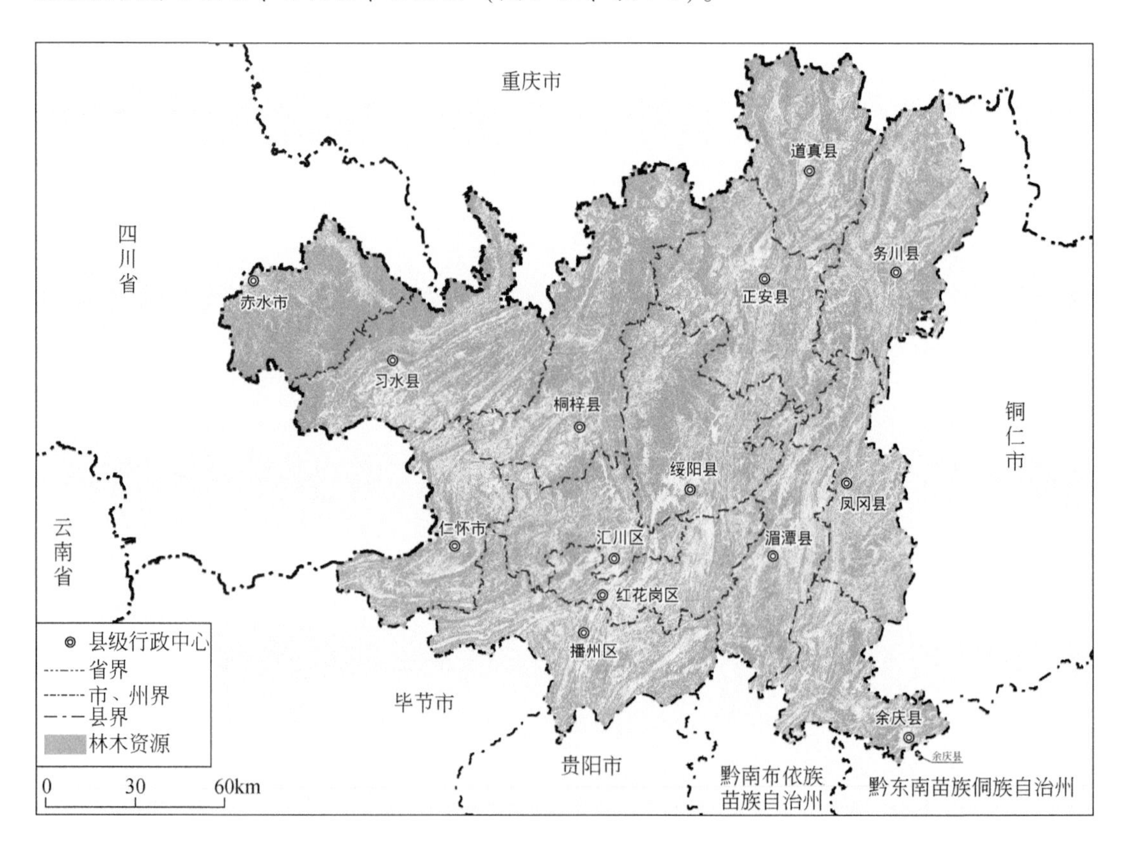

图 7-15　遵义市林木资源现状分布图

表 7-9　遵义市 2019 年林木资源现状及变化情况

区县	面积/km²	占遵义市林木资源总面积的比例/%	区县内林木资源面积比例/%	2017—2019 年变化/km²
红花岗区	718.03	3.69	51.16	63.97
汇川区	929.18	4.77	61.31	66.11
播州区	1317.63	6.76	52.92	257.66

续表

区县	面积/km²	占遵义市林木资源总面积的比例/%	区县内林木资源面积比例/%	2017—2019 年变化/km²
桐梓县	2198.70	11.29	68.49	167.39
绥阳县	1655.62	8.50	64.94	116.01
正安县	1623.07	8.33	62.59	24.17
道真县	1467.23	7.53	67.95	13.82
务川县	1846.85	9.48	66.43	12.94
凤冈县	1082.89	5.56	57.34	8.10
湄潭县	1057.33	5.43	56.59	4.68
余庆县	944.51	4.85	58.13	-3.21
习水县	2095.27	10.76	68.12	51.06
赤水市	1549.11	7.95	83.63	22.87
仁怀市	993.55	5.10	55.48	121.83

遵义市林木资源面积大幅提升。2017—2019 年遵义市林木资源面积增加 927.40km²（约 9.27 万 hm²），其中有林地面积增加 474.48km²（约 4.74 万 hm²），灌木林面积增加 449.58km²（约 4.50 万 hm²）、绿化林地面积增加 3.32km²（332hm²）、未成林造林地面积增加 1.94km²（194hm²），疏林面积减少 1.92km²（192hm²）。播州区、桐梓县林木资源面积增加较为突出。

（二）农业资源

2019 年遵义市农业资源面积为 9148.69km²（约 1372.30 万亩），其中耕地和园地分别占遵义市农业资源总面积的 90.45%、9.55%。播州区、桐梓县、正安县农业资源面积较大，分别占遵义市农业资源总面积的 9.86%、9.08%、8.91%。红花岗区、汇川区、赤水市农业资源面积较小，分别占遵义市农业资源总面积的 5.14%、5.01%、2.14%（表 7-10、图 7-16）。

表 7-10　遵义市 2019 年农业资源现状及变化情况

区县	面积/km²	占遵义市农业资源总面积的比例/%	区县内农业资源面积比例/%	2017—2019 年变化/km²
红花岗区	470.59	5.14	33.53	-53.73
汇川区	457.98	5.01	30.22	-39.38
播州区	901.62	9.86	36.21	-200.78
桐梓县	830.56	9.08	25.87	-102.65

续表

区县	面积/km²	占遵义市农业资源总面积的比例/%	区县内农业资源面积比例/%	2017—2019 年变化/km²
绥阳县	758.99	8.30	29.77	-94.48
正安县	815.13	8.91	31.43	-31.18
道真县	584.46	6.39	27.07	-23.98
务川县	796.39	8.70	28.64	-17.74
凤冈县	686.85	7.51	36.37	-14.81
湄潭县	670.01	7.32	35.86	-10.28
余庆县	552.56	6.04	34.01	-5.59
习水县	785.69	8.59	25.55	-31.31
赤水市	196.81	2.14	10.62	-25.74
仁怀市	641.05	7.01	35.80	-77.13

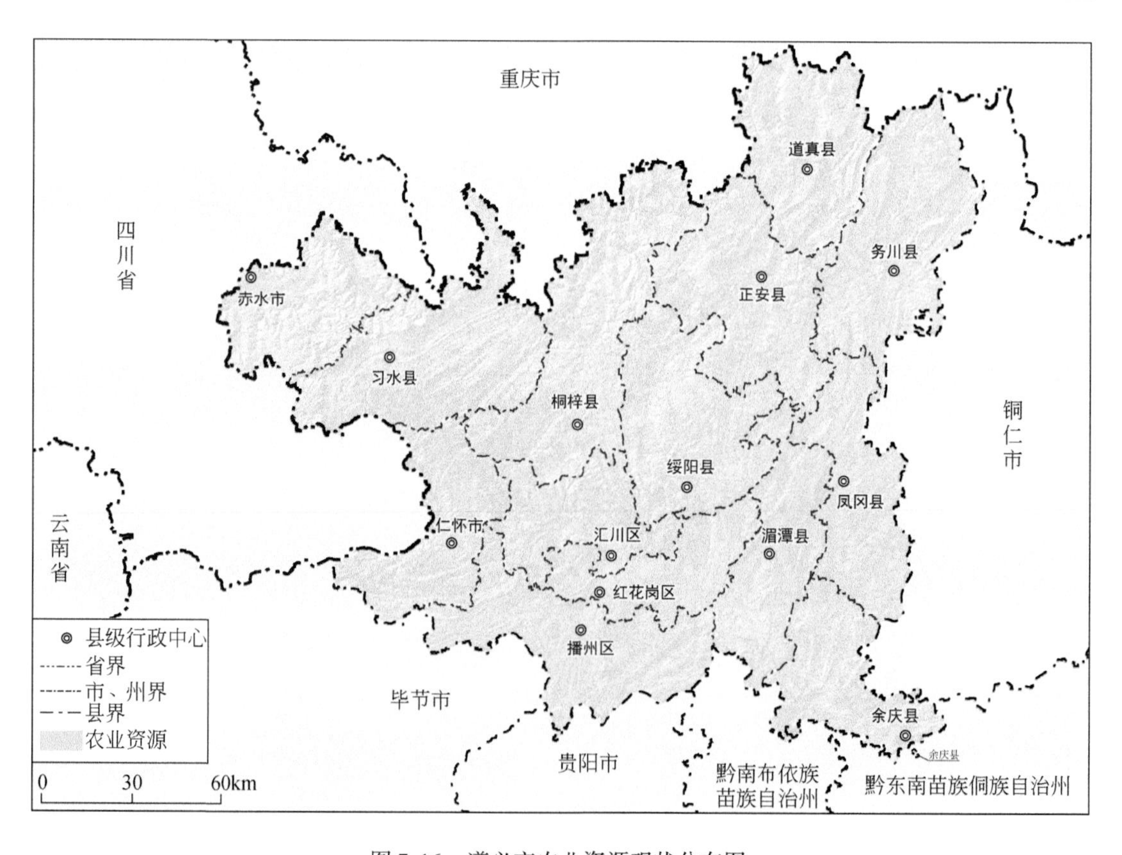

图 7-16　遵义市农业资源现状分布图

遵义市农业资源面积减少。2017—2019 年遵义市农业资源面积减少 728.78km^2（约 109.32 万亩），其中耕地面积减少 813.86km^2（约 122.08 万亩），较 2017 年减少 8.95%；园地面积增加 85.08km^2（约 12.76 万亩），较 2017 年增加 10.78%。播州区农业资源面积减少较为突出。

（三）草资源

2019 年遵义市草资源面积为 80.09km^2，以天然草分布为主。桐梓县、正安县、播州区草资源面积较大，分别占遵义市草资源总面积的 27.37%、14.15%、11.05%；余庆县、赤水市、湄潭县草资源面积较小，分别占遵义市草资源总面积的 2.32%、1.78%、0.81%（图 7-17、表 7-11）。

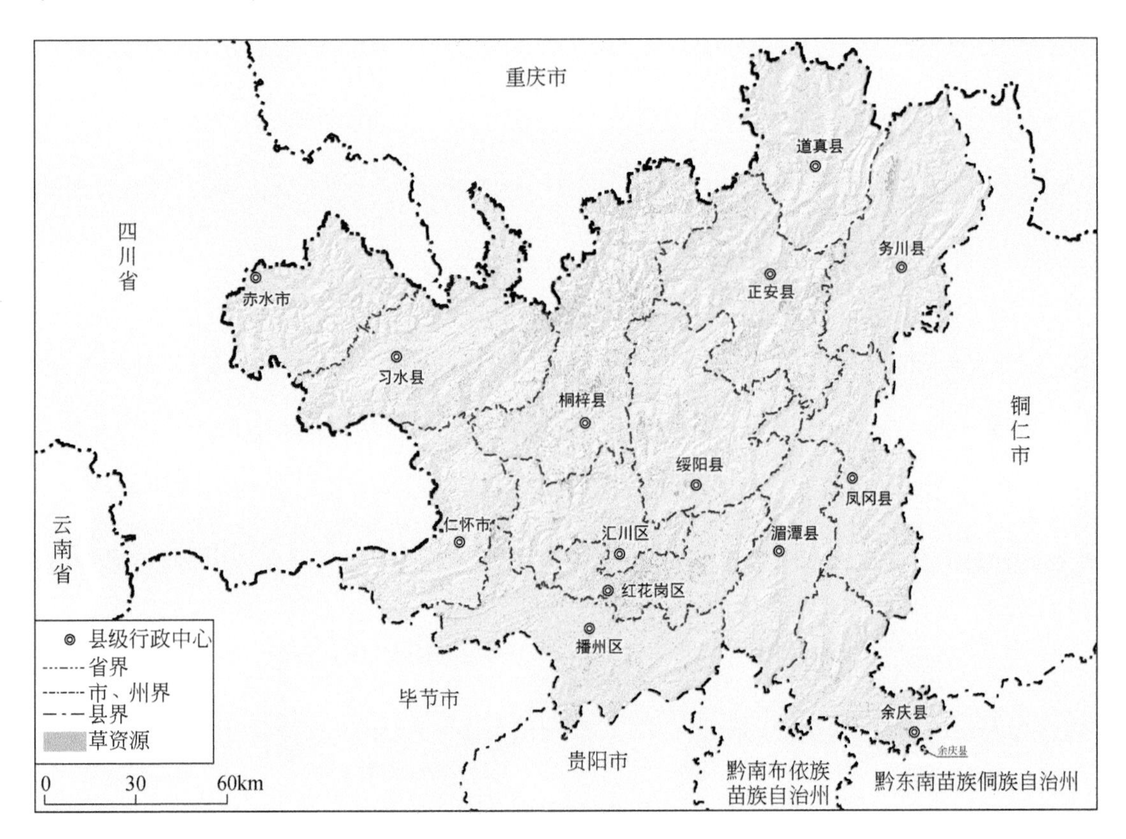

图 7-17　遵义市草资源现状分布图

遵义市草资源面积大幅减少。2017—2019 年遵义市草资源面积减少 339.32km^2，其中天然草地面积显著减小，人工草地面积少量增加。桐梓县、播州区草资源面积减少较为突出。

表 7-11　遵义市 2019 年草资源现状及变化情况

区县	面积/km²	占遵义市草资源总面积的比例/%	区县内草资源面积比例/%	2017—2019 年变化/km²
红花岗区	7.20	8.99	0.51	-22.91
汇川区	4.48	5.59	0.30	-34.75
播州区	8.85	11.05	0.36	-77.04
桐梓县	21.92	27.37	0.68	-83.55
绥阳县	5.96	7.44	0.23	-33.41
正安县	11.33	14.15	0.44	-2.70
道真县	2.16	2.69	0.10	-1.12
务川县	3.88	4.85	0.14	-1.37
凤冈县	1.89	2.36	0.10	0.13
湄潭县	0.65	0.81	0.03	0
余庆县	1.86	2.32	0.11	-0.67
习水县	6.34	7.92	0.21	-28.51
赤水市	1.43	1.78	0.08	-5.10
仁怀市	2.14	2.68	0.12	-48.32

（四）地表水资源

2019 年遵义市地表水资源面积为 393.85km²，以河流水和库塘水为主，其次为少量沟渠水，分别占遵义市地表水资源总面积的 62.72%、34.08%、3.20%。播州区、余庆县、湄潭县地表水资源面积较大，分别占遵义市地表水资源总面积的 11.04%、10.83%、8.57%。绥阳县、仁怀市、汇川区地表水资源面积较小，分别占遵义市地表水资源总面积的 5.46%、5.03%、3.65%（表 7-12、图 7-18）。

表 7-12　遵义市 2019 年地表水资源现状及变化情况

区县	面积/km²	占遵义市地表水资源总面积的比例/%	区县内地表水资源面积比例/%	2017—2019 年变化/km²
红花岗区	27.68	7.03	1.97	1.04
汇川区	14.41	3.65	0.95	0.20
播州区	43.46	11.04	1.75	0.34
桐梓县	23.46	5.96	0.73	0.63
绥阳县	21.51	5.46	0.84	0.20
正安县	26.21	6.66	1.01	0.25
道真县	23.99	6.09	1.11	1.89

续表

区县	面积/km^2	占遵义市地表水资源总面积的比例/%	区县内地表水资源面积比例/%	2017—2019 年变化/km^2
务川县	31.60	8.02	1.14	0.49
凤冈县	23.05	5.85	1.22	0.27
湄潭县	33.76	8.57	1.81	0.61
余庆县	42.66	10.83	2.63	0.46
习水县	32.42	8.23	1.05	1.01
赤水市	29.85	7.58	1.61	0.69
仁怀市	19.79	5.03	1.11	0.58

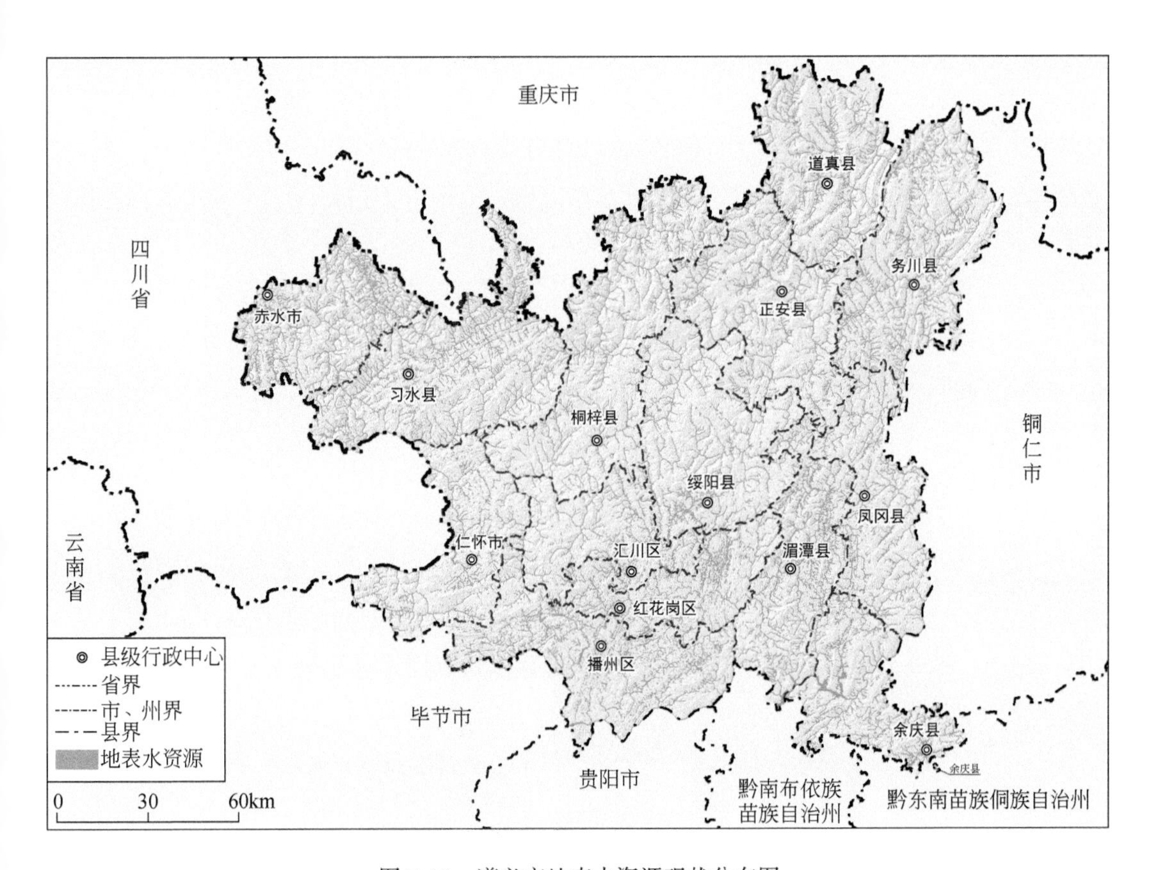

图 7-18　遵义市地表水资源现状分布图

遵义市地表水资源面积增加。2017—2019 年遵义市地表水资源面积增加 8.66km^2，较 2017 年增加 2.25%，以河流水面积增加为主。道真县、红花岗区、习水县地表水资源面积增加较多。

第四节 安 顺 市

一、安顺市概况

安顺市位于贵州省中西部，距贵州省省会贵阳90km。现辖西秀区、平坝区、普定县、镇宁布依族苗族自治县、关岭布依族苗族自治县、紫云苗族布依族自治县和安顺经济技术开发区、黄果树旅游区8个县区，总面积为9267km^2，2019年常住人口为236.36万人，少数民族人口占户籍人口的39%。地处东经105°13′—106°34′，北纬25°21′—26°38′之间，长江水系乌江流域和珠江水系北盘江流域的分水岭地带，是世界上典型的喀斯特地貌集中地区。东邻省会贵阳市和黔南布依族苗族自治州，西靠六盘水市，南连黔西南州兴义市，北接毕节市，是黔中经济区的重要城市。全市风景区面积占辖区面积的12%以上，是国家最早确定的甲类旅游开放城市、中国优秀旅游城市、中国最美丽城市、中国十大特色休闲城市。拥有黄果树、龙宫两个5A级景区和8个4A级景区，空气质量优良率常年保持99.8%，年平均气温14.2℃，是中国最佳适宜居住城市、中国最具潜力避暑旅游城市。安顺市是国家重要能源基地和“西电东送”工程的主要电源点之一；拥有铅锌矿、铝土矿、重晶石、大理石等矿产资源①。

二、安顺市自然资源分布及变化

2019年安顺市林木资源面积占比为56.46%，农业资源面积占比为32.42%，地表水资源面积占比为1.55%，草资源面积占比为1.90%，其他用地面积占比为7.67%（图7-19）。2017—2019年安顺市林木资源、地表水资源和其他用地面积增加，草资源和农业资源面积减少（图7-20）。

（一）林木资源

2019年安顺市林木资源面积为5211.53km^2（约52.12万hm^2），以有林地和灌木林为主，少量的绿化林地，分别占安顺市林木资源总面积的47.60%、52.38%、0.02%。紫云县、镇宁县、关岭县林木资源面积较大，分别占安顺市林木资源总面积的31.13%、19.01%、17.39%；西秀区、普定县、平坝区林木面积较少，分别占安顺市林木资源总面

---

① 安顺市人民政府．走进安顺［EB/OL］．2021-01-06. http：//www. anshun. gov. cn/zjas.

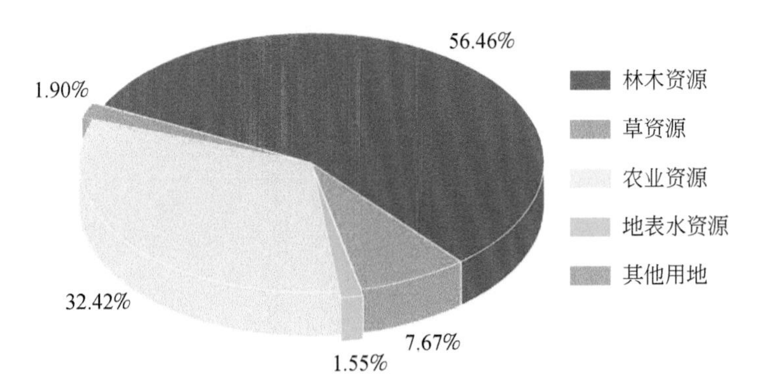

图 7-19　安顺市 2019 年自然资源面积占比

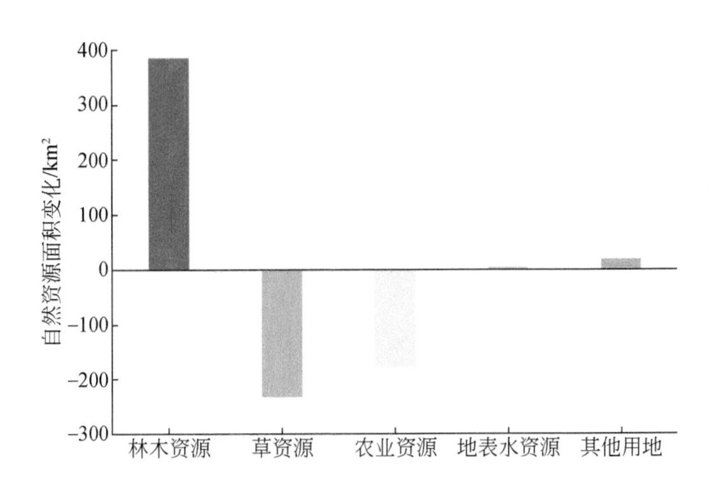

图 7-20　安顺市 2017—2019 年自然资源面积变化

积的 14. 71%、9. 59%、8. 17%（表 7-13、图 7-21）。

表 7-13　安顺市 2019 年林木资源现状及变化情况

区县	面积/km²	占安顺市林木资源总面积的比例/%	区县内林木资源面积比例/%	2017—2019 年变化/km²
西秀区	766. 50	14. 71	44. 32	63. 32
平坝区	425. 79	8. 17	43. 12	19. 75
普定县	499. 91	9. 59	46. 28	16. 32
镇宁县	990. 79	19. 01	57. 69	107. 23
关岭县	906. 34	17. 39	61. 89	82. 65
紫云县	1622. 20	31. 13	72. 05	97. 05

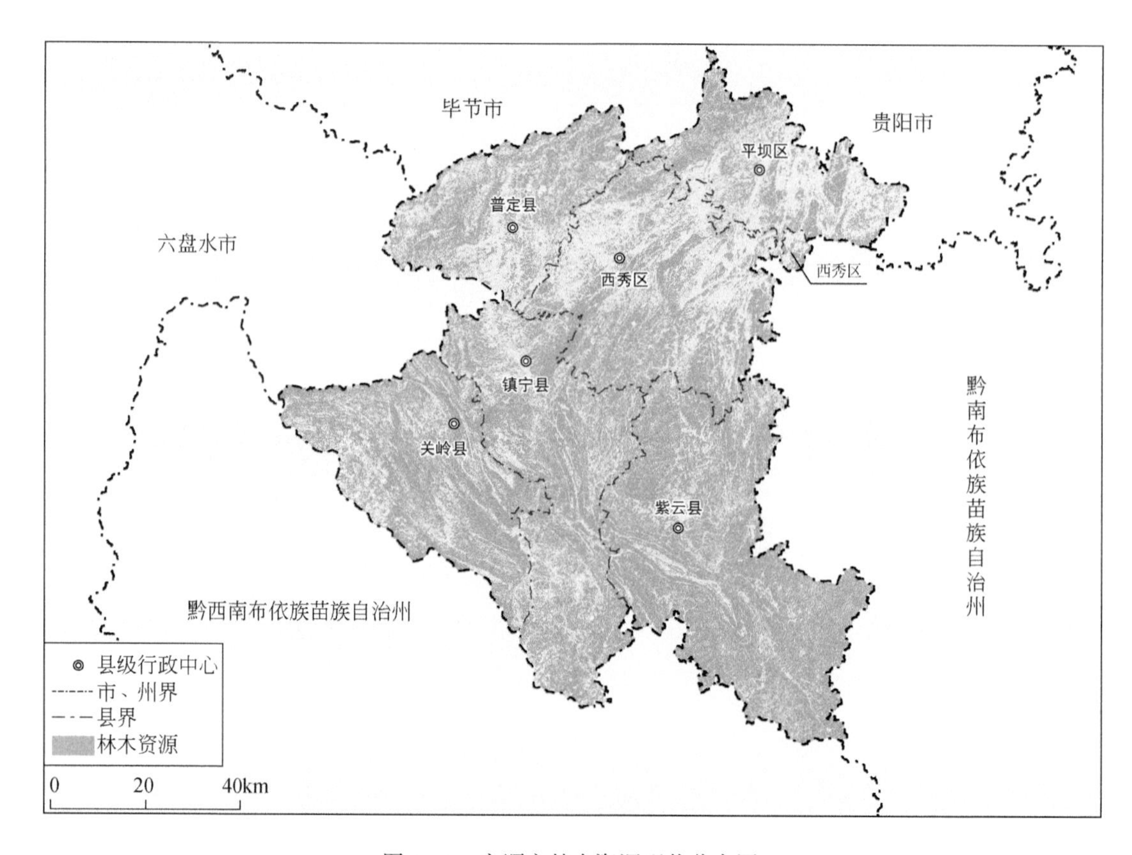

图 7-21　安顺市林木资源现状分布图

安顺市林木资源面积增加。2017—2019 年安顺市林木资源面积增加 386. 32km^2（约 3. 86 万 hm^2），较 2017 年增加 8. 01%。以有林地和灌木林面积增加为主，绿化林面积少量增加，未成林造林地面积减少。镇宁县、紫云县林木资源面积增加较为显著。

（二）农业资源

2019 年安顺市农业资源面积为 2992. 79km^2（约 448. 92 万亩），其中耕地、园地分别占农业资源总面积的 86. 94%、13. 06%。西秀区、镇宁县、紫云县农业资源面积较大，分别占安顺市农业资源总面积的 23. 67%、18. 68%、17. 07%。普定县、平坝区、关岭县农业资源面积较小，占安顺市农业资源总面积的 14. 49%、13. 62%、12. 47%（图 7-22、表 7-14）。

安顺市农业资源面积整体减少。2017—2019 年安顺市农业资源面积减少 177. 39km^2（约 26. 61 万亩），较 2017 年减少 5. 59%。其中农业资源面积减少 198. 88km^2（约 29. 83 万亩），较 2017 年减少 7. 10%；园地增加 21. 49km^2（约 3. 22 万亩），较 2017 年增加

5.82%。西秀区、紫云县农业资源面积减少较为显著。

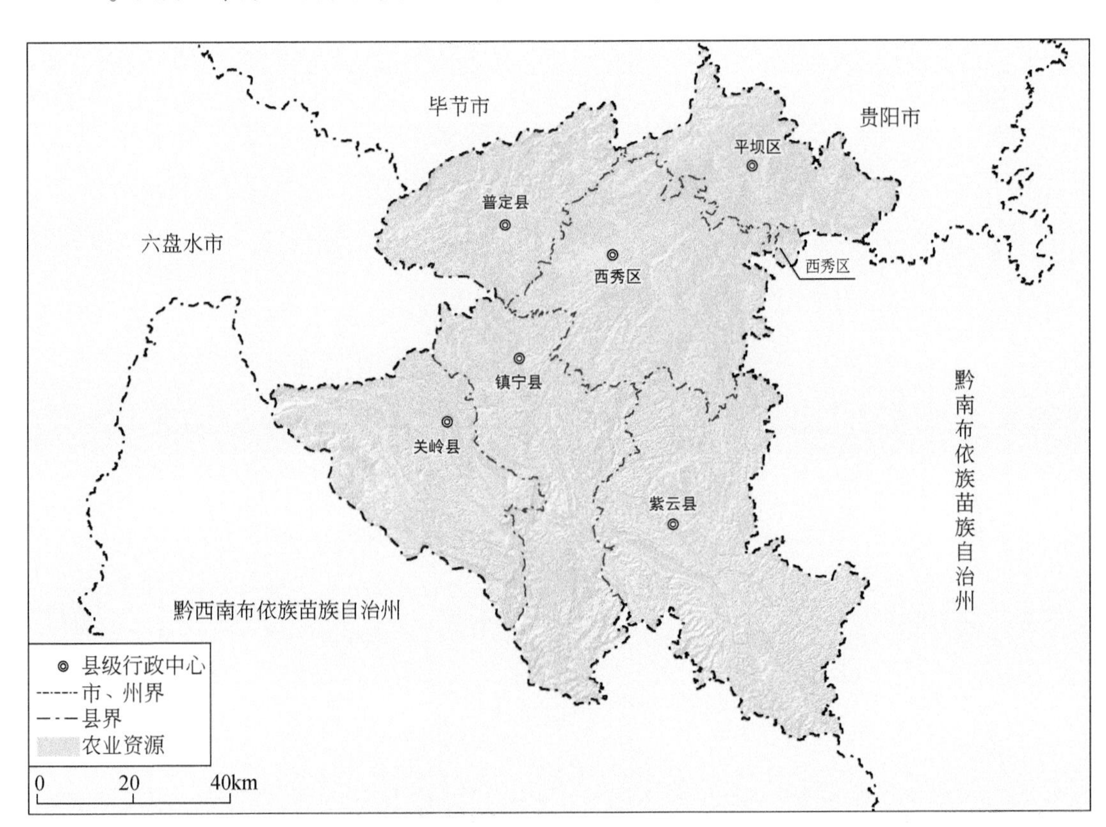

图 7-22　安顺市农业资源现状分布图

表 7-14　安顺市 2019 年农业资源现状及变化情况

区县	面积/km²	占安顺市农业资源总面积的比例/%	区县内农业资源面积比例/%	2017—2019 年变化/km²
西秀区	708.32	23.67	40.96	-53.61
平坝区	407.50	13.62	41.27	-9.59
普定县	433.52	14.49	40.14	-23.28
镇宁县	558.98	18.68	32.54	-15.46
关岭县	373.21	12.47	25.48	-27.72
紫云县	511.26	17.07	22.71	-47.73

（三）草资源

2019 年安顺市草资源面积为 175.28km²，以天然草为主。关岭县、镇宁县、西秀区草资源面积较大，分别占安顺市草资源总面积的29.48%、28.76%、16.18%；平坝区、普定县、紫云县草资源面积较小，分别占安顺市草资源总面积的10.91%、10.66%、4.01%（图7-23、表7-15）。

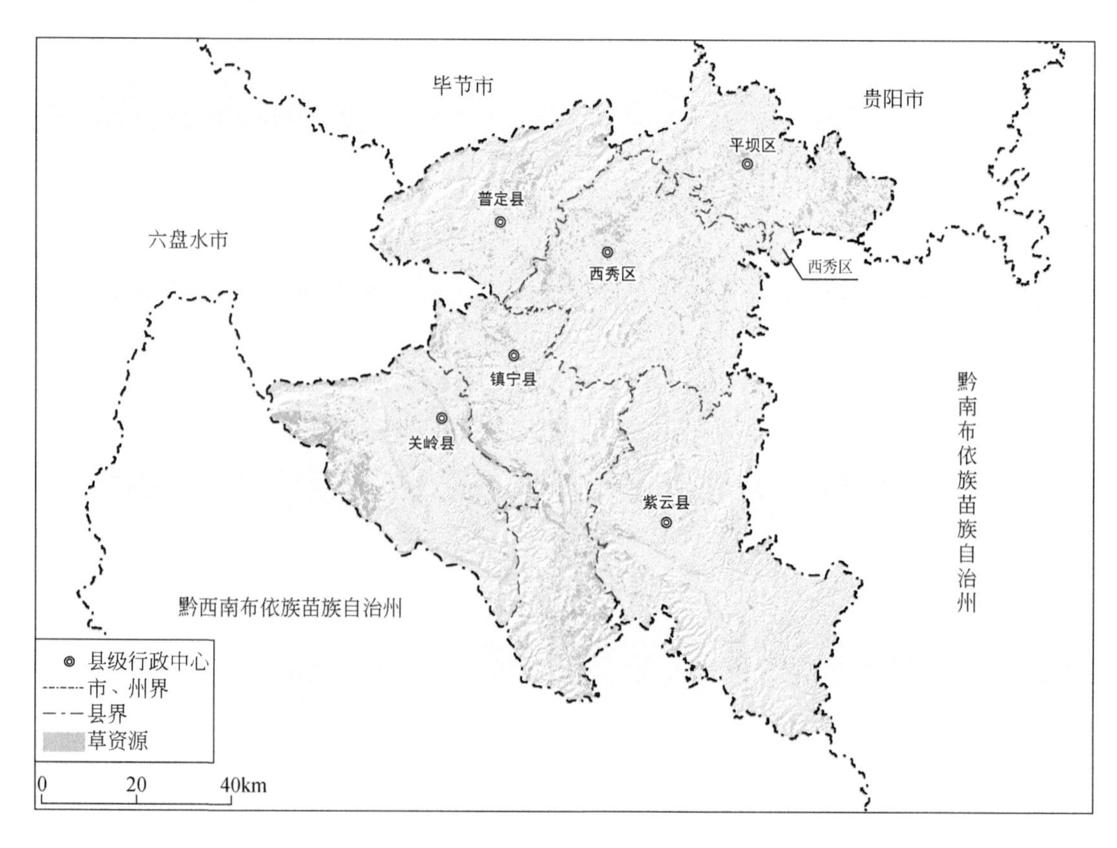

图7-23　安顺市草资源现状分布图

表7-15　安顺市2019年草资源现状及变化情况

区县	面积/km²	占安顺市草资源总面积的比例/%	区县内草资源面积比例/%	2017—2019年变化/km²
西秀区	28.35	16.18	1.64	-37.44
平坝区	19.12	10.91	1.94	-17.71
普定县	18.68	10.66	1.73	-0.33
镇宁县	50.41	28.76	2.93	-65.03
关岭县	51.68	29.48	3.53	-48.44
紫云县	7.04	4.01	0.31	-62.12

安顺市草资源面积大幅减少。2017—2019年安顺市草资源面积减少231.07km²，其中

天然草地面积减少 244.16km²，人工草地面积增加 13.09km²。镇宁县、紫云县草资源面积显著减少。

（四）地表水资源

2019 年安顺市地表水资源面积为 142.77km²，以河流水和库塘水为主、少量的沟渠水，分别占安顺市地表水资源总面积的 42.72%、51.10%、6.18%。镇宁县、平坝区、西秀区地表水资源面积较大，分别占安顺市地表水资源总面积的 21.22%、18.35%、17.97%；普定县、关岭县、紫云县地表水资源面积较小，分别占安顺市地表水资源总面积的 17.07%、14.57%、10.82%（图 7-24、表 7-16）。

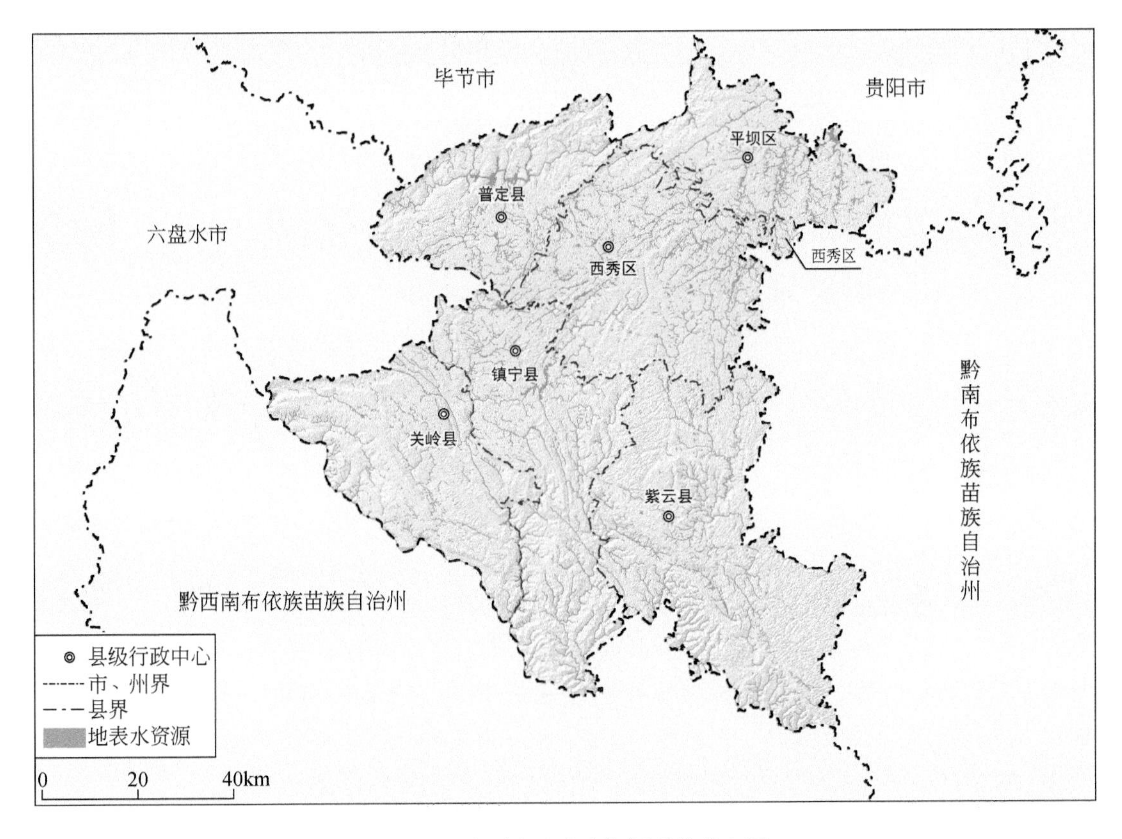

图 7-24　安顺市地表水资源现状分布图

安顺市地表水资源面积增加。2017—2019 年安顺市地表水资源总面积增加 4.09km²，较 2017 年增加 2.95%，以地表水增加为主。西秀区、平坝区地表水资源面积增加较为突出。

表 7-16 安顺市 2019 年地表水资源现状及变化情况

区县	面积/km²	占安顺市地表水资源总面积的比例/%	区县内地表水资源面积比例/%	2017—2019 年变化/km²
西秀区	25.66	17.97	1.48	1.56
平坝区	26.19	18.35	2.65	0.96
普定县	24.37	17.07	2.26	0.68
镇宁县	30.30	21.22	1.76	0.46
关岭县	20.80	14.57	1.42	0.24
紫云县	15.45	10.82	0.69	0.19

第五节 铜 仁 市

一、铜仁市概况

铜仁市是贵州省地级市，位于贵州省东北部，武陵山区腹地，东邻湖南省怀化市，北与重庆市接壤，西北高，东南低，全境以山地为主，大多数地域属中亚热带季风湿润气候区，总面积为 18013.52km²，2019 年末常住人口为 318.85 万人，下辖 2 个市辖区、4 个县、4 个自治县。铜仁市地处黔、湘、渝结合部，是贵州向东开放的门户和桥头堡，自古有“黔中各郡邑、独美于铜仁”的美誉。铜仁历史绵长、人文荟萃、物华天宝、资源富集、山川秀美、文化多元。全市属中亚热带季风湿润气候区，雨热同季，润物宜人。辖区内有沅江、乌江两大水系，流域面积 20km² 以上的河流有 229 条，水资源总量为 162 亿 m³，天然饮用水年流量达 24 亿 m³。矿产资源富集，已发现的矿种就有 40 余种，其中锰矿储量 5 亿 t，是全国三大锰矿富集区之一。动植物资源丰富，辖区内有以黔金丝猴为代表的多种国家一级保护动物，有以天麻、杜仲为代表的药用植物 2000 余种。辖区内梵净山于 2018 年成功列入世界自然遗产和国家 5A 级景区。全市现有国家级自然保护区 3 个，国家级风景名胜区 3 个，省级风景名胜区 9 个，国家矿山公园 1 个，国家级喀斯特地质公园 1 个①。

二、铜仁市自然资源分布及变化

2019 年铜仁市林木资源面积占比为 64.56%，农业资源面积占比为 27.94%，地表水

① 铜仁市人民政府. 走进铜仁［EB/OL］. 2017-7-30. http://www.trs.gov.cn/zjtr.

资源面积占比为1.57%，草资源面积占比为0.30%，其他用地面积占比为5.63%（图7-25）。2017—2019年铜仁市林木资源、地表水资源和其他用地面积增加，草资源和农业资源面积减少（图7-26）。

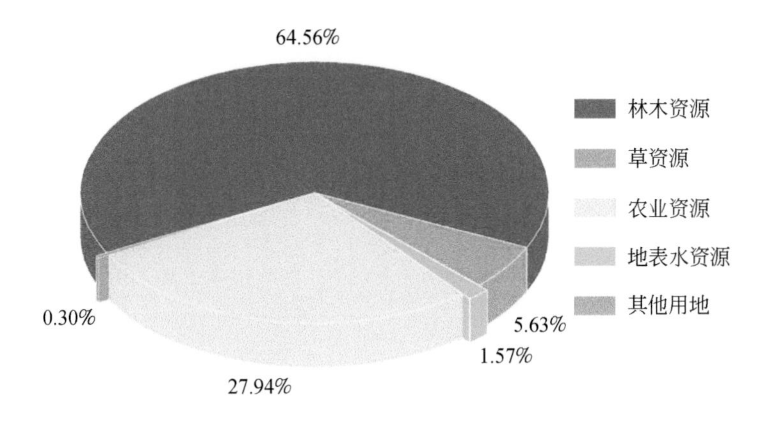

图7-25　铜仁市2019年自然资源面积占比

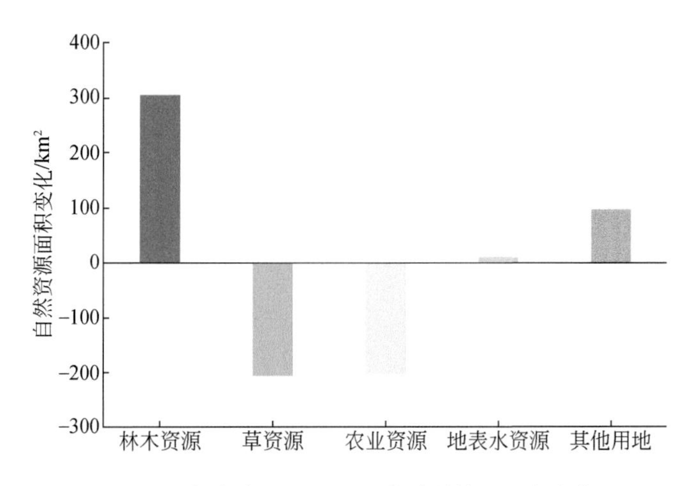

图7-26　铜仁市2017—2019年自然资源面积变化

（一）林木资源

2019年铜仁市林木资源面积为11646.60km^2（约116.47万hm^2），以有林地和灌木林为主，少量的绿化林地。分别占铜仁市林木资源总面积的71.77%、28.22%、0.01%。松桃县、沿河县、江口县林木资源面积较大，分别占铜仁市林木资源总面积的16.62%、13.19%、12.85%；碧江区、万山区、玉屏县林木资源面积较少，分别占铜仁市林木资源总面积的6.22%、4.97%、2.42%（图7-27、表7-17）。

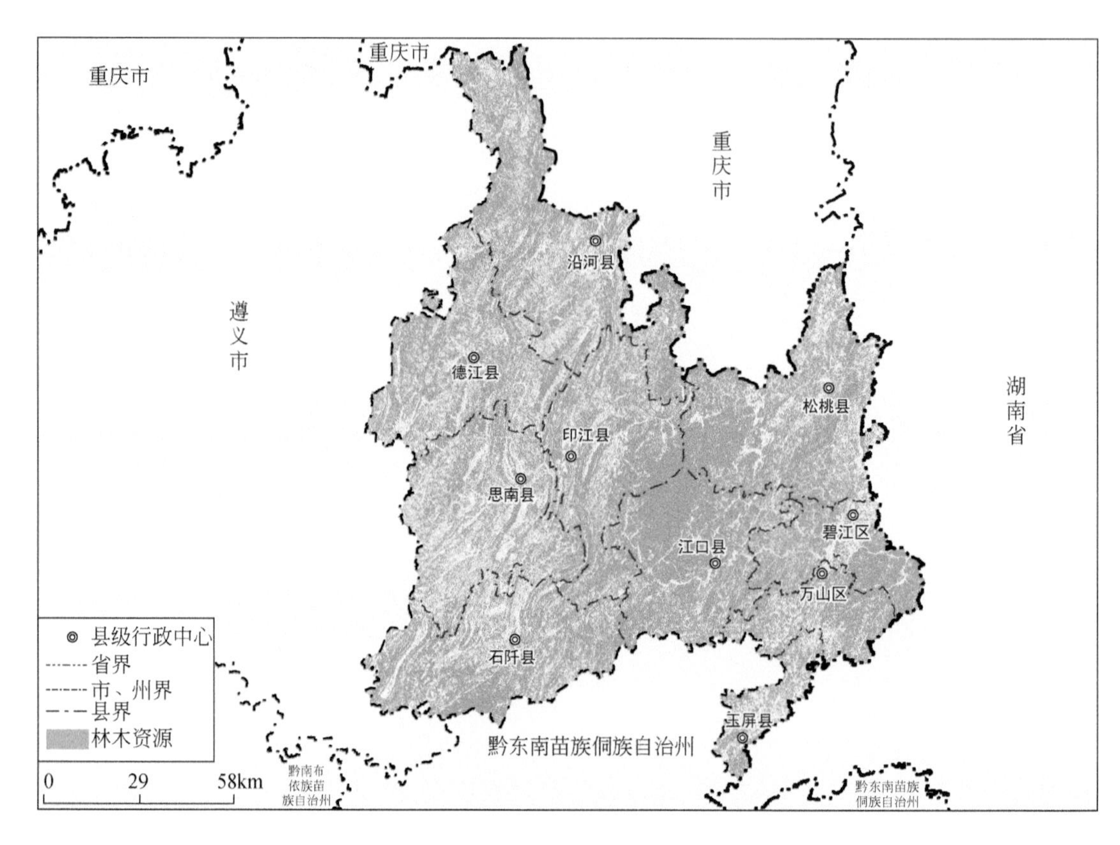

图 7-27　铜仁市林木资源现状分布图

表 7-17　铜仁市 2019 年林木资源现状及变化情况

区县	面积/km²	占铜仁市林木资源总面积的比例/%	区县内林木资源面积比例/%	2017—2019 年变化/km²
碧江区	723.93	6.22	71.69	6.40
江口县	1496.08	12.85	79.60	15.49
玉屏县	283.15	2.42	54.00	2.46
石阡县	1360.59	11.68	62.62	33.94
思南县	1159.17	9.95	52.22	59.14
印江县	1341.66	11.52	68.07	41.03
德江县	1231.79	10.58	59.38	45.61
沿河县	1535.92	13.19	61.74	35.75
松桃县	1935.56	16.62	67.64	40.35
万山区	578.75	4.97	68.92	24.60

铜仁市林木资源面积增加。2017—2019 年铜仁市林木资源面积增加 304.77km²（约 3.05 万 hm²），较 2017 年增加 2.69%。以有林地和灌木林增加为主，其中有林地面积增加 216.27km²（约 2.16 万 hm²），较 2017 年增加 2.66%，灌木林面积增加 196.43km²（约 1.96 万 hm²），较 2017 年增加 6.36%。沿河县、思南县林木资源面积显著增加。

（二）农业资源

2019 年铜仁市农业资源面积为 5039.61km²（约 755.94 万亩），其中耕地、园地分别占农业资源总面积的 88.32%、11.68%。思南县、沿河县、松桃县农业资源面积较大，分别占铜仁市农业资源总面积的 16.58%、15.48%、14.56%。万山区、碧江区、玉屏县农业资源面积较小，分别占铜仁市农业资源总面积的 3.83%、3.40%、3.23%（图 7-28、表 7-18）。

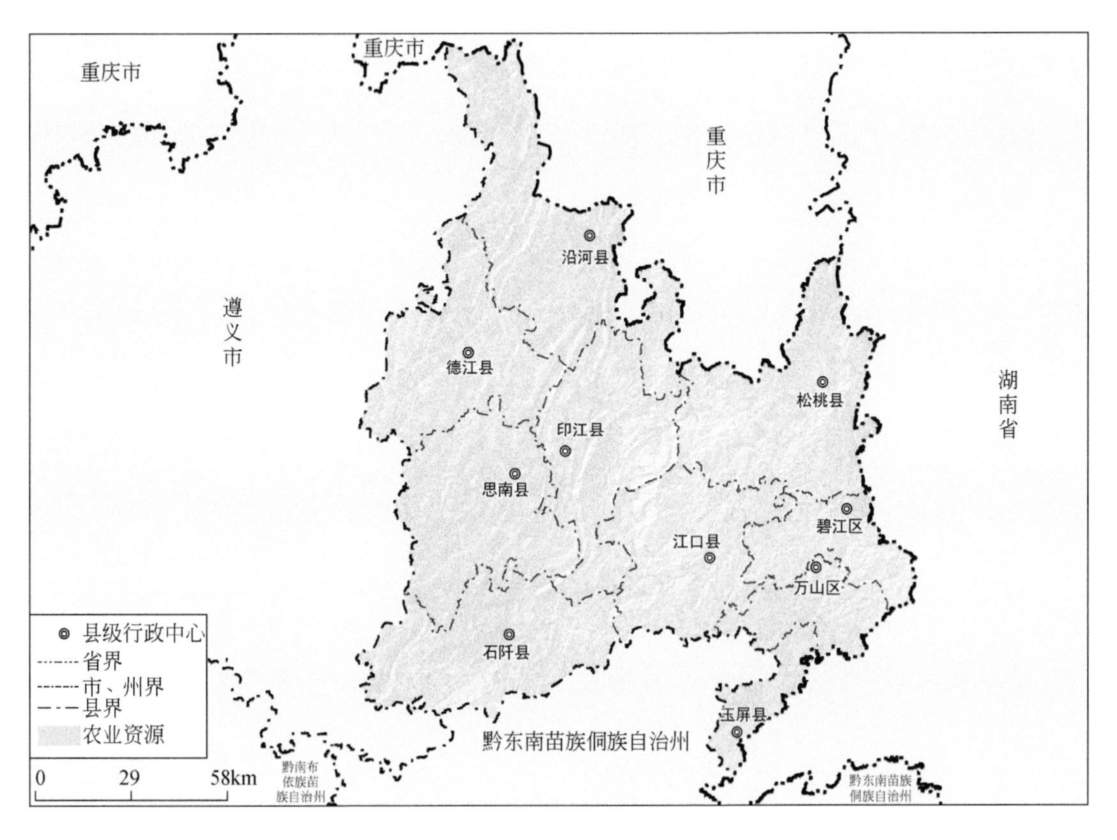

图 7-28　铜仁市农业资源现状分布图

铜仁市农业资源面积大幅减少。2017—2019 年铜仁市农业资源面积减少 203.49km²（约 30.52 万亩），较 2017 年减少 3.88%。其中耕地面积减少 218.53km²（约 32.78 万亩)，较2017年减少4.68%；园地面积增加15.04km²（约2.26万亩)，较2017年增加2.62%。德江县、松桃县农业资源面积显著减少。

表7-18　铜仁市2019年农业资源现状及变化情况

区县	面积/km²	占铜仁市农业资源总面积的比例/%	区县内农业资源面积比例/%	2017—2019年变化/km²
碧江区	171.54	3.40	16.99	-4.07
江口县	295.47	5.86	15.72	-2.41
玉屏县	162.59	3.23	31.01	-7.38
石阡县	666.05	13.22	30.65	-30.73
思南县	835.47	16.58	37.63	-23.45
印江县	518.23	10.28	26.29	-22.84
德江县	683.13	13.56	32.93	-51.74
沿河县	780.20	15.48	31.36	-7.73
松桃县	733.89	14.56	25.65	-45.95
万山区	193.04	3.83	22.99	-7.19

（三）草资源

2019年铜仁市草资源面积为54.27km²，以天然草地为主。碧江区、德江县、万山区草资源面积较大，分别占铜仁市草资源总面积的16.19%、15.57%、13.73%，印江县、江口县、石阡县草资源面积较小，分别占铜仁市草资源总面积的5.57%、5.55%、3.48%（表7-19、图7-29)。

表7-19　铜仁市2019年草资源现状及变化情况

区县	面积/km²	占铜仁市草资源总面积的比例/%	区县内草资源面积比例/%	2017—2019年变化/km²
碧江区	8.79	16.19	0.87	-14.34
江口县	3.01	5.55	0.16	-18.31
玉屏县	5.16	9.50	0.98	-9.35
石阡县	1.88	3.48	0.09	-9.18
思南县	3.58	6.59	0.16	-45.70
印江县	3.02	5.57	0.15	-24.45
德江县	8.45	15.57	0.41	-8.90

续表

区县	面积/km²	占铜仁市草资源总面积的比例/%	区县内草资源面积比例/%	2017—2019 年变化/km²
沿河县	6. 06	11. 17	0. 24	-37. 39
松桃县	6. 87	12. 65	0. 24	-13. 97
万山区	7. 45	13. 73	0. 89	-24. 45

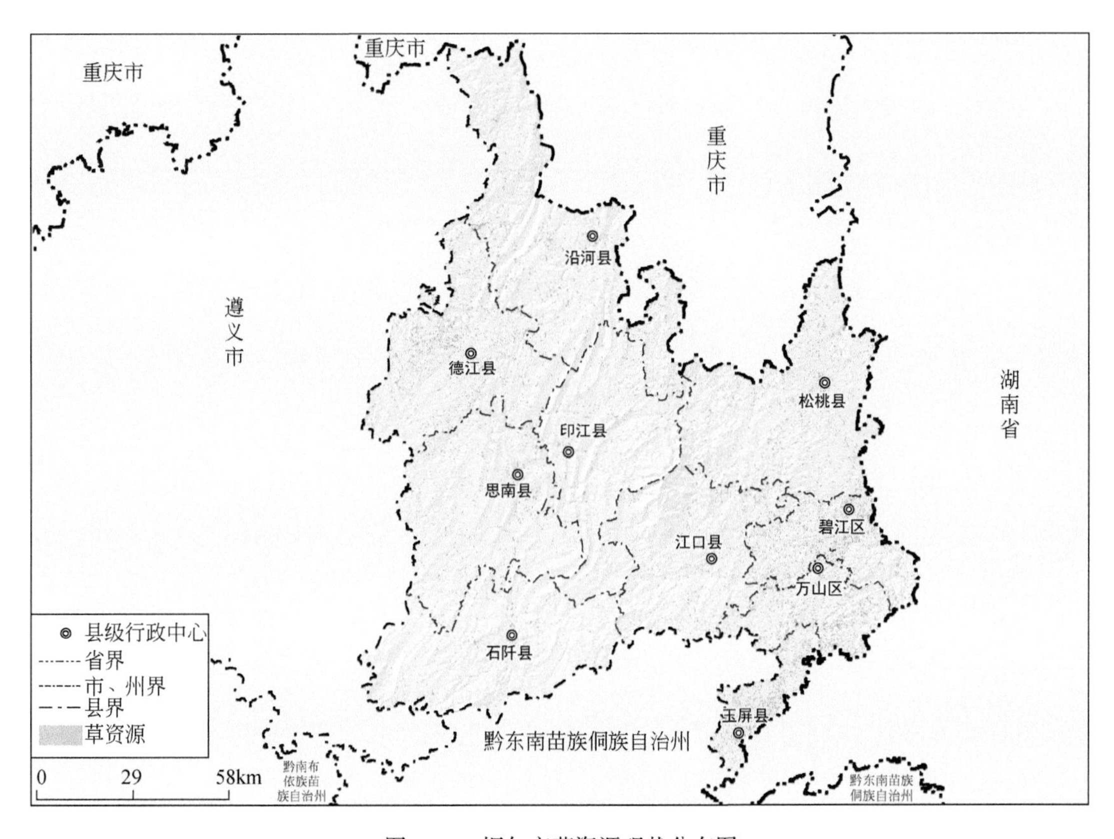

图 7-29　铜仁市草资源现状分布图

铜仁市草资源面积大幅减少。2017—2019 年铜仁市草资源面积减少 206. 04km²，主要为天然草地面积减少。思南县、沿河县草资源面积减少较为突出。

（四）地表水资源

2019 年铜仁市地表水资源面积为 283. 50km²，以河流水和库塘水为主，分别占地表水资源总面积的 54. 54%、42. 11%。思南县、沿河县、德江县地表水资源面积较大，分别占铜仁市地表水资源总面积的 20. 41%、15. 18%、12. 05%。印江县、玉屏县、万山区地表水资源面积较小，分别占铜仁市地表水资源总面积的7.45%、4.45%、3.49%（图7-30、表7-20）。

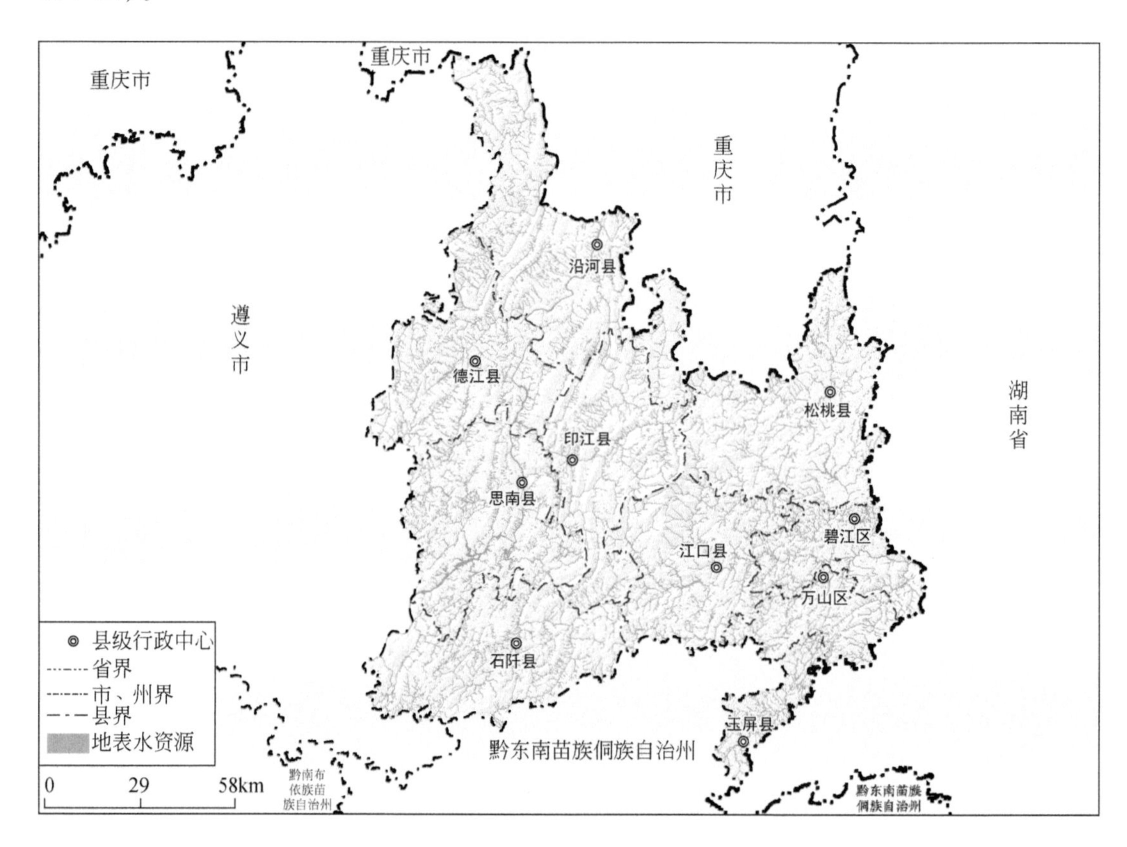

图7-30　铜仁市地表水资源现状分布图

表7-20　铜仁市2019年地表水资源现状及变化情况

区县	面积/km^2	占铜仁市地表水资源总面积的比例/%	区县内地表水资源面积比例/%	2017—2019年变化/km^2
碧江区	22.66	7.99	2.24	0.62
江口县	24.28	8.57	1.29	0.19
玉屏县	12.62	4.45	2.41	0.80
石阡县	24.83	8.76	1.14	0.65
思南县	57.87	20.41	2.61	0.43
印江县	21.12	7.45	1.07	0.34
德江县	34.16	12.05	1.65	1.62
沿河县	43.03	15.18	1.73	0.22

续表

区县	面积/km^2	占铜仁市地表水资源总面积的比例/%	区县内地表水资源面积比例/%	2017—2019 年变化/km^2
松桃县	33.02	11.65	1.15	3.01
万山区	9.91	3.49	1.18	0.88

铜仁市地表水资源面积增加。2017—2019 年铜仁市地表水资源面积增加 8.76km^2，较 2017 年增加 3.19%，以河流水面积增加为主。松桃县、德江县地表水资源面积显著增加。

第六节 黔西南州

一、黔西南州概况

黔西南自治州，首府驻兴义市，位于云南、广西、贵州三省（区）结合部，贵州省西南部。地处东经 104°35′—106°32′，北纬 24°38′—26°11′。自治州辖区面积约为 16800km^2，辖 2 市 6 县 1 新区（义龙新区），2019 年末常住人口为 288.60 万。黔西南州属珠江水系南北盘江流域，属典型的低纬度高海拔山区。整个地形西高东低、北高南低。最高点在兴义市七舍、捧乍高原顶峰，海拔 2207.2m；最低点在望谟县红水河边大落河口，海拔 275m，高差 1932.2m，海拔大多在 1000—2000m。州内地形起伏大，地貌复杂，可分为 5 个不同地貌区，即低山侵蚀山地峡谷区、岩溶高原槽坝区、岩溶侵蚀高原区、岩溶侵蚀山地区、侵蚀山地河谷区。土壤种类有 9 个土类，19 个亚类，47 个土属，204 个土种。境内已发现矿藏 41 种，占全省已发现矿种的一半，正式提交矿产储备委员会批准有开发价值的 21 种。黔西南州气候多样，给动植物生长和繁衍提供了得天独厚的自然条件。境内植物种类达 3913 种以上，其中珍稀植物 300 余种①。

二、黔西南州自然资源分布及变化

2019 年黔西南州林木资源面积占比为 64.30%，农业资源面积占比为 25.11%，地表水资源面积占比为 1.81%，草资源面积占比 2.67%，其他用地面积占比为 6.11%（图 7-31）。2017—2019 年黔西南州林木资源、草资源、地表水资源和其他用地面积增加，农业资源面积减少（图 7-32）。

① 黔西南州人民政府．走进金州［EB/OL］．2020-08-27. http：//www. qxn. gov. cn/zjjz.

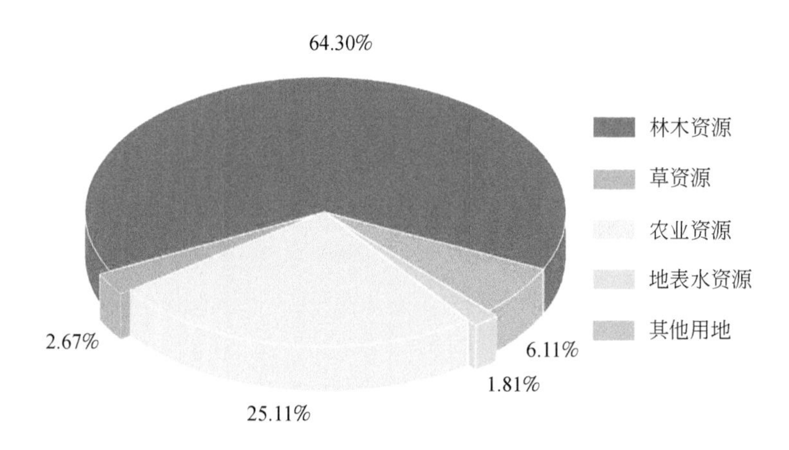

图 7-31　黔西南州 2019 年自然资源面积占比

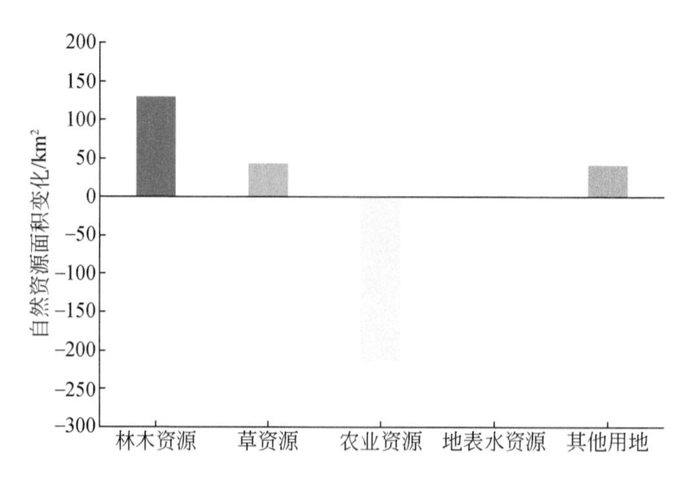

图 7-32　黔西南州 2017—2019 年自然资源面积变化

（一）林木资源

2019 年黔西南州林木资源面积为 10808.11km^2（约 108.08 万 hm^2），以有林地和灌木林为主，其中有林地和灌木林面积分别占黔西南州林木资源总面积的 62.32%、37.66%。望谟县、册亨县林木资源面积较大，分别占黔西南州林木资源总面积的 22.37%、19.27%；普安县、贞丰县、晴隆县林木资源面积较小，分别占黔西南州林木资源总面积的 7.44%、7.28%、6.85%（图 7-33、表 7-21）。

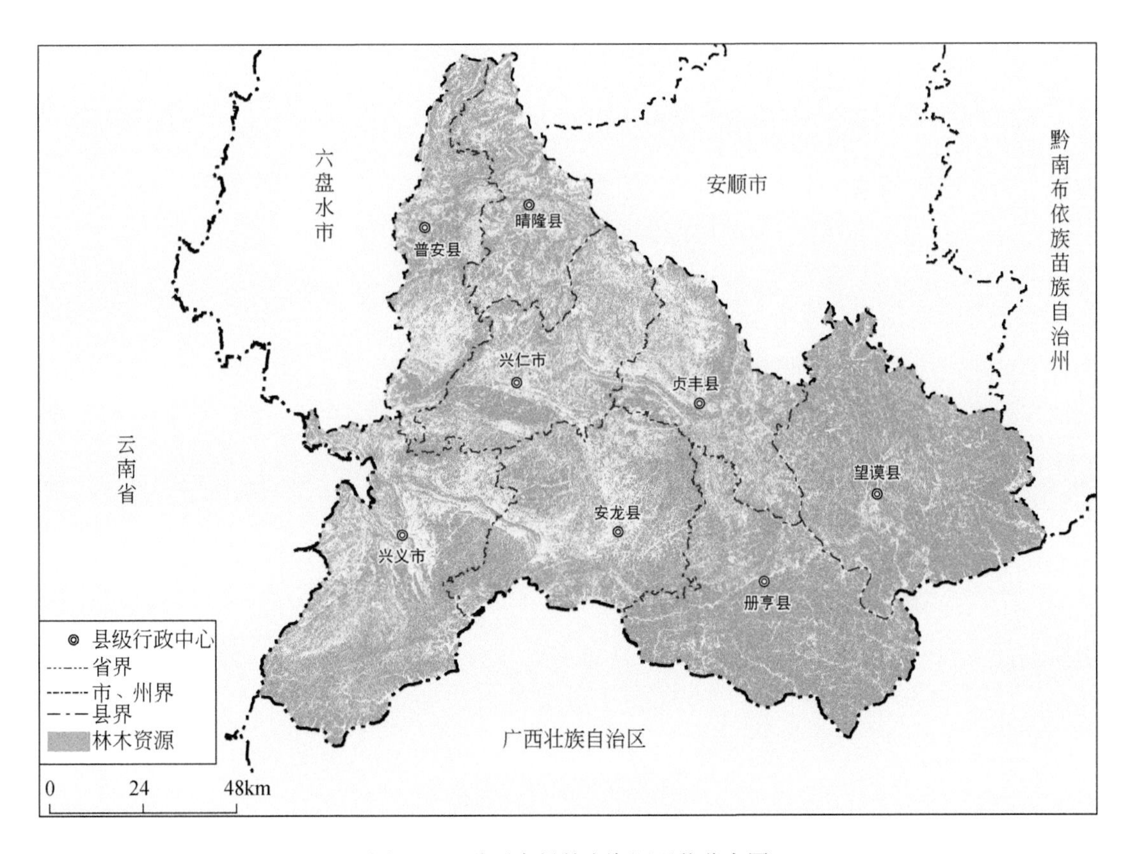

图 7-33　黔西南州林木资源现状分布图

表 7-21　黔西南州 2019 年林木资源现状及变化情况

区县	面积/km²	占黔西南州林木资源总面积的比例/%	区县内林木资源面积比例/%	2017—2019 年变化/km²
兴义市	1693.93	15.67	58.25	37.13
兴仁市	942.84	8.72	53.02	39.14
普安县	804.09	7.44	55.32	25.63
晴隆县	739.88	6.85	56.49	26.11
贞丰县	787.00	7.28	52.14	51.21
望谟县	2417.68	22.37	80.07	-11.91
册亨县	2082.50	19.27	80.18	-62.70
安龙县	1340.19	12.40	60.05	25.44

黔西南州林木资源面积增加。2017—2019 年黔西南州林木资源面积增加 130.05km^2（约1.30 万 hm^2），较2017 年增加1.22%。其中有林地面积增加85.79km^2（约0.86 万 hm^2），较 2017 年增加 1.29%；灌木林面积增加 162.50km^2（约 1.63 万 hm^2），较 2017 年增加 4.16%。贞丰县、兴义市、兴仁市林木资源面积增加显著。

（二）农业资源

2019 年黔西南州农业资源面积为 4221.28km^2（约 633.20 万亩），其中耕地和园地面积分别占黔西南州农业资源总面积的 83.57%、16.43%。兴义市、兴仁市、贞丰县农业资源面积较大，分别占黔西南州农业资源总面积的 19.72%、14.95%、13.66%；望谟县、册亨县、晴隆县农业资源面积较小，分别占黔西南州农业资源总面积的 9.86%、8.59%、8.57%（图 7-34、表 7-22）。

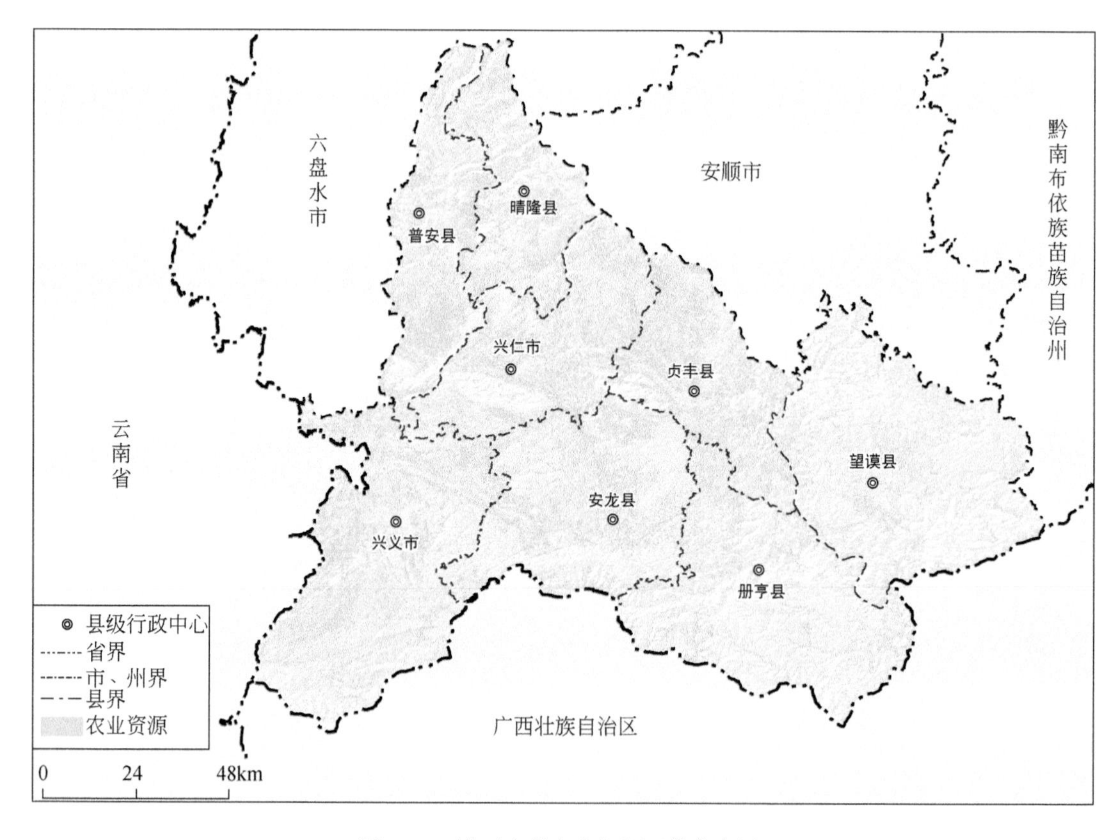

图 7-34　黔西南州农业资源现状分布图

表 7-22 黔西南州 2019 年农业资源现状及变化情况

区县	面积/km^2	占黔西南州农业资源总面积的比例/%	区县内农业资源面积比例/%	2017—2019 年变化/km^2
兴义市	832. 59	19. 72	28. 63	-40. 42
兴仁市	630. 92	14. 95	35. 48	-47. 82
普安县	465. 00	11. 02	31. 99	-26. 03
晴隆县	361. 73	8. 57	27. 62	-12. 15
贞丰县	576. 57	13. 66	38. 20	-53. 34
望谟县	416. 34	9. 86	13. 79	-0. 31
册亨县	362. 66	8. 59	13. 96	-4. 16
安龙县	575. 47	13. 63	25. 78	-31. 00

黔西南州农业资源面积大幅减少。2017—2019 年黔西南州农业资源面积减少 215. 23km^2（约 32. 28 万亩），较 2017 年减少 4. 85%。其中耕地面积减少 221. 52km^2（约 33. 23 万亩），较 2017 年减少 5. 91%；园地面积增加 6. 29km^2（约 0. 94 万亩），较 2017 年增加 0. 92%。贞丰县、兴仁市农业资源面积显著减少。

（三）草资源

2019 年黔西南州草资源面积为 447. 99km^2，主要为天然草地。安龙县、晴隆县、普安县草资源面积较大，分别占黔西南州草资源总面积的 23. 82%、18. 77%、17. 90%；册亨县、望谟县、贞丰县草资源面积较小，分别占黔西南州草资源总面积的 5. 88%、3. 81%、3. 41%（表 7-23、图 7-35）。

表 7-23 黔西南州 2019 年草资源现状及变化情况

区县	面积/km^2	占黔西南州草资源总面积的比例/%	区县内草资源面积比例/%	2017—2019 年变化/km^2
兴义市	46. 95	10. 48	1. 61	5. 45
兴仁市	71. 37	15. 93	4. 01	1. 34
普安县	80. 18	17. 90	5. 52	-1. 85
晴隆县	84. 09	18. 77	6. 42	-1. 55
贞丰县	15. 28	3. 41	1. 01	-3. 77
望谟县	17. 09	3. 81	0. 57	1. 76
册亨县	26. 34	5. 88	1. 01	37. 76
安龙县	106. 69	23. 82	4. 78	3. 05

黔西南州草资源面积增加。2017—2019 年黔西南州草资源面积增加 42. 19km^2，较

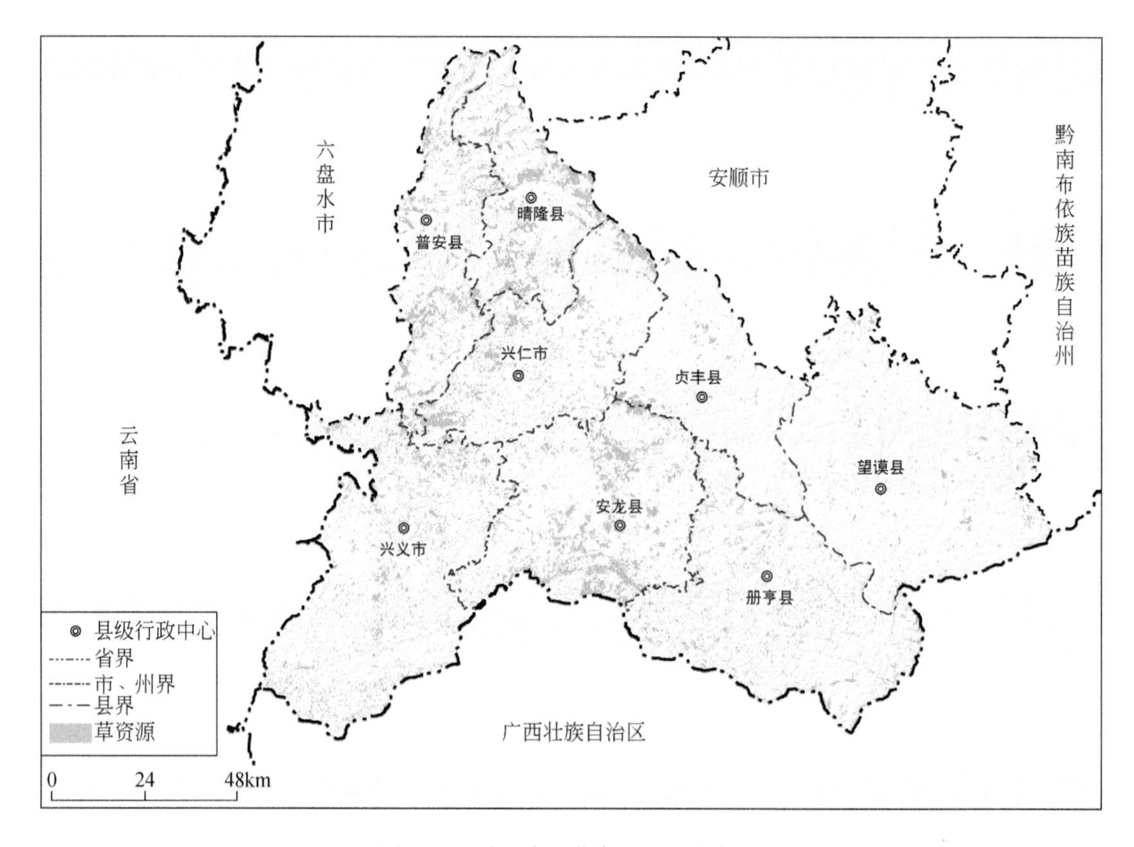

图 7-35　黔西南州草资源现状分布图

2017 年增加 10.40%，其中天然草地面积增加 41.44km²，人工草地面积增加 0.75km²。册亨县、兴义市草资源面积显著增加。

（四）地表水资源

2019 年黔西南州地表水资源面积为 303.77km²，以河流水和库塘水为主，有少量的沟渠水分布，分别占黔西南州地表水资源总面积的 74.37%、21.38%、4.25%。兴义市地表水资源面积较大，占黔西南州地表水资源总面积的 29.57%；兴仁市、普安县地表水资源面积较小，分别占黔西南州地表水资源总面积的 4.09%、3.35%（图 7-36、表 7-24）。

黔西南州地表水资源面积小幅增长。2017—2019 年黔西南州地表水资源面积增加 1.52km²，较 2017 年增加 0.50%，其中河流水面增加，沟渠水面略微减少。兴义市、册亨县地表水资源面积明显增加，贞丰县地表水资源面积明显减少。

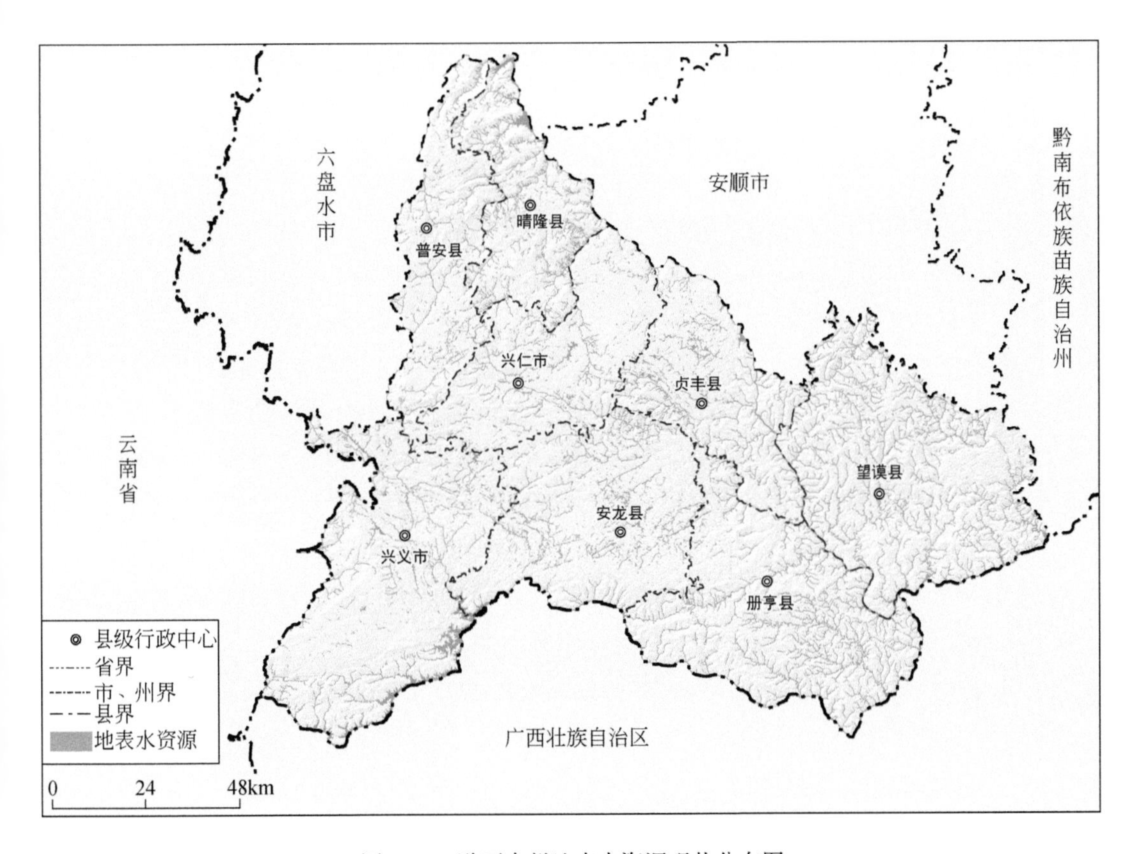

图 7-36　黔西南州地表水资源现状分布图

表 7-24　黔西南州 2019 年地表水资源现状及变化情况

区县	面积/km²	占黔西南州地表水资源总面积的比例/%	区县内地表水资源面积比例/%	2017—2019 年变化/km²
兴义市	89.82	29.57	3.09	0.52
兴仁市	12.43	4.09	0.70	0.19
普安县	10.16	3.35	0.70	0.02
晴隆县	32.24	10.61	2.46	0.03
贞丰县	27.59	9.08	1.83	-0.08
望谟县	53.04	17.46	1.76	0.08
册亨县	50.53	16.63	1.95	0.46
安龙县	27.96	9.21	1.25	0.30

第七节 毕 节 市

一、毕节市概况

毕节市位于贵州省的西北部、川滇黔三省交界、乌蒙山腹地，总面积为2.69万km^2。辖七星关区、大方县、黔西市、金沙县、织金县、纳雍县、威宁彝族回族苗族自治县、赫章县8个县（区、自治县）和百里杜鹃管理区、金海湖新区2个正县级管委会，279个乡（镇、街道），3701个村（居），居住着汉、彝、苗、回等46个民族，2019年末常住人口为671.43万人。毕节是全国唯一一个以“开发扶贫、生态建设”为主题的试验区。毕节市气候凉爽怡人，年平均气温为13.4℃，夏季平均气温为22℃，是大自然赐予的“天然大空调”；矿产资源丰富，已发现矿种61种，具有资源储量42种，具有开采价值25种，其中磷、硫铁矿、重稀土、黏土储量居贵州之首，煤炭储量为281亿t，占贵州的51%，有“西南煤海”之誉；水能资源富足，年平均降水量为849—1399mm，地表水资源总量为134.87亿m^3，市内河流分属长江、珠江两大水系，总流量128.2亿m^3；旅游资源独具特色，有旅游资源单体9668个，目前已开发的有国家5A级景区百里杜鹃、4A级景区织金洞、4A级景区韭菜坪等。享有中国高山生态有机茶之乡、中国竹荪之乡、中国天麻之乡、中国核桃之乡等美誉①。

二、毕节市自然资源分布及变化

2019年毕节市林木资源面积占比为52.01%，农业资源面积占比为39.79%，地表水资源面积占比为1.15%，草资源面积占比为1.12%，其他用地面积占比为5.94%（图7-37）。2017—2019年毕节市林木资源、地表水资源和其他用地面积增加。草资源和农业资源面积减少（图7-38）。

（一）林木资源

2019年毕节市林木资源面积为13965.19km^2（约139.65万hm^2），以有林地和灌木林为主，分别占毕节市林木资源总面积的57.06%和42.93%。威宁县林木资源面积较大，占毕节市林木资源总面积的19.97%，金沙县林木资源覆盖率较高，占该区面积总量的

① 毕节市人民政府．毕节市情［EB/OL］．2021-04-09. https：//www. bijie. gov. cn/sq.

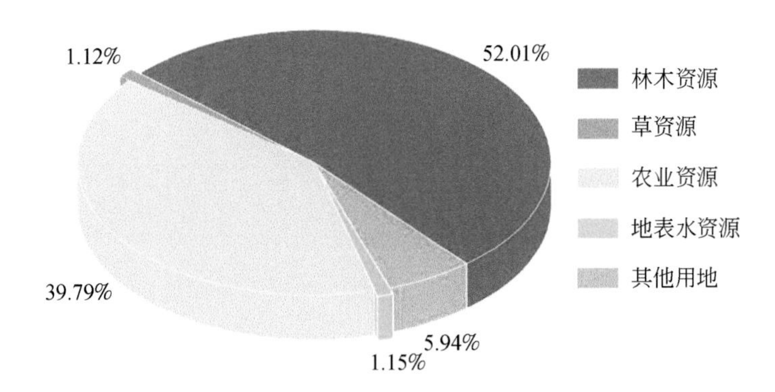

图 7-37　毕节市 2019 年自然资源面积占比

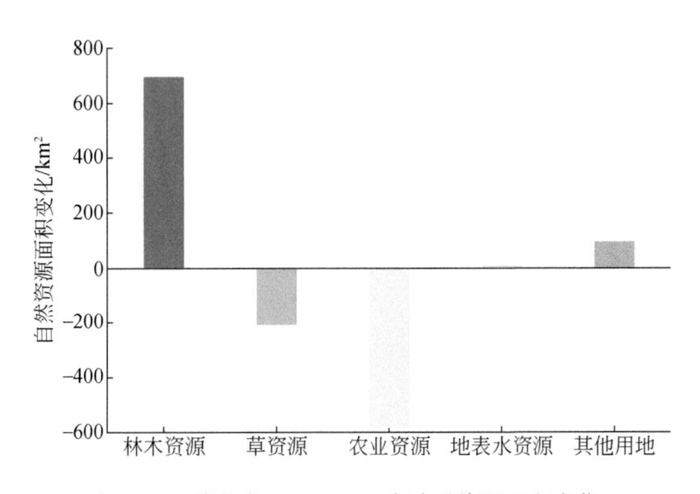

图 7-38　毕节市 2017—2019 年自然资源面积变化

60.73%（表 7-25、图 7-39）。

表 7-25　毕节市 2019 年林木资源现状及变化情况

区县	面积/km^2	占毕节市林木资源总面积的比例/%	区县内林木资源面积比例/%	2017—2019 年变化/km^2
七星关区	1871.73	13.40	54.87	123.62
大方县	1897.29	13.59	54.20	54.26
黔西市	1275.72	9.13	49.91	130.39
金沙县	1532.96	10.98	60.73	39.88
织金县	1584.50	11.35	55.29	32.89
纳雍县	1364.62	9.77	55.64	119.29

续表

区县	面积/km²	占毕节市林木资源总面积的比例/%	区县内林木资源面积比例/%	2017—2019 年变化/km²
威宁县	2788.84	19.97	44.27	164.99
赫章县	1649.53	11.81	50.87	29.61

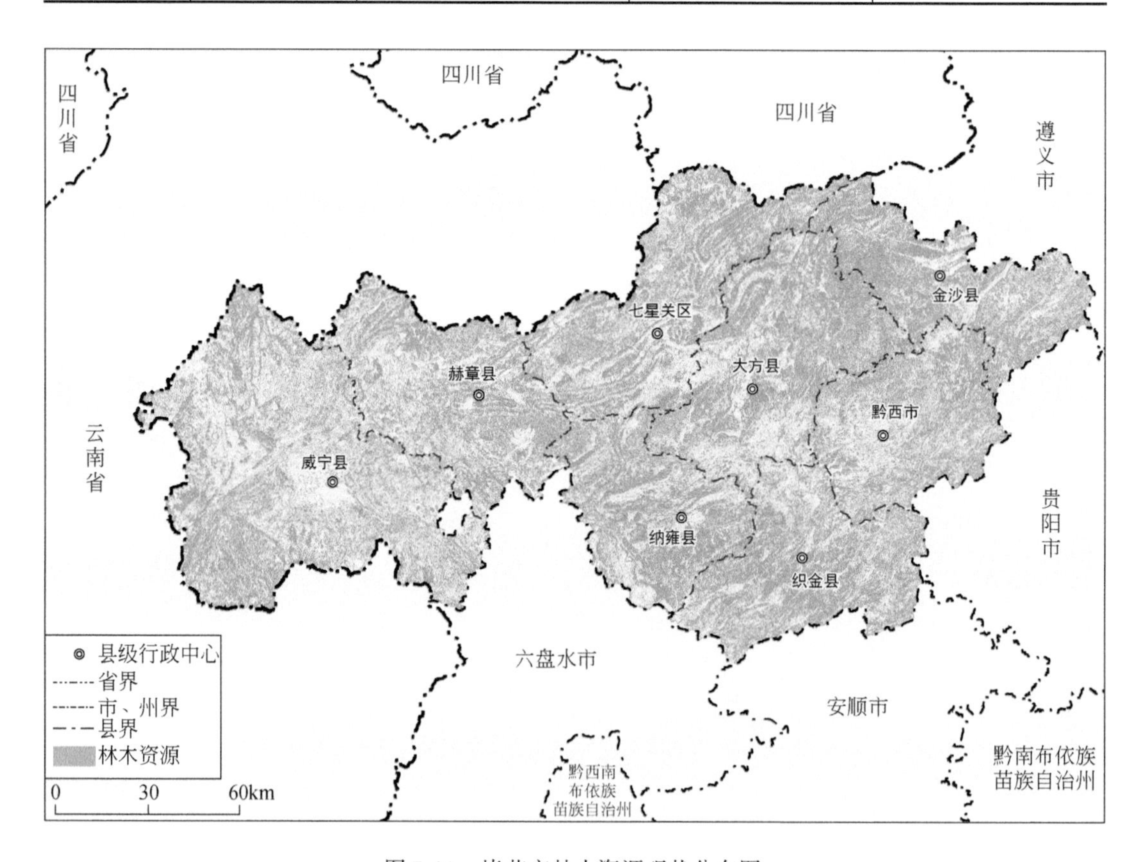

图 7-39　毕节市林木资源现状分布图

毕节市林木资源面积显著增加。2017—2019 年毕节市林木资源面积增加 694.93km²（约 6.95 万 hm²），较 2017 年增加 5.24%。2017—2019 年有林地面积增加 403.03km²（约 4.03 万 hm²），较 2017 年增加 5.33%；2017—2019 年灌木林面积增加 420.06km²（约 4.20 万 hm²），较 2017 年增加 7.53%。威宁县、黔西市、七星关区、纳雍县林木资源面积增加较多，赫章县林木资源面积增加较少。

（二）农业资源

2019 年毕节市农业资源面积为 10684.64km²（约 1602.70 万亩），其中耕地和园地分别占毕节市农业资源总面积的93.24%、6.76%。威宁县农业资源较为丰富，分别占毕节市农业资源总面积的27.74%，金沙县农业资源面积相对较小，占毕节市农业资源总面积的7.42%（图7-40、表7-26）。

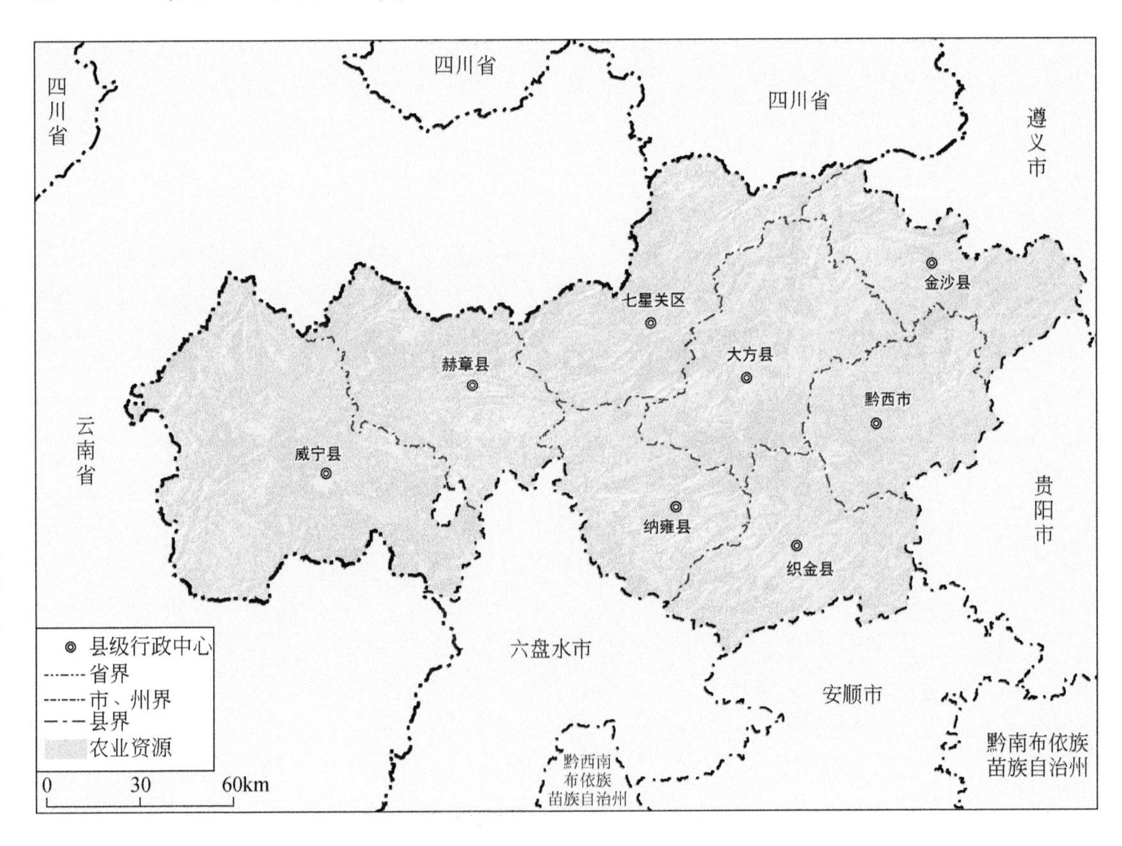

图7-40　毕节市农业资源现状分布图

表7-26　毕节市2019年农业资源现状及变化情况

区县	面积/km²	占毕节市农业资源总面积的比例/%	区县内农业资源面积比例/%	2017—2019年变化/km²
七星关区	1283.68	12.01	37.63	-80.23
大方县	1345.86	12.60	38.45	-34.99
黔西市	1053.85	9.86	41.23	-90.06
金沙县	792.63	7.42	31.40	-44.25
织金县	1031.75	9.66	36.00	-34.67
纳雍县	905.39	8.47	36.92	-88.84
威宁县	2963.61	27.74	47.04	-171.24
赫章县	1307.87	12.24	40.33	-44.34

毕节市农业资源面积明显减少。2017—2019 年毕节市农业资源面积减少 588.62km^2（约 88.29 万亩），较 2017 年减少 5.22%。2017—2019 年耕地面积减少 607.92km^2（约 91.19 万亩），较 2017 年减少 5.75%；2017—2019 年园地面积增加 19.30km^2（约 2.90 万亩），较 2017 年增加 2.75%。威宁县、黔西市、纳雍县、七星关区农业资源面积减少较多。

（三）草资源

2019 年草资源面积为 300.54km^2，其中天然草地占 99.35%。威宁县和赫章县草资源比较丰富，分别占毕节市草资源总面积的 39.36%、37.07%，大方县和黔西市草资源面积相对较小，分别占毕节市草资源总面积的 1.04%、1.81%（图 7-41、表 7-27）。

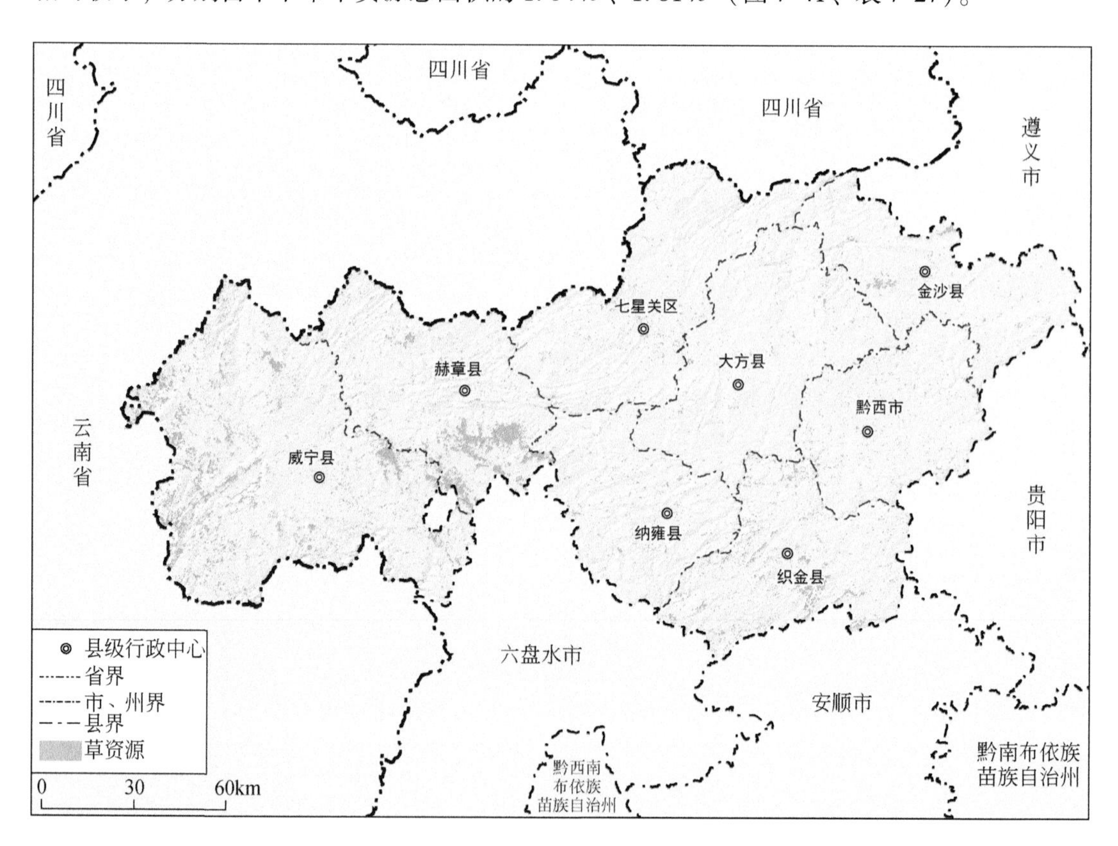

图 7-41　毕节市草资源现状分布图

毕节市草资源面积减少。2017—2019 年毕节市草资源面积减少 207.23km^2，较 2017 年减少 40.81%，其中天然草地面积大幅减少，人工草地面积少量增加。七星关区、黔西市草资源面积减少较多。

表 7-27　毕节市 2019 年草资源现状及变化情况

区县	面积/km^2	占毕节市草资源总面积的比例/%	区县内草资源面积比例/%	2017—2019 年变化/km^2
七星关区	6.28	2.09	0.18	-57.04
大方县	3.13	1.04	0.09	-32.85
黔西市	5.44	1.81	0.21	-44.75
金沙县	14.40	4.79	0.57	-6.16
织金县	35.79	11.91	1.25	0.26
纳雍县	5.79	1.93	0.24	-36.10
威宁县	118.31	39.36	1.88	-23.39
赫章县	111.40	37.07	3.44	-7.20

（四）地表水资源

2019 年地表水资源面积为 308.93km^2，其中库塘水面占 35.29%、河流水面占 51.74%。威宁县地表水资源覆盖最丰富，占毕节市地表水资源总面积的 22.86%，赫章县地表水资源面积最小，仅占毕节市地表水资源资源总面积的 5.77%（表 7-28、图 7-42）。

表 7-28　毕节市 2019 年地表水资源现状及变化情况

区县	面积/km^2	占毕节市地表水资源总面积的比例/%	区县内地表水资源面积比例/%	2017—2019 年变化/km^2
七星关区	20.49	6.63	0.60	0.29
大方县	41.73	13.51	1.19	0.61
黔西市	46.39	15.01	1.81	0.45
金沙县	38.28	12.39	1.52	0.71
织金县	48.88	15.82	1.71	0.17
纳雍县	24.74	8.01	1.01	0.30
威宁县	70.62	22.86	1.12	1.77
赫章县	17.80	5.77	0.55	0.29

毕节市地表水资源面积增加。2017—2019 年毕节市地表水资源面积增加 4.59km^2，较 2017 年增加 1.51%。威宁县、金沙县、大方县地表水资源面积增加较多，以河流水面增加为主。

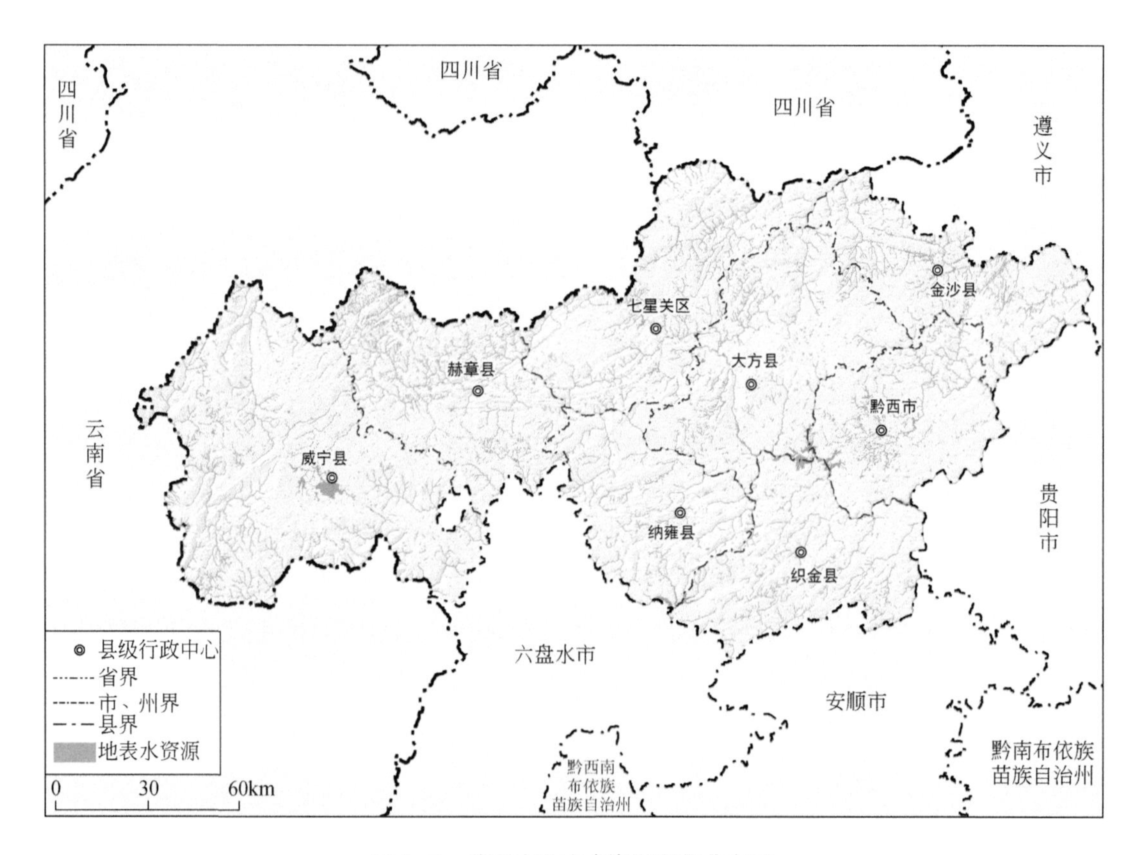

图 7-42　毕节市地表水资源现状分布图

第八节　黔东南州

一、黔东南州概况

黔东南苗族侗族自治州位于贵州省东南部，东与湖南省怀化地区毗邻，南和广西壮族自治区柳州、河池地区接壤，西连黔南布依族苗族自治州，北抵遵义、铜仁两市。全州东西宽 220km，南北长 240km，总面积为 30282km^2，占全省总面积的 17.2%，2019 年末常住人口为 355.20 万人。州府所在地设于凯里市，全州辖凯里市和麻江、丹寨、黄平、施秉、镇远、岑巩、三穗、天柱、锦屏、黎平、从江、榕江、雷山、台江、剑河 15 个县，凯里、炉碧、金钟、洛贯、黔东、台江、三穗、岑巩、锦屏、黎平 10 个省级经济开发区。境内居住着苗、侗、汉、布依、水、瑶、壮、土家等 46 个民族。自治州境内山地纵横，峰峦连绵，沟壑遍布，地形地貌奇异复杂，景象万千。全州地势西高东低，最高海拔2178m，最低海拔137m；属亚热带湿润季风气候，特点为冬无严寒，夏无酷暑，四季分明，雨水充沛，立体气候明显，年平均气温为14.6—18.5℃，年降雨量为1010.4—1367.5mm，年无霜期为273—327天，相对湿度为78%—83%。森林资源丰富，是我国南方的重点集体林区之一。黔东南州水资源丰富，开发条件优越。境内水系发达，河网稠密，有983条河流，是西部大开发生态建设的重点区域。黔东南生物种类繁多，堪称祖国的绿色宝库。州内有各种植物3623种，分属214科1050属。黔东南州储藏有丰富的矿产资源，全州境内已发现的矿藏有煤、铁、金、汞、锌、铅、锑、铜、磷、石灰石、重晶石、白云石、黏土等矿种58种（含亚矿种），占全省已知137种的42.34%[①]。

二、黔东南州自然资源分布及变化

2019年黔东南州林木资源面积占比为76.95%，农业资源面积占比为17.64%，地表水资源面积占比1.50%，草资源面积占比为0.42%。其他用地面积占比为3.49%（图7-43）。2017—2019年黔东南州林木资源、地表水资源和其他用地面积均增加，资源和农业资源覆盖面积减少（图7-44）。

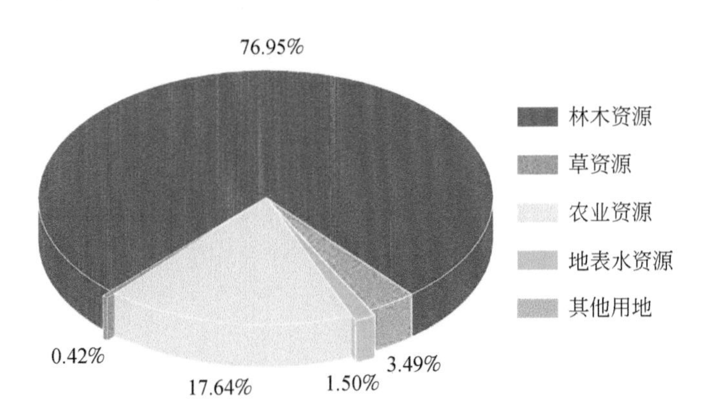

图7-43　黔东南州2019年自然资源面积占比

（一）林木资源

2019年黔东南州林木资源面积为23311.63km^2（约233.12万hm^2），以有林地和灌木林为主，分别占黔东南州林木资源总面积的91.72%、8.27%。黎平县、榕江县、从江县林

① 黔东南州人民政府. 锦绣黔东南［EB/OL］. 2021-06-04. http：//www.qdn.gov.cn/dmqdn.

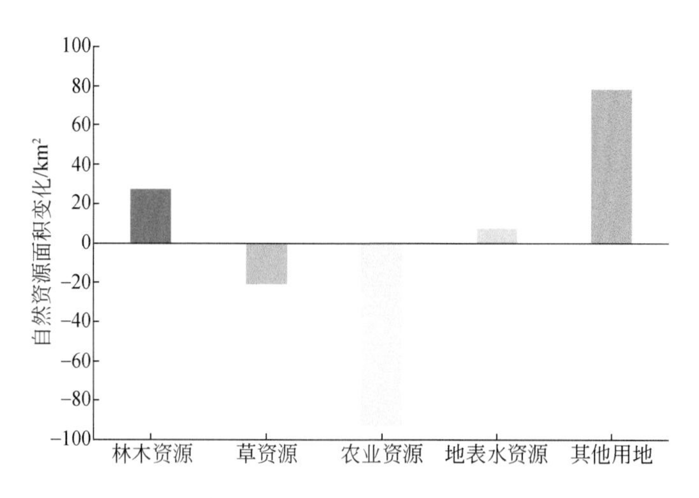

图 7-44　黔东南州 2017—2019 年自然资源面积变化

木资源面积较大，分别占黔东南州林木资源总面积的 15.56%、12.05%、11.09%，麻江县林木资源面积较小，仅占黔东南州林木资源总面积的 2.75%（图 7-45、表 7-29）。

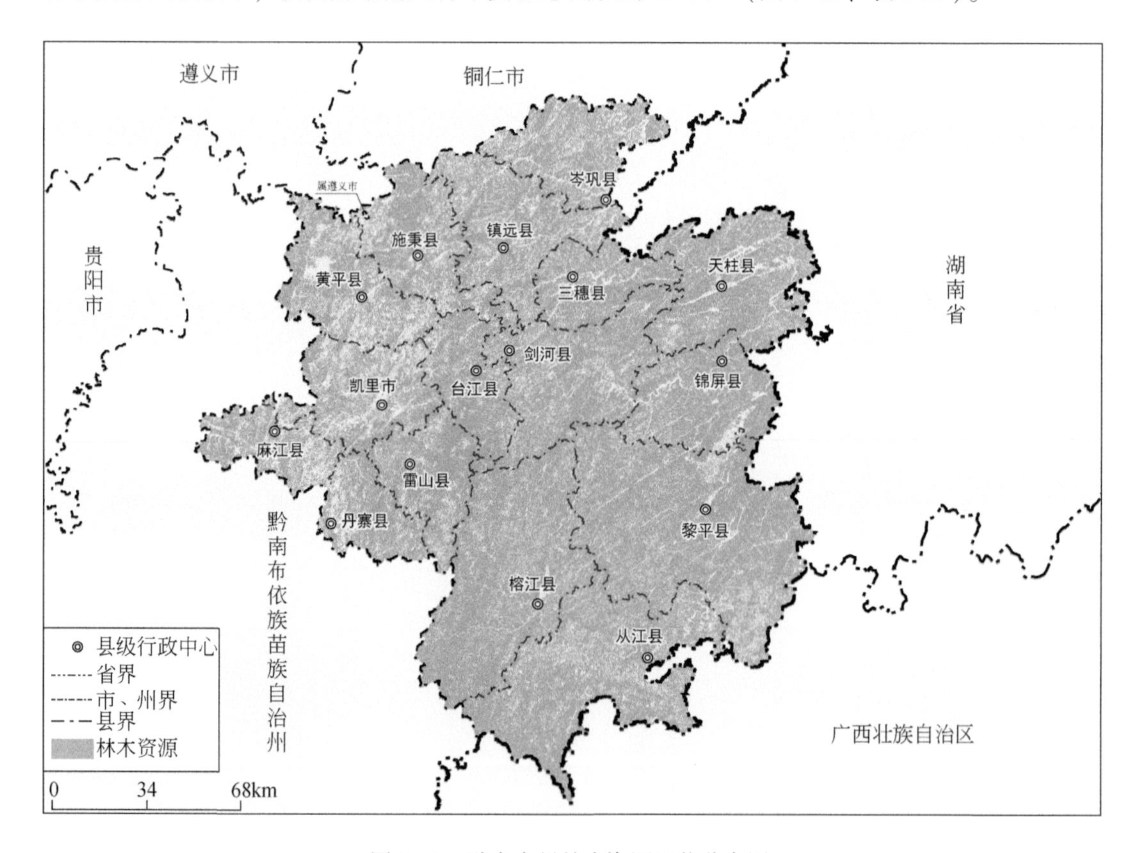

图 7-45　黔东南州林木资源现状分布图

表 7-29　黔东南州 2019 年林木资源现状及变化情况

区县	面积/km²	占黔东南州林木资源总面积的比例/%	区县内林木资源面积比例/%	2017—2019 年变化/km²
凯里市	991.62	4.25	63.17	3.43
黄平县	1077.38	4.62	64.51	-0.14
施秉县	1078.50	4.63	70.41	1.20
三穗县	806.73	3.46	78.34	-5.71
镇远县	1366.02	5.86	72.28	-6.12
岑巩县	1061.94	4.56	71.27	-6.06
天柱县	1700.60	7.30	78.07	-12.90
锦屏县	1301.20	5.58	80.34	-18.82
剑河县	1737.64	7.45	79.69	-2.35
台江县	870.06	3.73	80.68	1.03
黎平县	3626.99	15.56	82.00	-13.21
榕江县	2809.44	12.05	85.09	60.95
从江县	2584.46	11.09	80.13	-25.47
雷山县	965.93	4.14	80.20	30.16
麻江县	640.57	2.75	66.85	37.76
丹寨县	692.55	2.97	73.36	-16.31

黔东南州林木资源面积增加。2017—2019 年黔东南州林木资源面积增加 27.44km²（约 0.27 万 hm²），较 2017 年增加 0.12%。2017—2019 年有林地面积增加 140.44km²（约 1.40 万 hm²），较 2017 年增加 0.66%；2017—2019 年灌木林面积减少 48.73km²（约 0.49 万 hm²），较 2017 年减少 2.46%，总体呈现增加趋势。榕江县、麻江县、雷山县林木资源面积增加较多，从江县、锦屏县、丹寨县林木资源面积明显减少。

（二）农业资源

2019 年黔东南州农业资源面积为 5343.26km²（约 801.49 万亩），其中耕地和园地分别占黔东南州农业资源总面积的 91.53%、8.47%。黎平县农业资源较为丰富，分别占黔东南州农业资源总面积的 12.22%，台江县农业资源面积相对较小，占黔东南州农业资源总面积的 2.87%（图 7-46、表 7-30）。

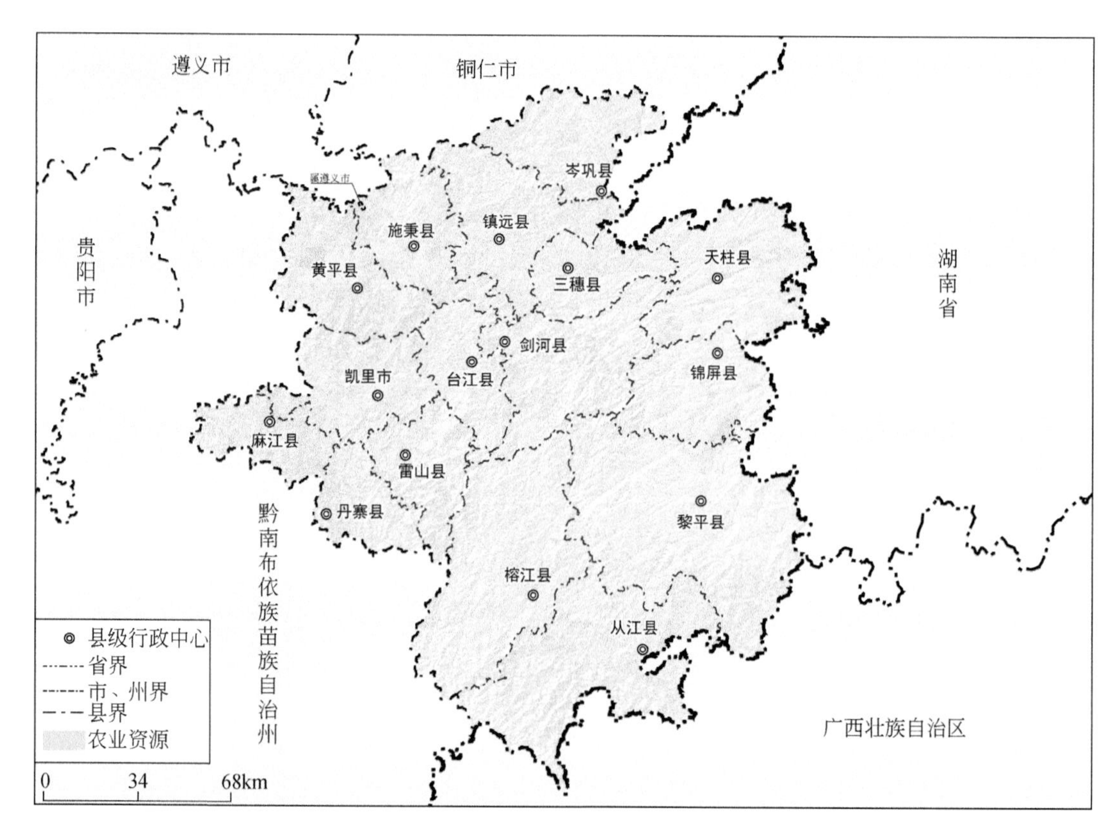

图 7-46　黔东南州农业资源现状分布图

表 7-30　黔东南州 2019 年农业资源现状及变化情况

区县	面积/km^2	占黔东南州农业资源总面积的比例/%	区县内农业资源面积比例/%	2017—2019 年变化/km^2
凯里市	390. 57	7. 31	24. 88	-15. 32
黄平县	472. 72	8. 85	28. 31	-6. 38
施秉县	338. 28	6. 33	22. 08	-0. 88
三穗县	165. 22	3. 09	16. 04	-2. 29
镇远县	419. 26	7. 85	22. 18	-2. 68
岑巩县	337. 67	6. 32	22. 66	-6. 77
天柱县	352. 10	6. 59	16. 16	0. 45
锦屏县	211. 23	3. 95	13. 04	-1. 94
剑河县	335. 36	6. 28	15. 38	-2. 84
台江县	153. 10	2. 87	14. 20	-4. 25
黎平县	652. 76	12. 22	14. 76	-0. 61

续表

区县	面积/km²	占黔东南州农业资源总面积的比例/%	区县内农业资源面积比例/%	2017—2019年变化/km²
榕江县	373.14	6.98	11.30	-26.49
从江县	504.44	9.44	15.64	-2.41
雷山县	186.44	3.50	15.48	-1.48
麻江县	257.70	4.81	26.89	-20.26
丹寨县	193.27	3.61	20.47	1.06

黔东南州农业资源面积减少。2017—2019年黔东南州农业资源面积减少93.09km²(约13.96万亩),较2017年减少1.71%。2017—2019年耕地面积减少123.50km²(约18.53万亩),较2017年减少2.46%;2017—2019年园地面积增加30.41km²(约4.56万亩),较2017年增加7.20%。榕江县、麻江县、凯里市农业资源面积减少幅度较大。

(三)草资源

2019年草资源面积为128.74km²,其中天然草地占99.74%。施秉县、凯里市和黄平县草资源比较丰富,分别占黔东南州草资源总面积的34.01%、17.32%、14.07%,三穗县草资源面积最小,仅占黔东南州草资源总面积的0.41%(表7-31、图7-47)。

表7-31 黔东南州2019年草资源现状及变化情况

区县	面积/km²	占黔东南州草资源总面积的比例/%	区县内草资源面积比例/%	2017—2019年变化/km²
凯里市	22.29	17.32	1.42	-0.34
黄平县	18.11	14.07	1.08	0.07
施秉县	43.78	34.01	2.86	-0.06
三穗县	0.53	0.41	0.05	2.14
镇远县	1.65	1.28	0.09	-0.40
岑巩县	1.70	1.32	0.11	0.79
天柱县	2.30	1.79	0.11	1.06
锦屏县	3.67	2.85	0.23	19.66
剑河县	1.67	1.30	0.08	0.01
台江县	2.17	1.69	0.20	-0.45
黎平县	5.68	4.41	0.13	10.73
榕江县	2.34	1.82	0.07	-17.03
从江县	6.69	5.20	0.21	20.19
雷山县	6.97	5.41	0.58	-34.11

续表

区县	面积/km²	占黔东南州草资源总面积的比例/%	区县内草资源面积比例/%	2017—2019 年变化/km²
麻江县	5.77	4.48	0.60	-25.02
丹寨县	3.42	2.64	0.36	2.06

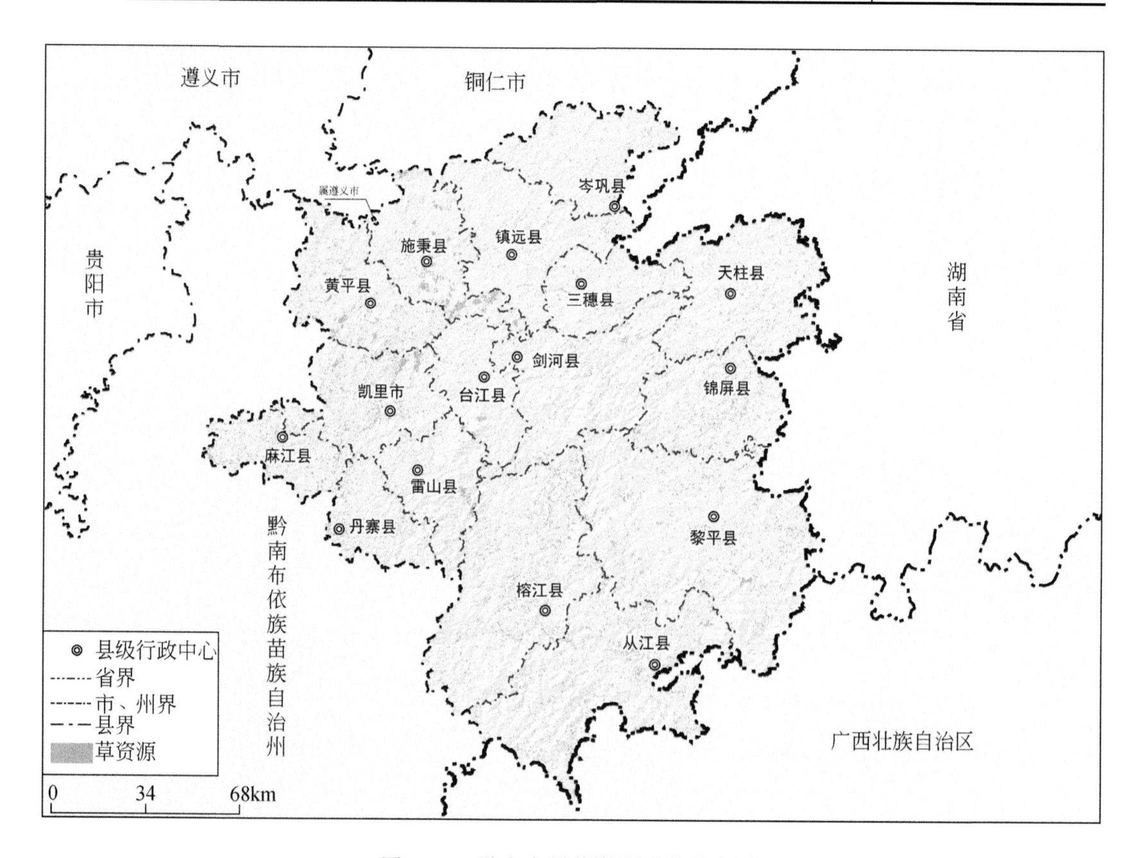

图 7-47　黔东南州草资源现状分布图

黔东南州草资源面积减少。2017—2019 年黔东南州草资源面积减少 20.70km²，较 2017 年减少 13.85%，天然草地减少，人工草地增加。从江县、锦屏县、黎平县草资源面积增加较多，雷山县、麻江县、榕江县草资源面积减少较多。

（四）地表水资源

2019 年地表水资源面积为 453.59km²，其中库塘水面占 40.39%、河流水面占 57.93%。锦屏县和剑河县地表水资源最丰富，分别占黔东南州地表水资源总面积的 12.71%、12.51%，三穗县和麻江县地表水资源面积相对较小，占黔东南州地表水资源总面积的 2.72%、1.89%（图 7-48、表 7-32）。

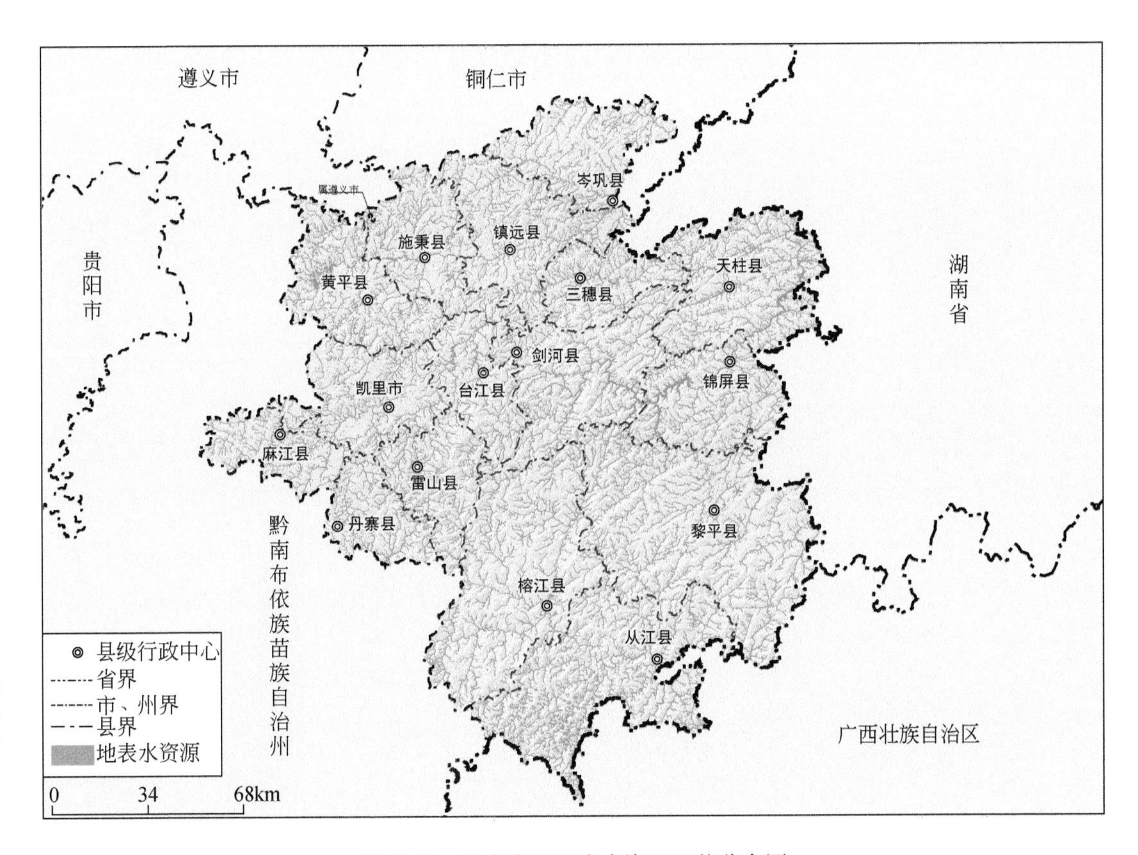

图 7-48　黔东南州地表水资源现状分布图

表 7-32　黔东南州 2019 年地表水资源现状及变化情况

区县	面积/km^2	占黔东南州地表水资源总面积的比例/%	区县内地表水资源面积比例/%	2017—2019 年变化/km^2
凯里市	22. 78	5. 02	1. 45	0. 22
黄平县	24. 93	5. 50	1. 49	0. 87
施秉县	20. 37	4. 49	1. 33	0. 34
三穗县	12. 36	2. 72	1. 20	0. 52
镇远县	19. 92	4. 39	1. 05	1. 64
岑巩县	18. 74	4. 13	1. 26	0. 52
天柱县	47. 74	10. 52	2. 19	0. 25
锦屏县	57. 63	12. 71	3. 56	0. 37
剑河县	56. 75	12. 51	2. 60	0. 71

续表

区县	面积/km²	占黔东南州地表水资源总面积的比例/%	区县内地表水资源面积比例/%	2017—2019 年变化/km²
台江县	18.65	4.11	1.73	-0.31
黎平县	39.19	8.64	0.89	0.22
榕江县	38.10	8.40	1.15	0.17
从江县	43.91	9.68	1.36	2.06
雷山县	10.21	2.25	0.85	0.20
麻江县	8.59	1.89	0.90	0.11
丹寨县	13.72	3.04	1.45	-0.17

黔东南州地表水资源面积减少。2017—2019 年黔东南州地表水资源面积增加 7.72km^2，较 2017 年增加 1.73%。其中从江县、镇远县地表水资源面积增加较多，台江县、丹寨县地表水面积略微减少。

第九节　黔　南　州

一、黔南州概况

黔南州位于贵州省中南部，东与黔东南州相连，南与广西壮族自治区毗邻，西与安顺市、黔西南州接壤，北靠省会贵阳市；处于贵州高原向广西丘陵过渡的斜坡地带，地势北高南低，地处东亚季风区。全州总面积为 26197km^2，辖 2 个县级市、9 个县、1 个自治县，2019 年末常住人口为 330.12 万人。黔南是休闲旅游之地、纳凉避暑之域，是长江和珠江上游的重要生态屏障，州内平均海拔为 997m，森林覆盖率达 65%，年均气温为 16.7℃，年均降雨量为 1355.6mm，冬无严寒、夏无酷暑，空气清新、凉爽舒适，负氧离子浓度高，气候环境宜居、宜养、宜游，是“大氧吧”、“大空调” 和 “大公园”。境内奇峰竞秀、万水争流，催生了荔波喀斯特世界自然遗产地、茂兰世界生物圈保护区、樟江 5A 级风景名胜区，是全国著名的旅游目的地。黔南拥有大小河流 117 条，清溪迂回、瀑布成群，地热温泉雾霭蒸腾，是休闲戏水胜地。拥有国家级森林公园 7 个、省级森林公园 3 个、国家级湿地公园建设试点 8 个，山峦起伏、层林叠翠，是大自然造就的神秘氧吧①。

① 黔南州人民政府 . 走进黔南［EB/OL］. 2019-01-11. http：//www. qiannan. gov. cn/zjqn.

二、黔南州自然资源分布及变化

2019 年黔南州林木资源占比为 71.69%，农业资源占比为 21.16%，地表水资源占比为 1.34%，草资源占比为 1.24%，其他用地占比为 4.57%（图 7-49）。2017—2019 年黔南州林木资源、地表水资源和其他用地面积均增加，草资源和农业资源面积减少（图 7-50）。

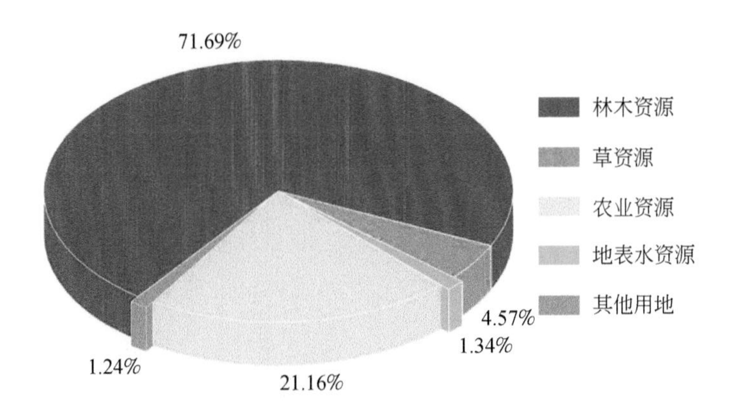

图 7-49　黔南州 2019 年自然资源面积占比

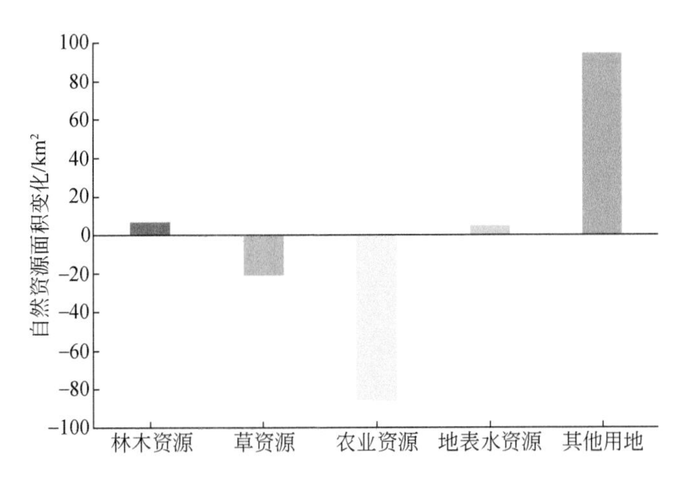

图 7-50　黔南州 2017—2019 年自然资源面积变化

（一）林木资源

2019 年黔南州林木资源面积为 18803.61km^2（约 188.04 万 hm^2），以有林地和灌木林为主，分别占黔南州林木资源总面积的68.61%、31.37%。罗甸县、平塘县、荔波县林木资源面积较大，分别占黔南州林木资源总面积的12.63%、11.32%、10.32%，长顺县和龙里县林木资源面积较小，分别占黔南州林木资源总面积的5.64%（图7-51、表7-33）。

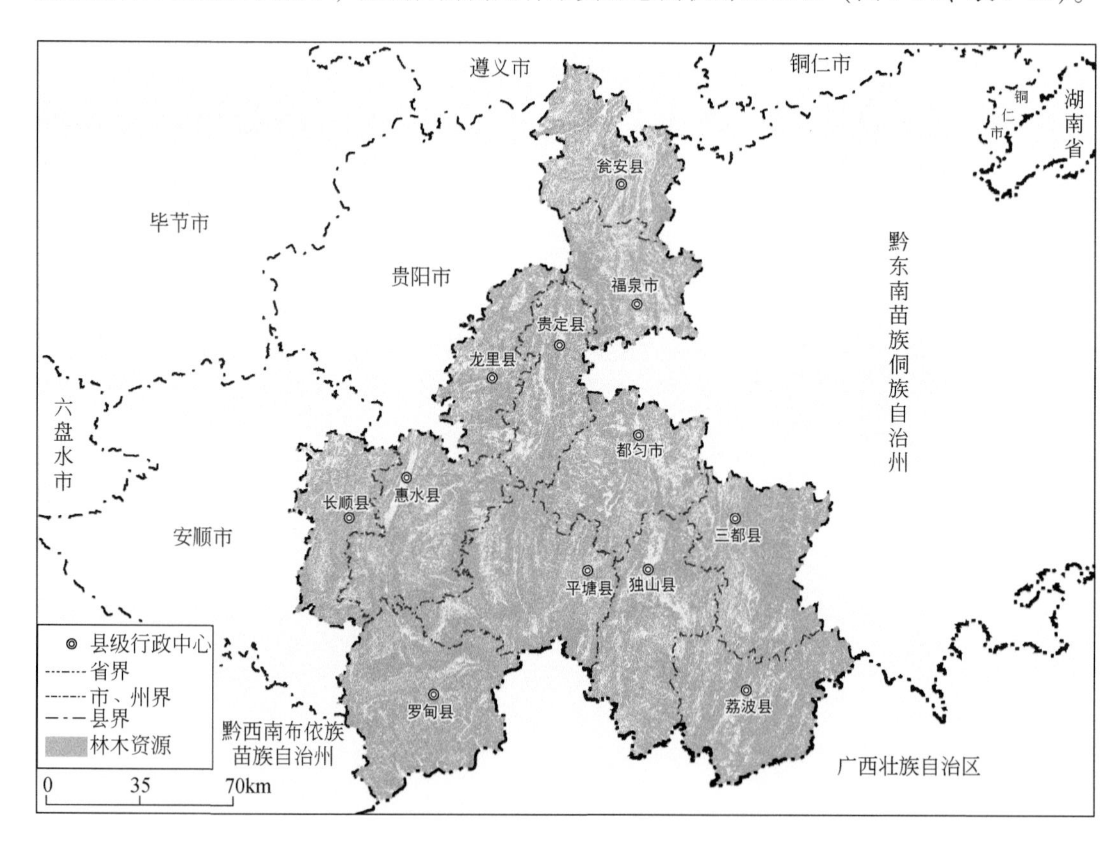

图7-51　黔南州林木资源现状分布图

表7-33　黔南州2019年林木资源现状及变化情况

区县	面积/km²	占黔南州林木资源总面积的比例/%	区县内林木资源面积比例/%	2017—2019年变化/km²
都匀市	1548.71	8.24	67.67	15.14
福泉市	1083.61	5.76	63.93	3.76
荔波县	1940.2	10.32	80.15	-6.19
贵定县	1119.01	5.95	68.68	-8.81
瓮安县	1127.3	6.00	57.35	5.32
独山县	1755.24	9.33	70.75	25.83
平塘县	2127.63	11.32	75.75	-9.56
罗甸县	2375.43	12.63	78.78	-4.07

续表

区县	面积/km²	占黔南州林木资源总面积的比例/%	区县内林木资源面积比例/%	2017—2019年变化/km²
长顺县	1061.21	5.64	68.50	19.68
龙里县	1059.83	5.64	69.67	-8.62
惠水县	1750.94	9.31	70.78	-14.24
三都县	1854.5	9.86	77.88	-11.3

黔南州林木资源面积增加。2017—2019年黔南州林木资源面积增加6.94km²（约0.07万hm²），较2017年增加0.04%。以有林地和灌木林面积增加为主。独山县、长顺县、都匀县林木资源面积增加较为突出。

（二）农业资源

2019年黔南州农业资源面积为5550.13km²（约832.52万亩），其中耕地和园地分别占黔南州农业资源总面积的81.87%、18.13%。瓮安县、惠水县农业资源面积较大，分别占黔南州农业资源总面积的11.83%、10.57%，荔波县农业资源面积较大，仅占黔南州农业资源总面积的5.56%（表7-34、图7-52）。

表7-34　黔南州2019年农业资源现状及变化情况

区县	面积/km²	占黔南州农业资源总面积的比例/%	区县内农业资源面积比例/%	2017—2019年变化/km²
都匀市	507.15	9.14	22.16	-23.31
福泉市	482.76	8.70	28.48	-7.41
荔波县	308.74	5.56	12.75	-2.72
贵定县	399.13	7.19	24.50	-1.91
瓮安县	656.86	11.83	33.42	-14.46
独山县	532.71	9.60	21.47	-7.88
平塘县	549.42	9.90	19.56	2.96
罗甸县	420.72	7.58	13.95	0.88
长顺县	383.54	6.91	24.76	-28.03
龙里县	337.11	6.07	22.16	-3.96
惠水县	586.43	10.57	23.71	4.03
三都县	385.56	6.95	16.19	-4.05

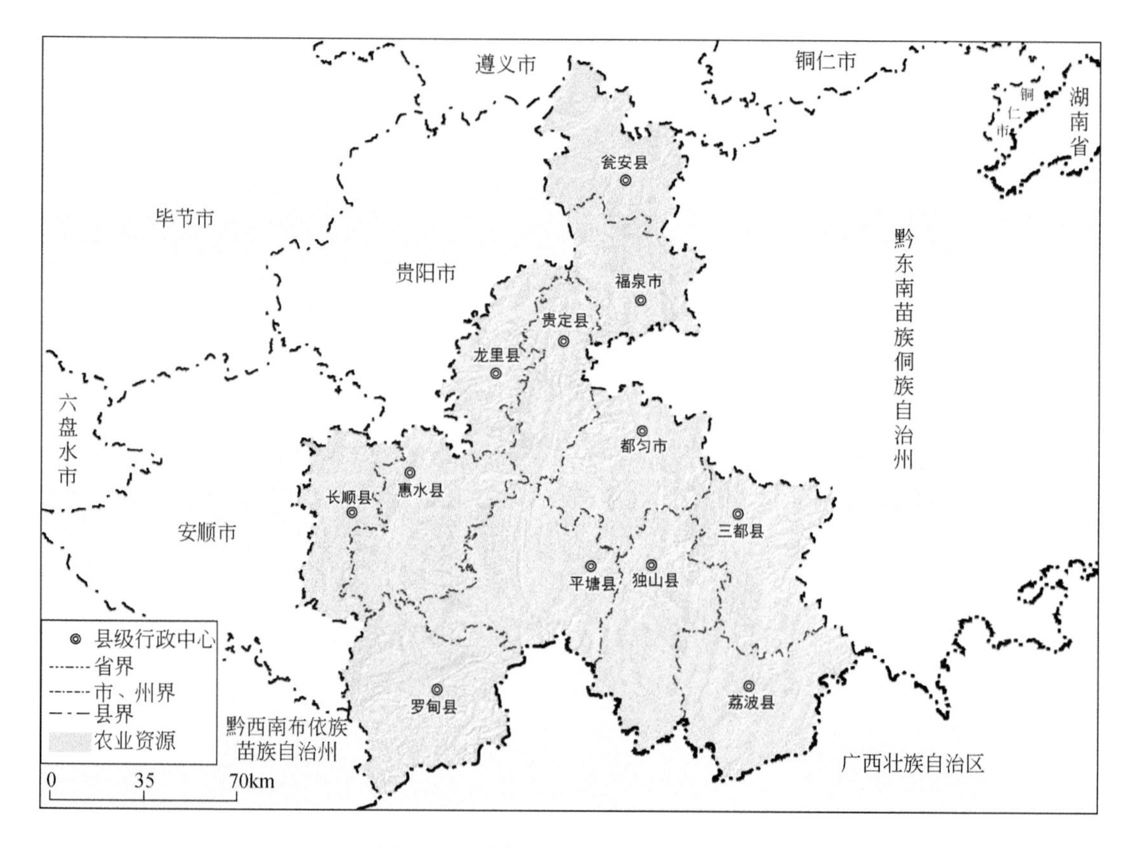

图 7-52　黔南州农业资源现状分布图

黔南州农业资源面积明显减少。2017—2019 年黔南州农业资源面积减少 85.86km^2（约 12.879 万亩），较 2017 年减少 1.52%。其中耕地面积减少 107.51km^2（约 16.13 万亩），较 2017 年减少 2.31%，园地面积增加 21.65km^2（约 3.25 万亩），较 2017 年增加 2.20%。长顺县、都匀市农业资源面积减少较多。

（三）草资源

2019 年黔南州草资源面积为 325.68km^2，其中天然草地占 99.03%。荔波县、都匀市和独山县草资源面积较大，分别占黔南州草资源总面积的 25.09%、21.42%、13.06%，惠水县和福泉市草资源面积较小，占黔南州草资源总面积的 1.65%、1.25%（图 7-53、表 7-35）。

黔南州草资源面积减少。2017—2019 年黔南州草资源面积减少 20.76km^2，较 2017 年减少 5.99%，以天然草地减少为主。福泉市、都匀市、独山县草资源面积减少较多。

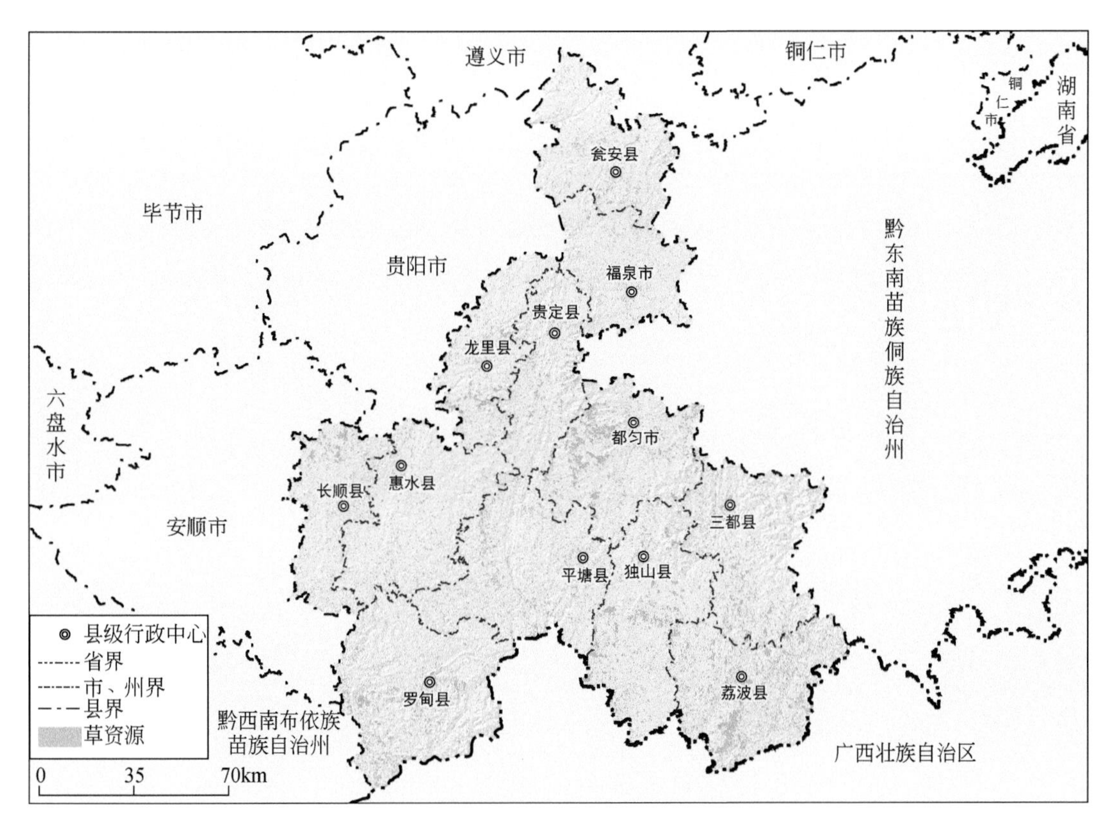

图 7-53　黔南州草资源现状分布图

表 7-35　黔南州 2019 年草资源现状及变化情况

区县	面积/km²	占黔南州草资源总面积的比例/%	区县内草资源面积比例/%	2017—2019 年变化/km²
都匀市	69. 78	21. 42	3. 05	-5. 11
福泉市	4. 05	1. 25	0. 24	-7. 36
荔波县	81. 71	25. 09	3. 38	0. 39
贵定县	11. 51	3. 53	0. 71	1. 77
瓮安县	5. 01	1. 54	0. 25	0. 22
独山县	42. 55	13. 06	1. 71	-4. 87
平塘县	15. 33	4. 71	0. 55	-1. 01
罗甸县	27. 56	8. 46	0. 91	-3. 17
长顺县	17. 26	5. 30	1. 11	-0. 12
龙里县	16. 74	5. 14	1. 10	-1. 61
惠水县	5. 35	1. 65	0. 22	-2. 5
三都县	28. 83	8. 85	1. 21	2. 61

（四）地表水资源

2019年黔南州地表水资源面积为350.23km²，其中库塘水面占28.08%、河流水面占68.41%。罗甸县和瓮安县地表水资源面积最大，分别占黔南州地表水资源总面积的24.24%和12.84%，长顺县和龙里县地表水资源面积较小，占黔南州地表水资源总面积的4.18%和3.93%（图7-54、表7-36）。

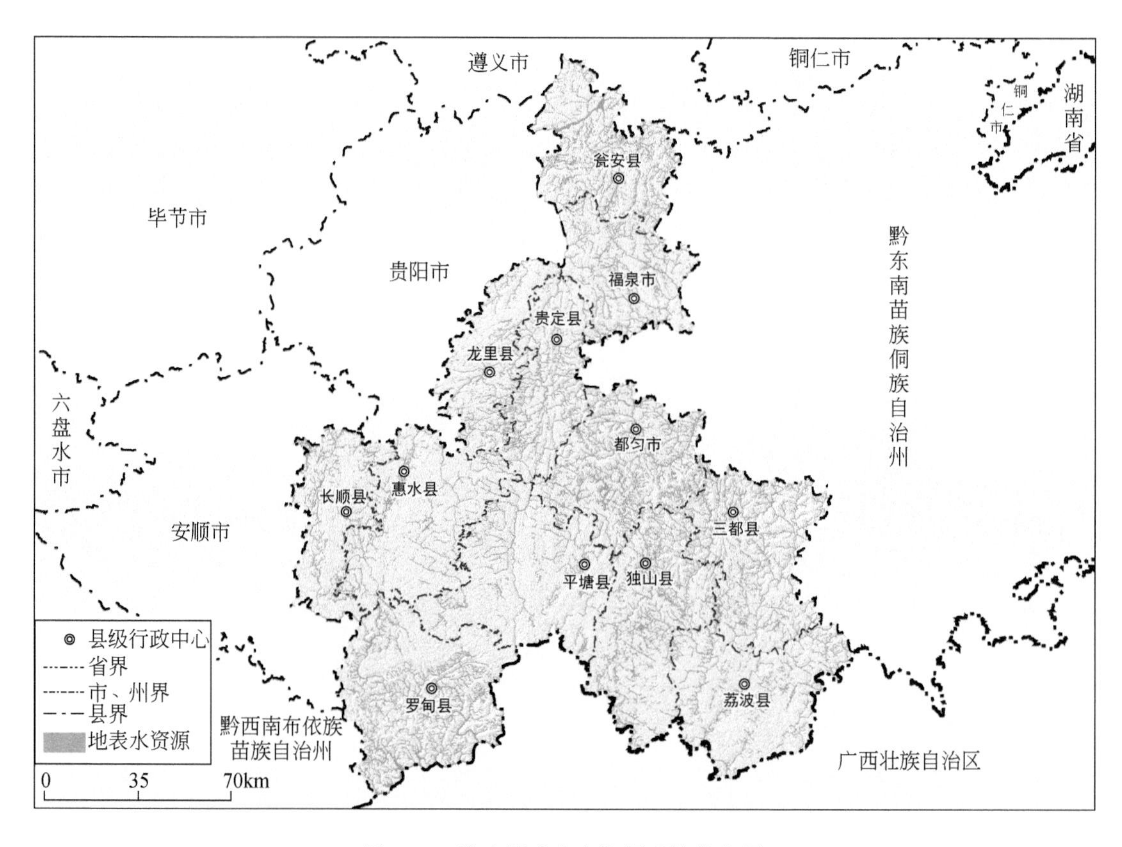

图7-54　黔南州地表水资源现状分布图

表7-36　黔南州2019年地表水资源现状及变化情况

区县	面积/km²	占黔南州地表水资源总面积的比例/%	区县内地表水资源面积比例/%	2017—2019年变化/km²
都匀市	33.43	9.55	1.46	0.03
福泉市	20.15	5.75	1.19	0.26
荔波县	21.17	6.04	0.87	0.28
贵定县	20.6	5.88	1.26	0.32

续表

区县	面积/km^2	占黔南州地表水资源总面积的比例/%	区县内地表水资源面积比例/%	2017—2019 年变化/km^2
瓮安县	44.98	12.84	2.29	0.33
独山县	27.63	7.89	1.11	1.98
平塘县	21.4	6.11	0.76	0.13
罗甸县	84.91	24.24	2.82	0.15
长顺县	14.62	4.18	0.94	0.55
龙里县	13.76	3.93	0.90	0.36
惠水县	17.53	5.01	0.71	0.11
三都县	30.05	8.58	1.26	0.56

黔南州地表水资源面积整体增加。2017—2019 年黔南州各区县地表水资源面积增加，地表水资源面积共增加 5.06km^2，较 2017 年增加 1.47%。独山县地表水资源面积增加较多，都匀市地表水资源面积增加较少。

第八章 重要功能单元自然资源特征

以贵州省自然保护区、湿地公园、森林公园、生态保护红线、重要水系、水土流失区、石漠化区、不同坡度等级分区作为功能单元，统计分析各类功能单元内自然资源面积现状及变化特征。

第一节 自然保护区自然资源特征

一、自然保护区概况

自然保护区是指对有代表性的自然生态系统、珍稀濒危野生动植物物种的天然集中分布、有特殊意义的自然遗迹等保护对象所在的陆地、陆地水域或海域，依法划出一定面积予以特殊保护和管理的区域。贵州省现有国家级自然保护区、省级自然保护区、地（市）级自然保护区、县级保护区共百余个。其中国家级自然保护区共9个，包括贵州佛顶山国家级自然保护区、贵州草海国家级自然保护区、贵州大沙河国家级自然保护区、贵州梵净山国家级自然保护区、贵州宽阔水国家级自然保护区等；省级自然保护区共8个，包括贵州百里杜鹃省级自然保护区、贵州纳雍珙桐省级自然保护区、印江县洋溪省级自然保护区、贵州湄潭百面水省级自然保护区、思南县四野屯省级自然保护区等①（图8-1）。

二、自然保护区自然资源变化

贵州省自然保护区自然资源主要以林木资源为主，农业资源次之。2019年林木资源面积为7230.34km^2，占自然保护区自然资源总面积的86.17%，较2017年增加1.67%。草资源面积为69.43km^2，占自然保护区自然资源总面积的0.83%，较2017年减少47.77%。农业资源面积为867.80km^2，占自然保护区自然资源总面积的10.34%，较2017年减少

① 贵州省自然保护区名录［EB/OL］. 2019-02-04. https：//wenku. baidu. com/view/5082a93b ff4733687e21af45 b307e87100f6f843. html.

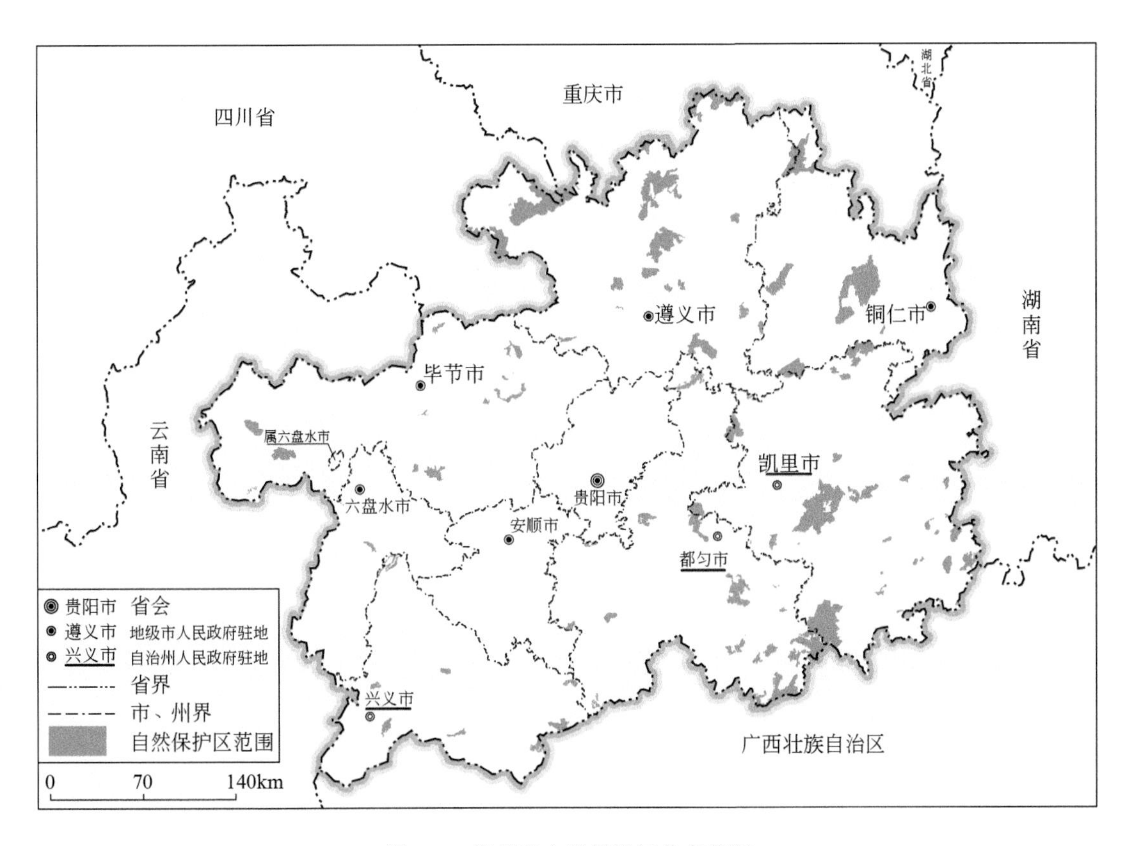

图 8-1 贵州省自然保护区分布范围

8.57%。地表水资源面积为 104.52km²，占自然保护区自然资源总面积的 1.25%，较 2017 年增加 0.85%（表 8-1）。

表 8-1 贵州省 2019 年自然保护区自然资源面积现状

自然资源类型	2019 年现状/km²	2019 年资源比例/%
林木资源	7230.34	86.17
草资源	69.43	0.83
农业资源	867.80	10.34
地表水资源	104.52	1.25
其他用地	117.98	1.41
合计	8390.07	100.00

贵州省自然保护区林木资源面积增加 124.38km²，草资源面积减少 63.49km²，农业资源面积减少 81.37km²，地表水资源面积增加 0.88km²（图 8-2）。

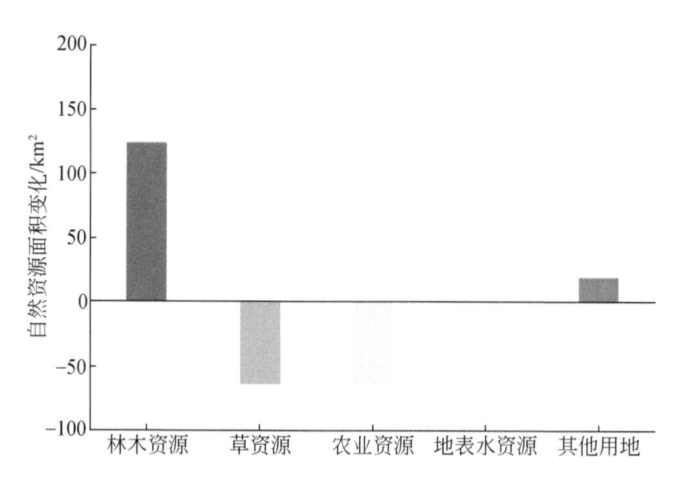

图 8-2　自然保护区 2017—2019 年自然资源面积变化

第二节　湿地公园自然资源特征

一、湿地公园概况

湿地与森林、海洋并称地球的三大生态系统，其中湿地又被称为“地球之肾”，是珍贵的自然资源。在维持生态平衡、保持生物多样性和珍稀物种资源以及涵养水源、蓄洪防旱、降解污染调节气候、补充地下水、控制土壤侵蚀等方面都起到非常重要的作用，与人类生存、繁衍和发展息息相关。湿地公园是以湿地良好生态环境和多样化湿地景观资源为基础，以湿地的科普宣教、湿地功能利用、弘扬湿地文化等为主题，并建有一定规模的旅游休闲设施，可供人们旅游观光、休闲娱乐的生态型主题公园。贵州省现有红枫湖风景名胜区、黄果树风景名胜区等国家湿地公园①（图 8-3）。

二、湿地公园自然资源变化

贵州省湿地公园资源主要以林木资源为主，地表水资源次之。2019 年林木资源面积为 367. 45km^2，占湿地公园自然资源总面积的 46. 67%，较 2017 年面积增加 1. 15%。草资源

① 贵州省湿地公园名单［EB/OL］. 2020-06-24. http：//www. 360doc. Com/content/20/0624/17/68249835_920315165. shtml.

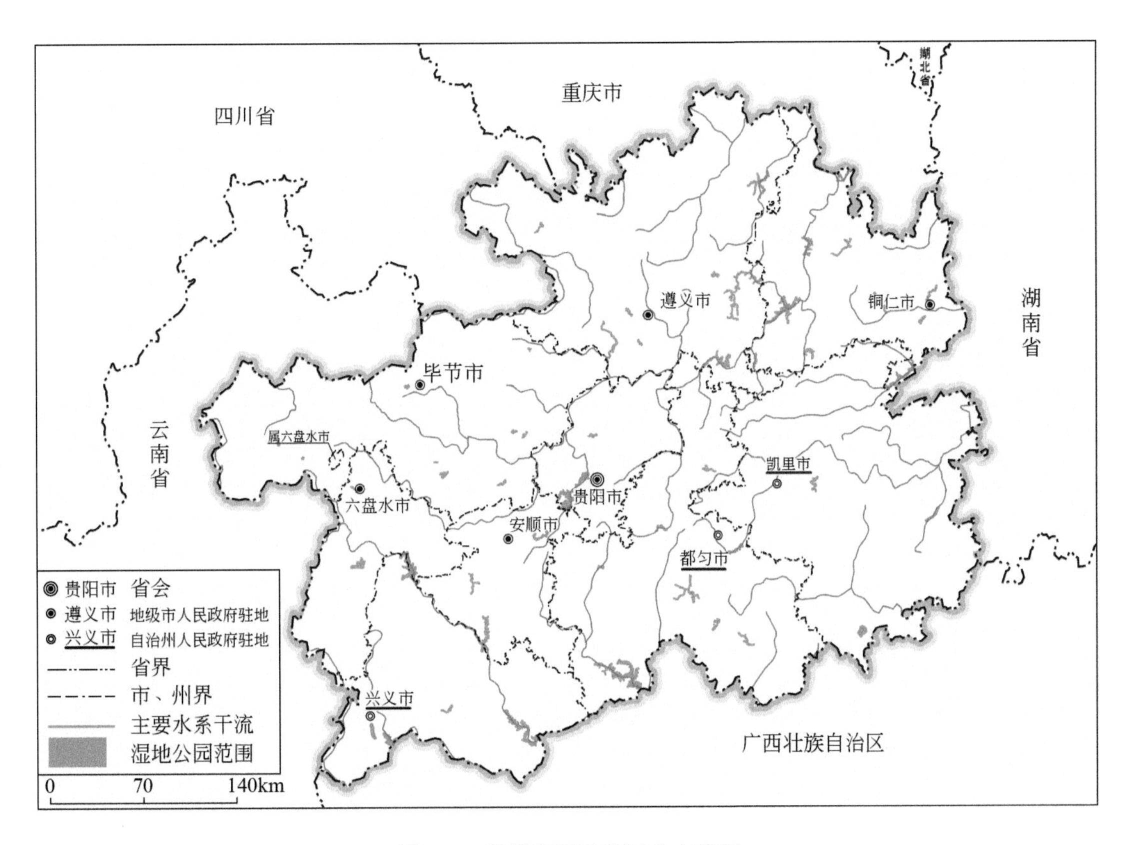

图 8-3　贵州省湿地公园分布范围

面积为 5. 98km²，占湿地公园自然资源总面积的 0. 76%，较 2017 年减少 18. 86%。农业资源面积为 104. 59km²，占湿地公园自然资源总面积的 13. 29%，较 2017 年减少 3. 66%。地表水资源面积为 273. 61km²，占湿地公园自然资源总面积的 34. 76%，较 2017 年增加 0. 12%（表 8-2）。

表 8-2　贵州省 2019 年湿地公园自然资源现状

自然资源类型	2019 年现状/km^2	2019 年资源比例/%
林木资源	367. 45	46. 67
草资源	5. 98	0. 76
农业资源	104. 59	13. 29
地表水资源	273. 61	34. 76
其他用地	35. 59	4. 52
合计	787. 22	100. 00

全省湿地公园林木资源、地表水资源和其他用地面积增加，农业资源、草资源面积有所减少。2017—2019 年贵州省湿地公园林木资源面积增加 4. 17km^2，草资源面积减少 1. 39km^2，农业资源面积减少 3. 97km^2，地表水资源面积增加 0. 34km^2（图 8-4）。

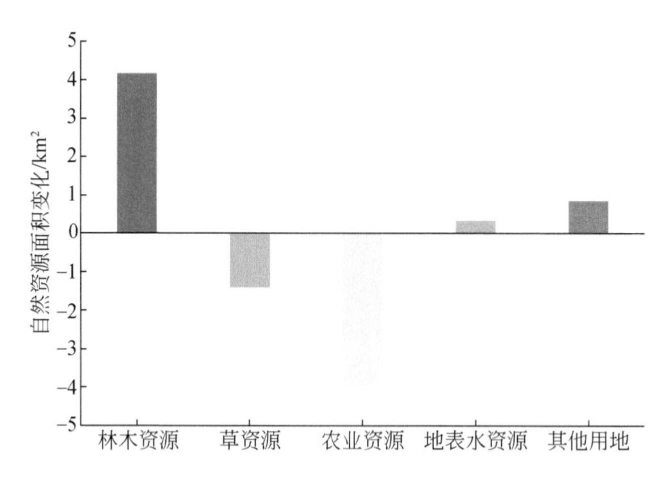

图 8-4　湿地公园 2017—2019 年自然资源面积变化

第三节　森林公园自然资源特征

一、森林公园概况

森林公园是以大面积人工林或天然林为主体而建设的公园，是经过修整可供短期自由休假的森林，或是经过逐渐改造使它形成一定的景观系统的森林。森林公园是一种以保护为前提，利用森林的多种功能为人们提供各种形式的旅游服务的可进行科学文化活动的经营管理区域。贵州省国家级森林公园包括赤水竹海国家森林公园、百里杜鹃国家森林公园、九龙山国家森林公园、燕子岩国家森林公园、凤凰山国家森林公园、尧人山国家森林公园、长坡岭国家森林公园、玉舍国家森林公园、雷公山国家森林公园、习水国家森林公园、黎平国家森林公园、朱家山国家森林公园、紫林山国家森林公园、潕阳湖国家森林公园、赫章国家森林公园、都匀青云湖国家森林公园、贵州大板水国家森林公园、贵州毕节国家森林公园、贵州仙鹤坪国家森林公园、贵州龙架山国家森林公园、正安九道水国家森林公园、台江国家森林公园、贵州油杉河大峡谷国家森林公园、贵州黄果树瀑布源国家森林公园、贵州甘溪国家森林公园①（图 8-5）。

图 8-5 贵州省森林公园分布范围

二、森林公园自然资源变化

2019 年林木资源面积为 3638.28km^2，占森林公园自然资源总面积的 86.05%，较 2017 年面积增加 1.09%。草资源面积为 19.97km^2，占森林公园自然资源总面积的 0.47%，较 2017 年减少 55.76%。农业资源面积为 382.47km^2，占森林公园自然资源总面积的 9.05%，较 2017 年减少 4.98%。地表水资源面积为 87.39km^2，占森林公园自然资源总面积的 2.07%，较 2017 年增加 0.60%（表 8-3）。

① 贵州省林业局．贵州省森林（生态、花卉）名录［EB/OL］．2021-06-07. http://lyj.guizhou.gov.cn/gzlq/zygk/slgy/202106/t20210607_68442471.html.

表 8-3　贵州省 2019 年森林公园自然资源面积现状

自然资源类型	2019 年现状/km^2	2019 年资源比例/%
林木资源	3638.28	86.05
草资源	19.97	0.47
农业资源	382.47	9.05
地表水资源	87.39	2.07
其他用地	99.92	2.36
合计	4228.03	100.00

2017—2019 年贵州省森林公园林木资源面积增加 39.07km^2，草资源面积减少 25.17km^2，农业资源面积减少 20.06km^2，地表水资源面积增加 0.52km^2（图 8-6）。

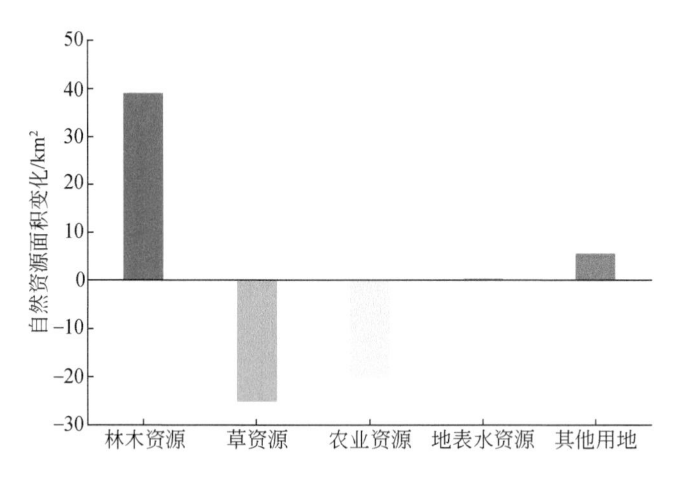

图 8-6　森林公园 2017—2019 年自然资源面积变化

第四节　生态保护红线区自然资源特征

一、生态保护红线概况

贵州省位于长江和珠江两江上游交错地带，不仅是“两江”上游和西南地区的重要生态屏障，也是重要的水土保持和石漠化防治区、国家生态文明试验区。贵州省按照科学性、整体性、协调性、动态性原则，在组织科学评估、校验划定范围、确定红线边界基础上，划定了贵州省生态保护红线。生态保护红线是指在自然生态服务功能、环境质量安全、自然资源利用等方面，需要实行严格保护的空间边界与管理限值，以维护国家和区域生态安全及经济社会可持续发展，保障人民群众健康。全省生态保护红线功能区分为五大类，分别为水源涵养功能生态保护红线、水土保持功能生态保护红线、生物多样性维护功能生态保护红线、水土流失控制生态保护红线、石漠化控制生态保护红线，共 14 个片区划定并严守生态保护红线，对于贵州省夯实生态安全格局、牢牢守住发展和生态两条底线、推进国家生态文明试验区建设具有重大意义[①]（图 8-7）。

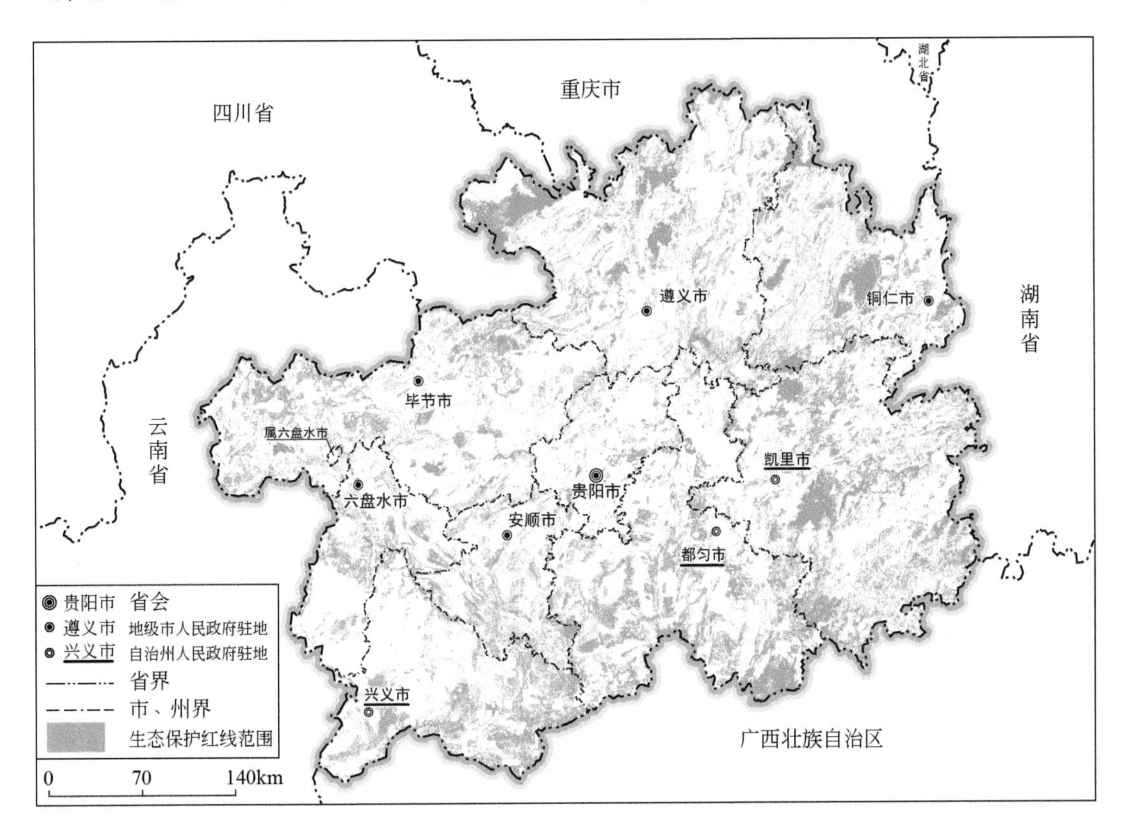

图 8-7　贵州省生态保护红线范围

二、生态保护红线区域自然资源变化

2019 年生态保护红线区域内林木资源面积为 53013.62km^2，占生态保护红线区域内自然资源总面积的 88.48%，较 2017 年增加 0.02%。草资源面积为 658.99km^2，占生态保护红线自然资源总面积的 1.10%，较 2017 年增加 34.76%。农业资源面积为 4033.07km^2，

① 贵州省人民政府.《贵州省生态保护红线》发布五大类 14 个片区［EB/OL］. 2018-06-30. http://www.guizhou.gov.cn/xwdt/rmyd/201809/t20180913_1620446.html.

占生态保护红线自然资源总面积的6.73%，较2017年减少3.71%。地表水资源面积为1200.51km^2，占生态保护红线自然资源总面积的2.00%，较2017年增加0.12%（表8-4）。

表8-4 贵州省2019年生态保护红线区域自然资源面积现状

自然资源类型	2019年现状/km^2	2019年资源比例/%
林木资源	53013.62	88.48
草资源	658.99	1.10
农业资源	4033.07	6.73
地表水资源	1200.51	2.00
其他用地	1012.98	1.69
合计	59919.17	100.00

2017—2019年贵州省生态保护红线内林木资源面积增加8.66km^2，草资源面积增加169.97km^2，农业资源面积减少155.36km^2，地表水资源面积增加1.43km^2（图8-8）。

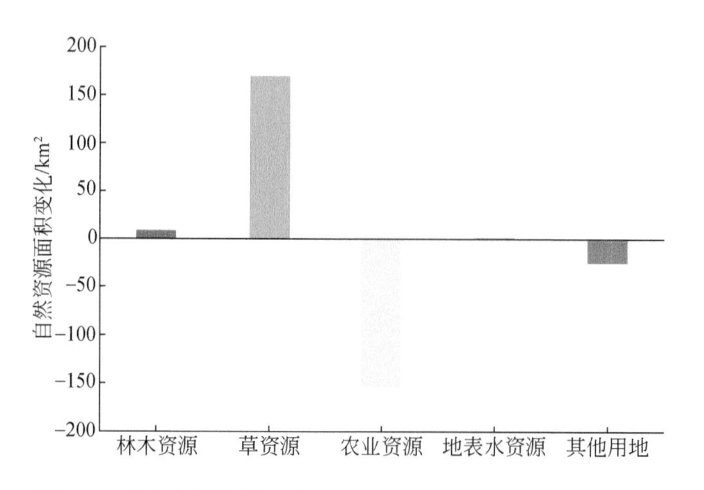

图8-8 生态保护红线区域2017—2019年自然资源面积变化

第五节 重要水系范围自然资源特征

一、重要水系概况

贵州省重要水系分属两大流域，苗岭以北属于长江流域，有牛栏江横江水系、乌江水系、赤水河綦江水系和沅江水系。苗岭以南属于珠江流域，有南盘江水系、北盘江水系、红水河水系和都柳江水系（图8-9）。

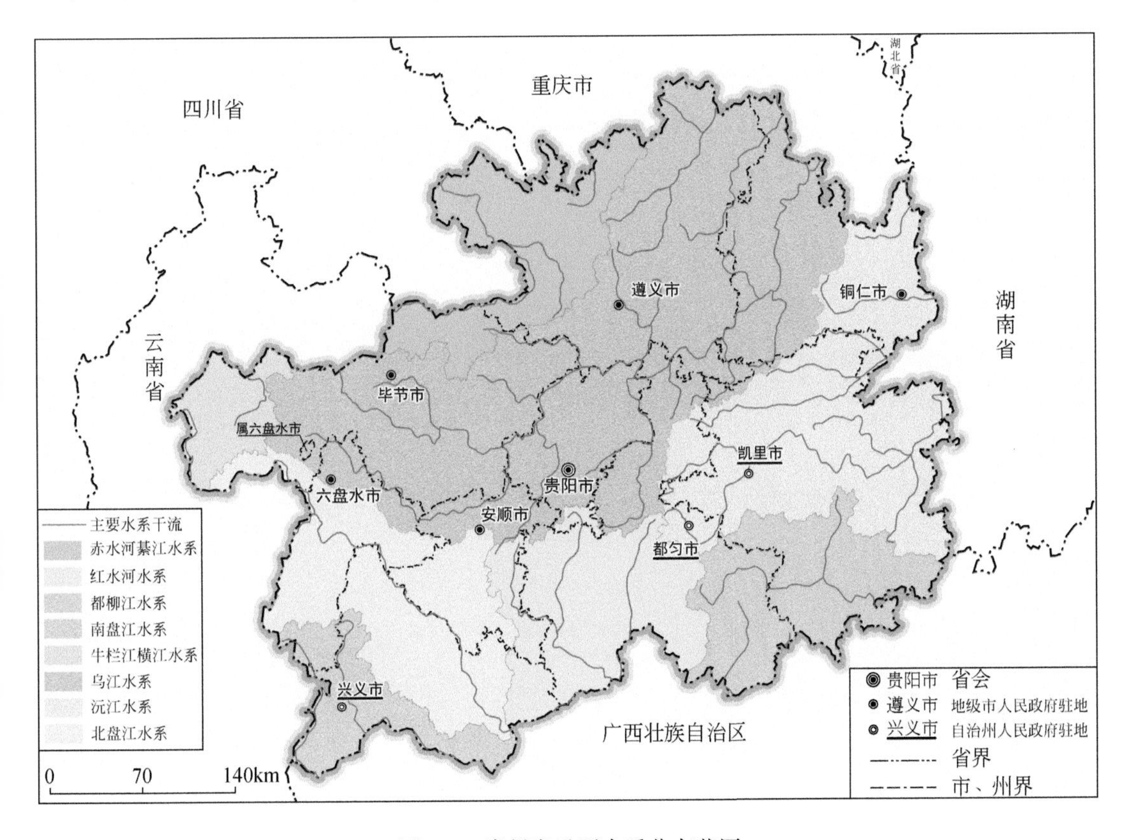

图8-9 贵州省重要水系分布范围

（一）乌江水系

乌江干流是长江上游右岸的最大支流，发源于贵州威宁县盐仓镇香炉山，省内长889km，流域面积为6.68万km^2，占全省总面积的37.90%，是贵州省最大的河流。乌江源流称三岔河，自西向东流经毕节地区、六盘水市、安顺市，在织金和黔西交界处与北来的六冲河汇合后称为乌江，自西向东流至思南县后转向北流，在重庆市的涪陵汇入长江。乌江水系水量和水力资源都十分丰富，年来水量549亿m^3，与黄河水量相当。乌江具有水力发电梯级开发的有利条件，先后建成乌江渡、东风、普定、洪家渡、引子渡、索风营等大中型水电站，并进行乌江渡扩能，构皮滩大型水电站在建。乌江景色十分秀丽，具备良好的旅游开发条件。乌江流域流经贵州开发较早、人口稠密、经济较发达的地区，乌江水系的开发对贵州的发展具有十分重要的意义。

（二）北盘江水系

北盘江是珠江干流西江上游左岸的一级支流，发源于云南省宣威市板桥乡，自西向东经宣威，至都格进入贵州，再折向东南往茅口、盘江桥，至望谟县的蔗香乡与南盘江汇合。贵州域内长352km，主要支流有拖长江、乌都河、麻沙河、大田河、可渡河、月亮河、打邦河、红辣河等。流域内水量十分丰富，多年平均径流量为121亿m^3，矿产资源丰富、环境优美，有世界闻名的黄果树瀑布、龙宫等自然景观。

（三）南盘江水系

南盘江是珠江干流西江的上源，发源于云南省沾益县马雄山，流经云南、贵州、广西交界处的三江口后，成为黔、桂两省区的界河，至望谟县的蔗香乡与北盘江汇合后称为红水河。干流在贵州域内长263km，主要支流有黄泥河和马别河。流域内水量和水力资源都很丰富。多年平均径流量为52.10亿m^3。已建成天生桥一、二级水电站。

（四）都柳江水系

都柳江是珠江水系最大上源西江的主要支流之一，它发源于贵州东南部长江与珠江两流域的分水岭——苗岭山脉，大部分河谷呈东西走向，河流深切，河谷深、落差大、坡度陡。都柳江的干流自西向东流经贵州省三都、榕江和从江县后进入广西，最后汇入珠江水系。

（五）红水河水系

南盘江、北盘江汇合后称为红水河，自西向东在贵州、广西交界处流过106km后折向东南进入广西。贵州域内流域面积为1.60万km^2，主要支流有蒙江和六洞河。红水河流域有丰富的水量和水力资源，多年平均径流量为89.10亿m^3。

（六）沅江水系

沅江，又称沅水，属长江流域洞庭湖支流，流经贵州、湖南。沅江干流全长为1033km，流域面积为8.9163万km^2，多年平均径流量为393.30亿m^3，落差为1462m，河口多年平均流量为2170m^3/s。流域跨贵州、四川、湖南、湖北四省，属洞庭湖湘、资、沅、澧四水中的第二大水系。

（七）赤水河綦江水系

赤水河綦江水系主要位于贵州省的北部，包括赤水河、桐梓河和綦江上源松坎河。赤水河是长江右岸的一级支流，发源于云南省威信县雨河乡，干流进入贵州西部毕节市后成为川黔界河，流经金沙县、习水县、赤水市，在四川合江汇入长江。贵州省内长 299km，流域面积为 1.14 万 km^2，主要支流有二道河、桐梓河、习水河。多年平均径流量为 55.30 亿 m^3。赤水河地处云南、贵州、四川三省交界处，具有“生态河”“美酒河”和“历史河”的美誉。流域内有国家级桫椤自然保护区、赤水国家重点风景名胜区和竹海国家森林公园等，国酒茅台酒、习酒、郎酒等中国名酒都产于河流两岸，同时，赤水河也留下了中国工农红军的足迹。

（八）牛栏江横江水系

牛栏江横江水系位于贵州省西部的威宁县，省内流域面积为 4888km^2。牛栏江干流发源于云南省，在贵州省内长 79km，流域面积为 2014km^2，主要支流有哈喇河、玉龙小河等。

二、重要水系区域自然资源变化

2019 年乌江水系范围面积为 70326.96km^2。2019 年该水系范围林木资源面积为 39648.89km^2，占乌江水系范围面积的 56.38%，较 2017 年增加 1.79%。草资源面积为 457.57km^2，占乌江水系范围面积的 0.65%，较 2017 年减少 35.56%。农业资源面积为 24175.71km^2，占乌江水系范围面积的 34.38%，较 2017 年减少 2.91%。地表水资源面积为 1120.90km^2，占乌江水系范围面积的 1.59%，较 2017 年增加 1.33%（图 8-10）。

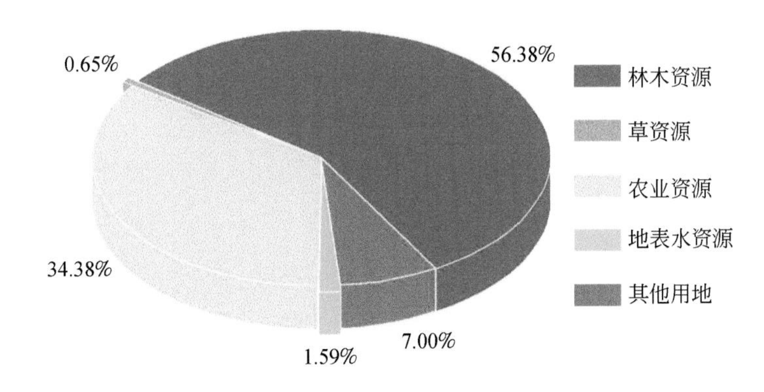

图 8-10　乌江水系 2019 年自然资源面积占比

2017—2019 年贵州省乌江水系范围内林木资源面积增加 695.39km^2，草资源面积减少 252.51km^2，农业资源面积减少 725.62km^2，地表水资源面积增加 14.69km^2（图 8-11）。

2019 年北盘江水系范围面积为 21053.06km^2。2019 年该水系范围内林木资源面积为

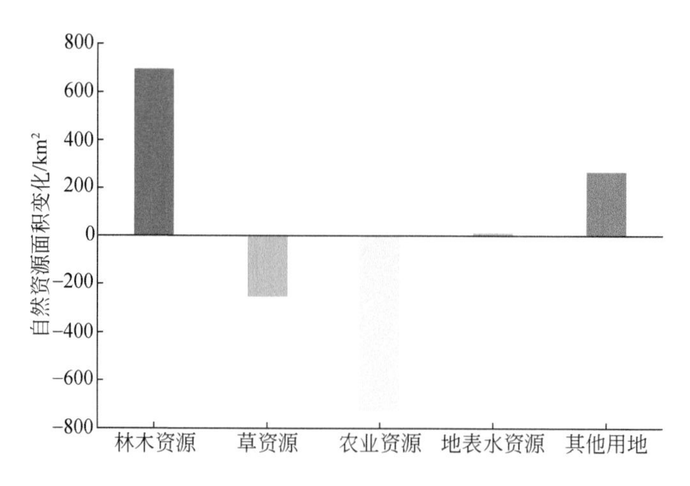

图 8-11　乌江水系 2017—2019 年自然资源面积变化

12238. 04km²，占北盘江水系范围面积的 58. 13%，较 2017 年面积增加 4. 76%。草资源面积为 541. 06km²，占北盘江水系范围面积的 2. 57%，较 2017 年面积减少 22. 28%。农业资源面积为 6621. 19km²，占北盘江水系范围面积的 31. 45%，较 2017 年面积减少 6. 05%。地表水资源覆盖面积为 269. 37km²，占北盘江水系范围面积的 1. 28%，较 2017 年面积增加 1. 27%（图 8-12）。

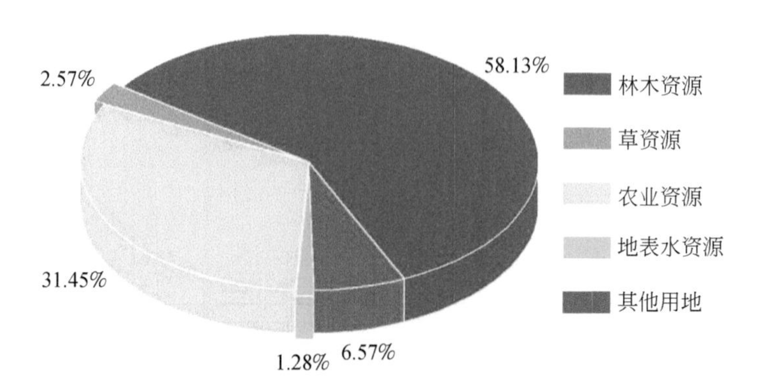

图 8-12　北盘江水系 2019 年自然资源面积占比

2017—2019 年贵州省北盘江水系范围内林木资源面积增加 555. 62km²，草资源面积减少 155. 12km²，农业资源面积减少 426. 23km²，地表水资源面积增加 3. 37km²（图 8-13）。

2019 年南盘江水系范围面积为 7651. 37km²。2019 年该水系范围内林木资源面积为 4760. 36km²，占南盘江水系范围面积的 62. 22%，较 2017 年面积增加 0. 98%。草资源面积为 186. 81km²，占南盘江水系范围面积的 2. 44%，较 2017 年面积增加 25. 40%。农业资源面积为 2059. 31km²，占南盘江水系范围面积的 26. 91%，较 2017 年面积减少 5. 06%。

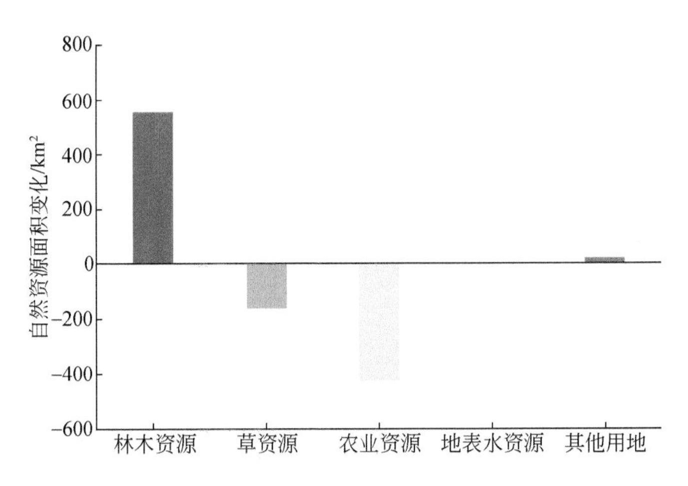

图 8-13　北盘江水系 2017—2019 年自然资源面积变化

地表水资源面积为 150. 36km²，占南盘江水系范围面积的 1. 97%，较 2017 年面积增加 0. 56%（图 8-14）。

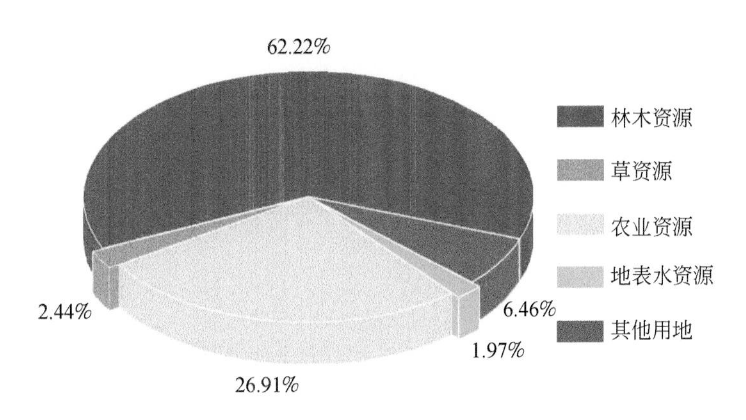

图 8-14　南盘江水系 2019 年自然资源面积占比

2017—2019 年贵州省南盘江水系范围内林木资源面积增加 46. 18km²，草资源面积增加 37. 84km²，农业资源面积减少 109. 71km²，地表水资源面积增加 0. 84km²（图 8-15）。

2019 年都柳江水系范围面积为 14996. 53km²。其中林木资源面积为 11941. 94km²，占都柳江水系范围面积的 79. 63%，较 2017 年面积减少 0. 21%。农业资源面积为 2306. 92km²，占都柳江水系范围面积的 15. 38%，较 2017 年面积增加 0. 33%。草资源面积为 141. 57km²，占都柳江水系范围面积的 0. 95%，较 2017 年面积增加 44. 64%。地表水资源面积为 170. 64km²，占都柳江水系范围面积的 1. 14%，较 2017 年面积增加 1. 16%（图 8-16）。

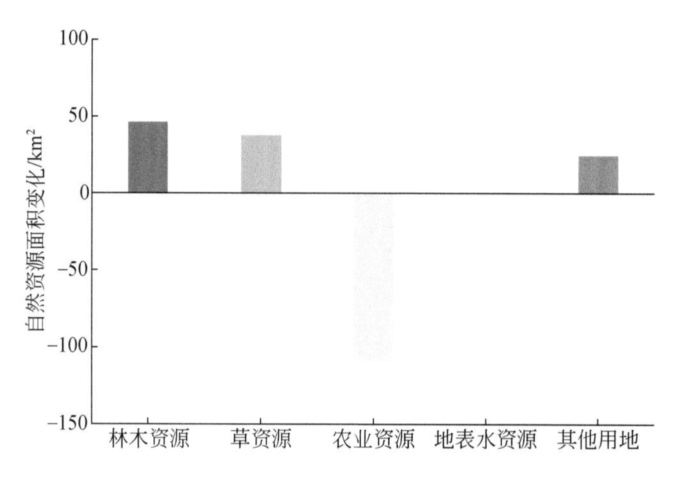

图 8-15　南盘江水系 2017—2019 年自然资源面积变化

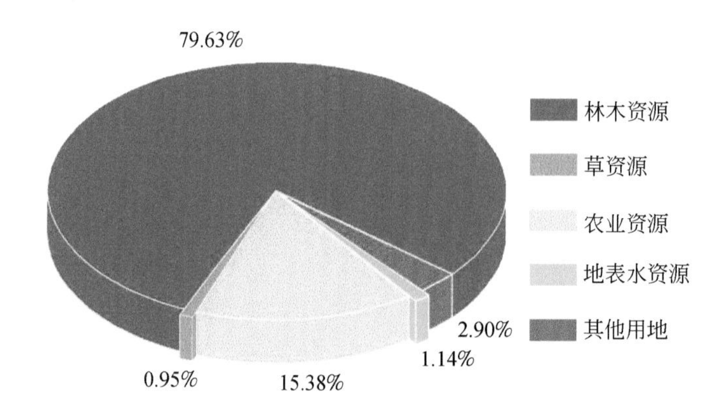

图 8-16　都柳江水系 2019 年自然资源面积占比

2017—2019 年贵州省都柳江水系范围内林木资源面积减少 25.10km²，其他用地面积减少 28.22km²，草资源面积增加 48.69km²，地表水资源面积增加 7.67km²（图 8-17）。

2019 年红水河水系范围面积为 16706.24km²。其中林木资源面积为 12258.44km²，占红水河水系范围面积的 73.38%，较 2017 年面积增加 0.85%。草资源面积为 147.47km²，占红水河水系范围面积的 0.88%，较 2017 年面积减少 31.69%。农业资源面积为 3397.89km²，占红水河水系范围面积的 20.34%，较 2017 年面积减少 2.48%。地表水资源面积为 213.64km²，占红水河水系范围面积的 1.28%，较 2017 年面积增加 1.52%（图 8-18）。

2017—2019 年贵州省红水河水系范围内林木资源面积增加 102.89km²，草资源面积减少 68.42km²，农业资源面积减少 86.28km²，地表水资源面积增加 3.20km²（图 8-19）。

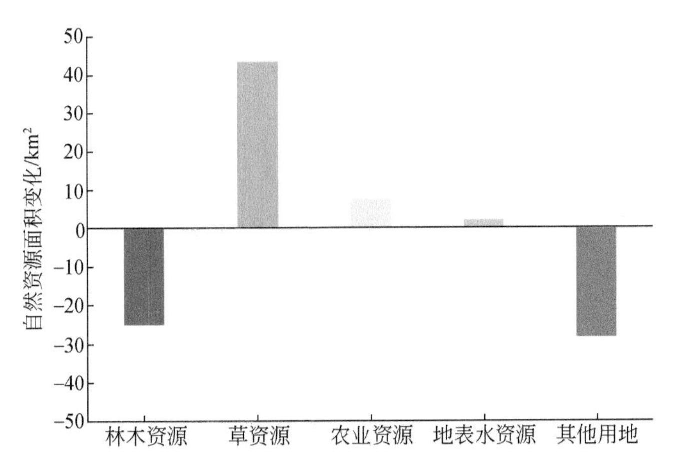

图 8-17　都柳江水系 2017—2019 年自然资源面积变化

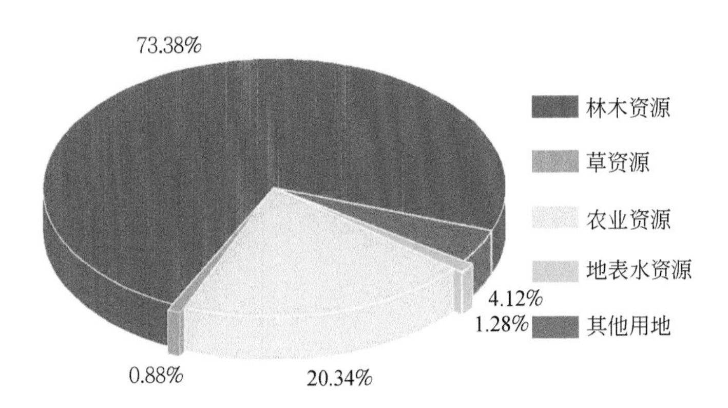

图 8-18　红水河水系 2019 年自然资源面积占比

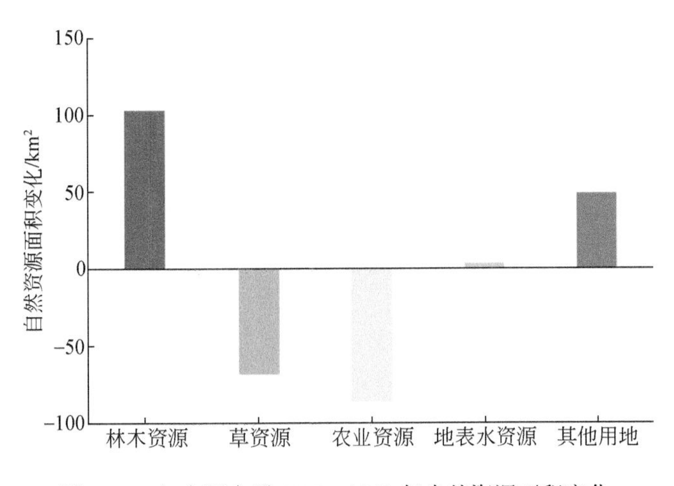

图 8-19　红水河水系 2017—2019 年自然资源面积变化

2019 年沅江水系范围面积为 30205.87km²。其中林木资源面积为 22097.09km²，占沅江水系范围面积的 73.15%，较 2017 年面积增加 0.13%。草资源面积为 176.45km²，占沅江水系范围面积的 0.59%，较 2017 年面积减少 9.2%。农业资源面积为 6051.5km²，占沅江水系范围面积的 20.03%，较 2017 年面积减少 1.04%。地表水资源面积为 482.23km²，占沅江水系范围面积的 1.60%，较 2017 年面积增加 1.15%（图 8-20）。

2017—2019 年贵州省沅江水系范围内林木资源面积增加 29.64km²，草资源面积减少 17.88km²，农业资源面积减少 63.71km²，地表水资源面积增加 5.49km²（图 8-21）。

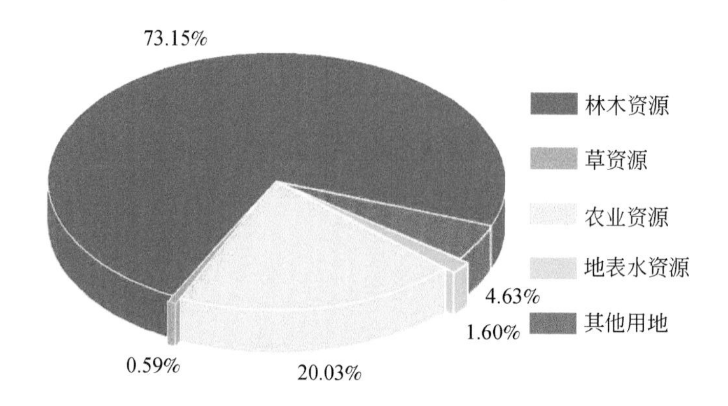

图 8-20　沅江水系 2019 年自然资源面积占比

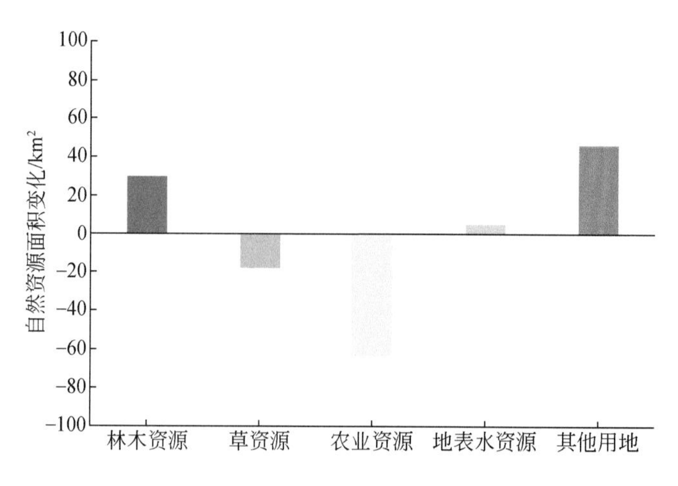

图 8-21　沅江水系 2017—2019 年自然资源面积变化

2019 年赤水河綦江水系范围面积为 13735.29km²。其中林木资源面积为 9313.28km²，占赤水河綦江水系范围面积的 67.81%，较 2017 年面积增加 2.30%。农业资源面积为 3604.39km²，占赤水河綦江水系范围面积的 26.24%，较 2017 年面积减少 4.41%。草资源面积为 44. 28km²，占赤水河綦江水系范围面积的 0. 32%，较 2017 年面积减少 58. 39%。地表水资源面积为 126. 11km²，占赤水河綦江水系范围面积的 0. 92%，较 2017 年面积增加 0. 99%（图 8-22）。

2017—2019 年贵州省赤水河綦江水系范围内林木资源面积增加 209. 69km²，草资源面积减少 62. 13km²，农业资源面积减少 166. 39km²，地表水资源面积增加 1. 24km²（图 8-23）。

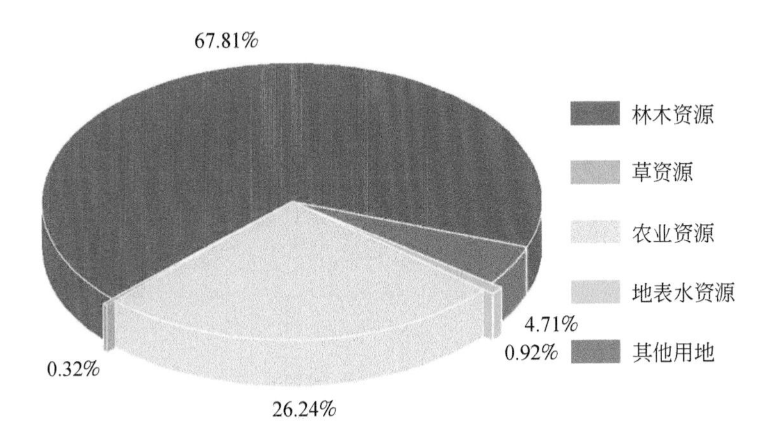

图 8-22　赤水河綦江水系 2019 年自然资源面积占比

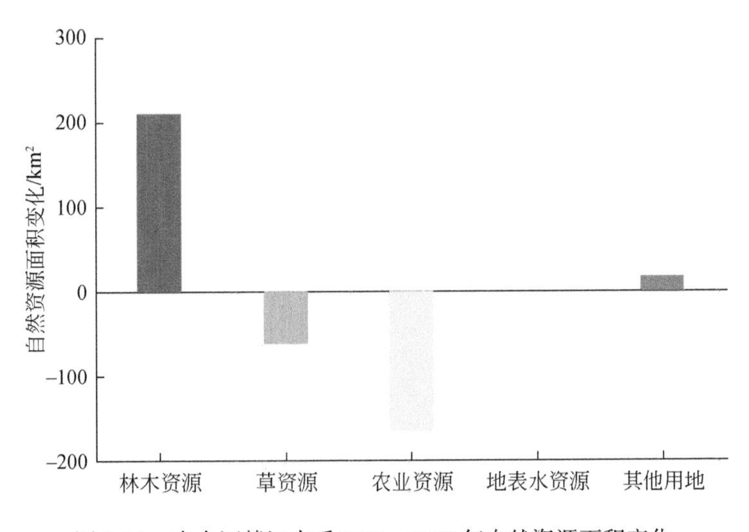

图 8-23　赤水河綦江水系 2017—2019 年自然资源面积变化

2019 年牛栏江横江水系范围面积为 4955. 60km²。其中林木资源面积为 2206. 92km²，占牛栏江横江水系范围面积的 44. 53%，较 2017 年面积增加 5. 27%。草资源面积为

81.52km²，占牛栏江横江水系范围面积的1.65%，较2017年面积减少17.25%。农业资源面积为2324.16km²，占牛栏江横江水系范围面积的46.9%，较2017年面积减少4.94%。地表水资源面积为62.12km²，占牛栏江横江水系范围面积的1.25%，较2017年面积增加4.94%（图8-24）。

2017—2019年贵州省牛栏江横江水系范围内林木资源面积增加110.48km²，草资源面积减少16.99km²，农业资源面积减少120.71km²，地表水资源面积增加1.86km²（图8-25）。

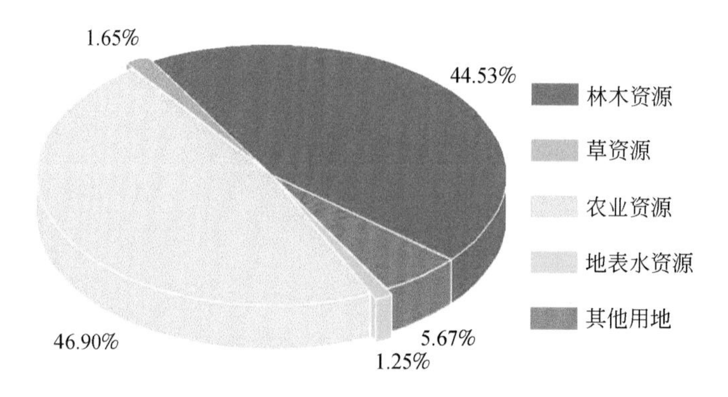

图8-24 牛栏江横江水系2019年自然资源面积占比

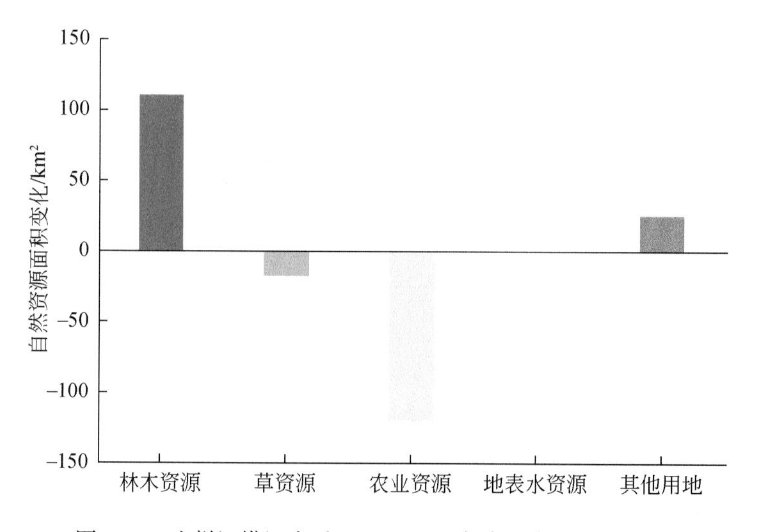

图8-25 牛栏江横江水系2017—2019年自然资源面积变化

第六节　水土流失区自然资源特征

一、水土流失概况

水土流失是指由于自然因素或人为因素的影响，雨水不能就地消纳，顺势下流、冲刷土壤，造成水分和土壤同时流失的现象。贵州高原位于多雨的季风区，雨量充足，因此有“天无三日晴”的说法。受强烈喀斯特作用影响，域内山高坡陡，土地贫瘠，生态环境脆弱，喀斯特地表层调蓄能力下降，易诱发洪涝灾害，造成土地石漠化、耕地退化、耕作面积缩减等。其自然原因主要是贵州岩溶发育较好，碳酸盐岩出露范围广，且地形起伏大，地表水系河谷深切，河道狭长，河流落差大，水流湍急。全省水土流失分为轻度侵蚀、中度侵蚀、强烈侵蚀、极强烈侵蚀、剧烈侵蚀五类。

二、水土流失区域自然资源变化

2019 年全省水土流失面积为 45279.21km^2，其中轻度侵蚀面积为 27431.88km^2，占全省侵蚀总面积的 60.58%；中度侵蚀面积为 7835.92km^2，占全省侵蚀总面积的 17.31%；强烈侵蚀面积为 4849.51km^2，占全省侵蚀总面积的 10.71%；极强烈侵蚀面积为 4130.13km^2，占全省侵蚀总面积的 9.12%；剧烈侵蚀面积为 1031.77km^2，占全省侵蚀总面积的 2.28%（表 8-5）。

表 8-5　贵州省 2019 年水土流失各等级侵蚀面积

侵蚀等级	面积/km^2	2019 年所占比例/%
轻度侵蚀	27431.88	60.58
中度侵蚀	7835.92	17.31
强烈侵蚀	4849.51	10.71
极强烈侵蚀	4130.13	9.12
剧烈侵蚀	1031.77	2.28

2019 年贵州省轻度侵蚀区域面积为 27431.88km^2。其中林木资源面积为 17125.86km^2，占轻度侵蚀区面积的 62.43%，较 2017 年面积增加 2.99%。草资源面积为 357.98km^2，占轻度侵蚀区面积的 1.30%，较 2017 年面积减少 30.08%。农业资源面积为 8418.90km^2，占轻度侵蚀区面积的 30.69%，较 2017 年面积减少 4.54%。地表水资源面积为 84.87km^2，

占轻度侵蚀区面积的 0.32%，较 2017 年面积增加 3.87%（图 8-26）。

轻度侵蚀区范围内林木资源面积、其他用地面积、地表水资源面积增加，草资源面积、农业资源面积减少。2017—2019 年贵州省轻度侵蚀区范围内林木资源面积增加 496.41km²，草资源面积减少 153.97km²，农业资源面积减少 400.47km²，地表水资源面积增加 3.16km²（图 8-27）。

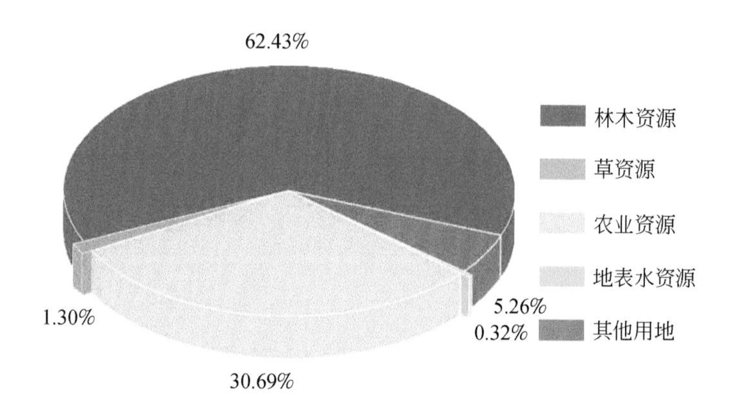

图 8-26　轻度侵蚀区 2019 年自然资源面积占比

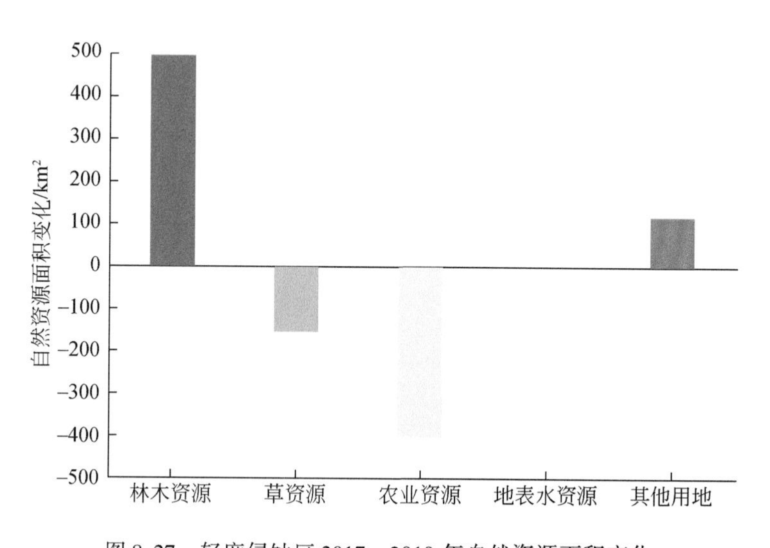

图 8-27　轻度侵蚀区 2017—2019 年自然资源面积变化

2019 年贵州省中度侵蚀区域面积为 7835.92km²。其中林木资源面积为 2948.19km²，占中度侵蚀区面积的 37.62%，较 2017 年面积增加 8.82%。草资源面积为 32.92km²，占中度侵蚀区面积的 0.42%，较 2017 年面积减少 53.82%。农业资源面积为 4304.3km²，占中度侵蚀区面积的 54.93%，较 2017 年面积减少 4.85%。地表水资源面积为 26.54km²，占中度侵蚀区面积的 0.34%，较 2017 年面积增加 2.95%（图 8-28）。

中度侵蚀区范围内林木资源面积、其他用地面积、地表水资源面积增加，草资源面积、农业资源面积减少。2017—2019 年贵州省中度侵蚀区范围内林木资源面积增加 238.92km^2，草资源面积减少 38.37km^2，农业资源面积减少 219.59km^2，地表水资源面积增加 0.76km^2（图 8-29）。

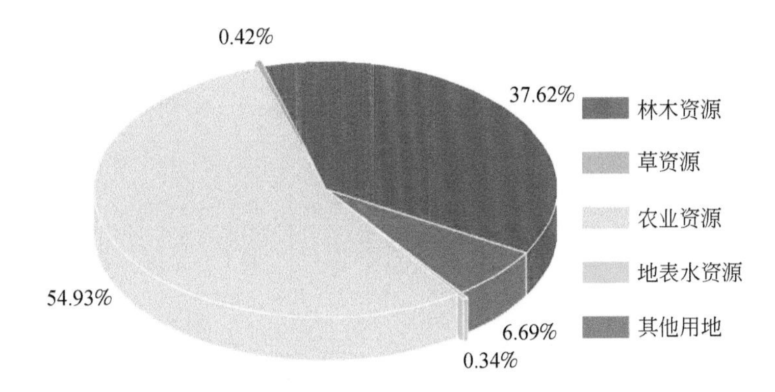

图 8-28　中度侵蚀区 2019 年自然资源面积占比

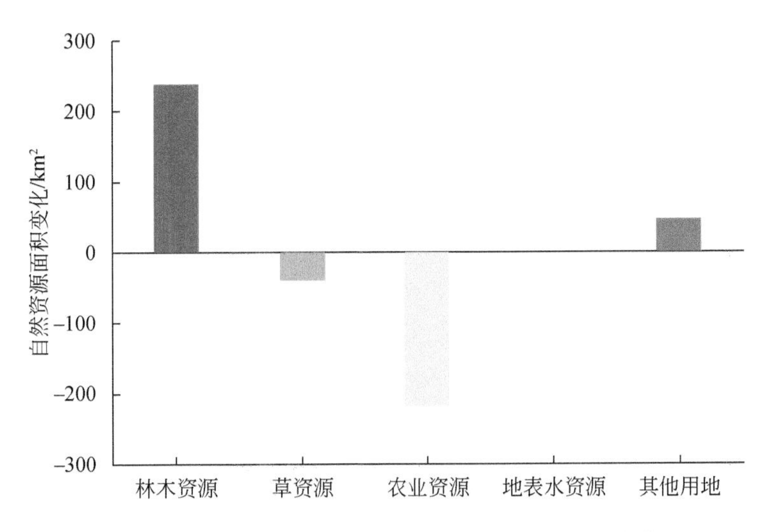

图 8-29　中度侵蚀区 2017—2019 年自然资源面积变化

2019 年贵州省强烈侵蚀区域面积为 4849.51km^2。其中林木资源面积为 1892.94km^2，占强烈侵蚀区面积的 39.03%，较 2017 年面积增加 9.49%。草资源面积为 20.95km^2，占强烈侵蚀区面积的 0.43%，较 2017 年面积减少 53.82%。农业资源面积为 2597.41km^2，占强烈侵蚀区面积的 53.56%，较 2017 年面积减少 5.48%。地表水资源面积为 71.10km^2，占强烈侵蚀区面积的 0. 36%，较 2017 年面积增加 2. 95%（图 8-30）。

强烈侵蚀区范围内林木资源面积、其他用地面积、地表水资源面积增加，草资源、农业资源面积减少。2017—2019 年贵州省强烈侵蚀区范围内林木资源面积增加 164. 13km^2，草资源面积减少 26. 82km^2，农业资源面积减少 150. 68km^2，地表水资源面积增加 0. 42km^2（图 8-31）。

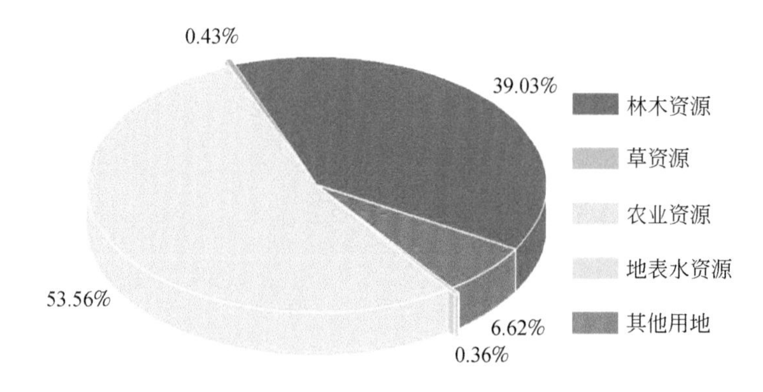

图 8-30　强烈侵蚀区 2019 年自然资源面积占比

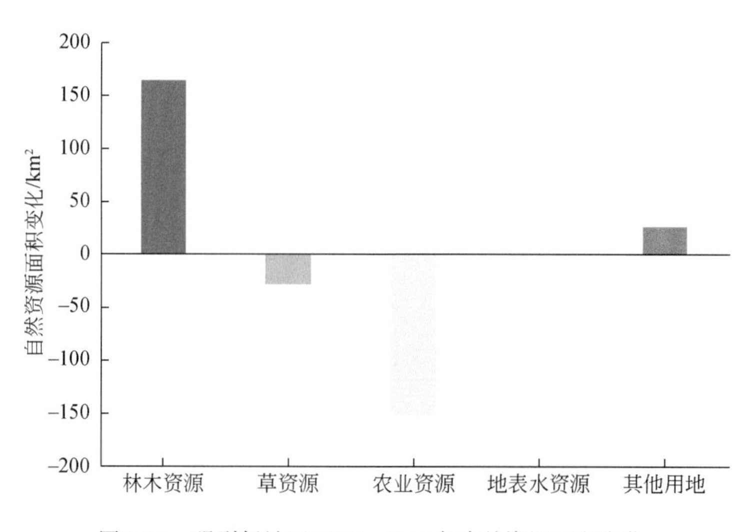

图 8-31　强烈侵蚀区 2017—2019 年自然资源面积变化

2019 年贵州省极强烈侵蚀区域面积为 4130. 13km^2。其中林木资源面积为 1747. 64km^2，占极强烈侵蚀区面积的 42. 31%，较 2017 年面积增加 8. 71%。草资源面积为 21. 13km^2，占极强烈侵蚀区面积的 0. 52%，较 2017 年面积减少 53. 43%。农业资源面积为 2085. 15km^2，占极强烈侵蚀区面积的 50. 49%，较 2017 年面积减少 5. 71%。地表水资源面积为 15. 01km^2，占极强烈侵蚀区面积的 0. 36%，较 2017 年面积增加 2. 53%

（图 8-32）。

极强烈侵蚀区范围内林木资源面积、其他用地面积、地表水资源面积增加，草资源面积、农业资源面积减少。2017—2019 年贵州省极强烈侵蚀区范围内林木资源面积增加 139.97km²，草资源面积减少 24.24km²，农业资源面积减少 126.28km²，地表水资源面积增加 0.37km²（图 8-33）。

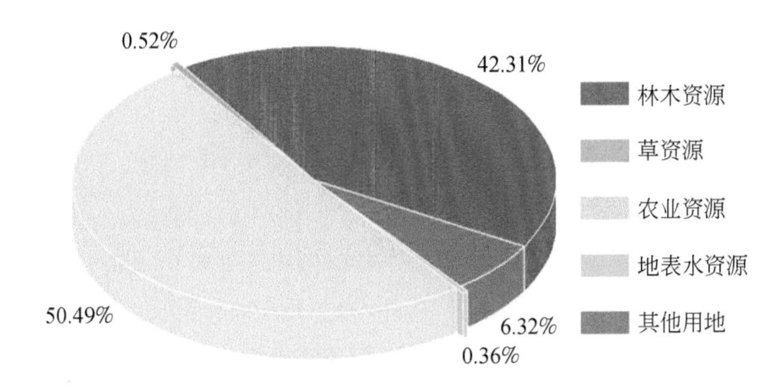

图 8-32　极强烈侵蚀区 2019 年自然资源面积占比

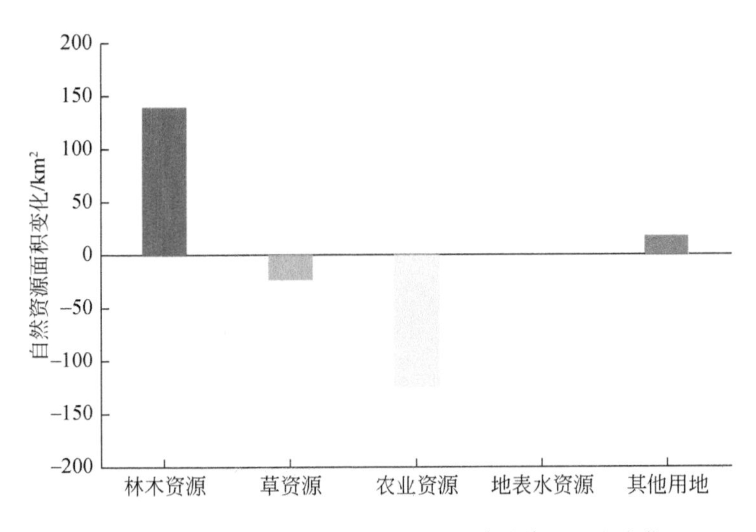

图 8-33　极强烈侵蚀区 2017—2019 年自然资源面积变化

2019 年贵州省剧烈侵蚀区域面积为 1031.77km²。其中林木资源面积为 457.79km²，占剧烈侵蚀区面积的 44.37%，较 2017 年面积增加 5.69%。草资源面积为 15.64km²，占剧烈侵蚀区面积的 1.52%，较 2017 年面积减少 29.83%。农业资源面积为 399.96km²，占剧烈侵蚀区面积的 38.76%，较 2017 年面积减少 6.07%。地表水资源面积为 5.24km²，占剧烈侵蚀区面积的 0.51%，较 2017 年面积增加 2.75%（图 8-34）。

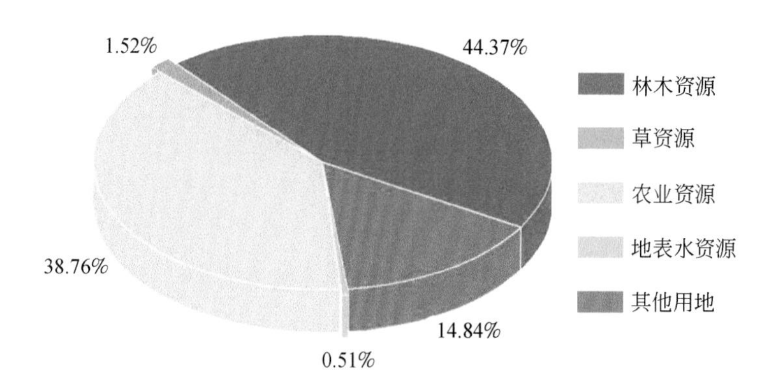

图 8-34　剧烈侵蚀区 2019 年自然资源面积占比

剧烈侵蚀区范围内林木资源面积、其他用地面积、地表水资源面积增加，草资源面积、农业资源面积减少。2017—2019 年贵州省剧烈侵蚀区范围内林木资源面积增加 24.65km^2，草资源面积减少 6.65km^2，农业资源面积减少 25.83km^2，地表水资源面积增加 0.14km^2（图 8-35）。

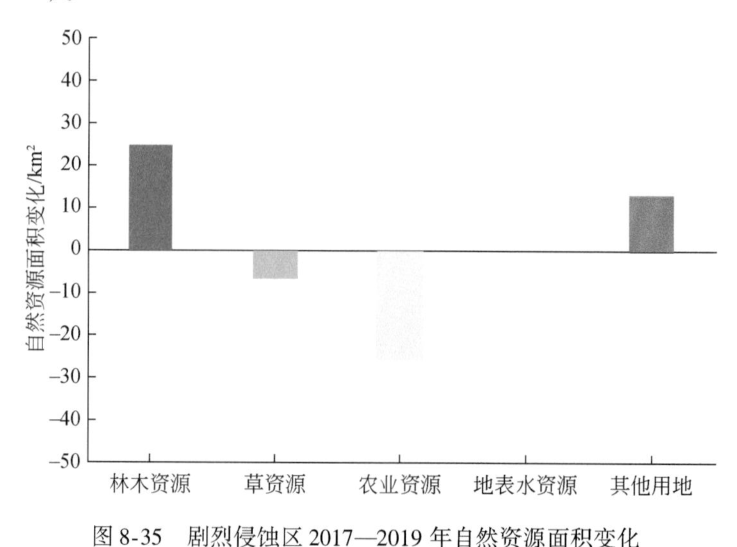

图 8-35　剧烈侵蚀区 2017—2019 年自然资源面积变化

第七节　石漠化区自然资源特征

一、石漠化概况

石漠化，亦称石质荒漠化，是指因水土流失导致地表土壤损失，基岩裸露，土地丧失农业利用价值和生态环境退化的现象。石漠化多发生在石灰岩地区，土层厚度薄（多数不足 10cm)，地表呈现类似荒漠景观的岩石逐渐裸露的演变过程。自然因素是石漠化形成的基础条件，人为因素是石漠化土地形成的主要原因。贵州山高坡陡，气候温暖、雨水丰沛而集中，为石漠化形成提供了侵蚀动力和溶蚀条件，因环境保护意识薄弱，人类的生产生活也加剧了土地石漠化。

二、石漠化区域自然资源变化

全省石漠化等级分为轻度石漠化、中度石漠化、重度石漠化、极重度石漠化。2019 年全省石漠化面积为 24686.40km^2，其中轻度石漠化面积为 9334.50km^2，占全省石漠化总面积的 37.81%；中度石漠化面积为 12534.29km^2，占全省石漠化总面积的 50.77%；重度石漠化面积为 2563.82km^2，占全省石漠化总面积的 10.39%；极重度石漠化面积为 253.79km^2，占全省石漠化总面积的 1.03%（表 8-6）。

表 8-6　贵州省 2019 年石漠化各等级面积

石漠化等级	现状面积/km^2	所占比例/%
轻度石漠化	9334.50	37.81
中度侵蚀	12534.29	50.77
重度侵蚀	2563.82	10.39
极重度侵蚀	253.79	1.03

2019 年贵州省轻度石漠化区域面积为 9334.50km^2。其中林木资源面积为 6367.67km^2，占轻度石漠化区面积的 68.22%，较 2017 年面积增加 2.23%。草资源面积为 238.60km^2，占轻度石漠化区面积的 2.56%，较 2017 年面积减少 20.58%。农业资源面积为 2391.51km^2，占轻度石漠化区面积的 25.62%，较 2017 年面积减少 4.23%。地表水资源覆盖面积为 35.05km^2，占轻度石漠化区面积的 0.37%，较 2017 年面积增加 3.42%（表 8-7、图 8-36）。

表 8-7　贵州省 2019 年轻度石漠化区自然资源面积现状

自然资源类型	现状面积/km^2	资源比例/%
林木资源	6367.67	68.22
草资源	238.60	2.56
农业资源	2391.51	25.62
地表水资源	35.05	0.37
其他用地	301.67	3.23
合计	9334.50	100.00

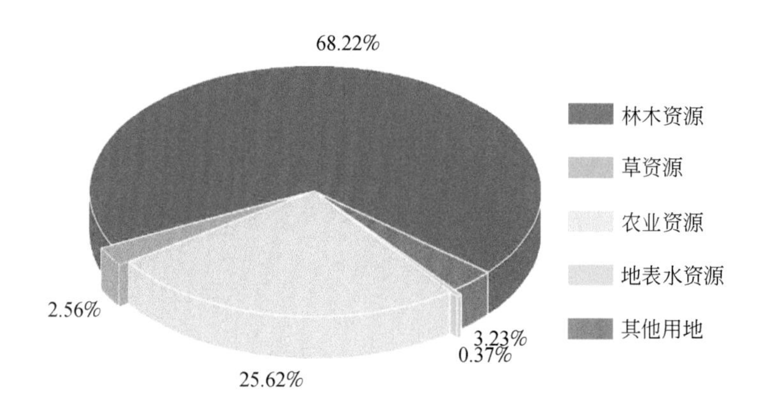

图 8-36　轻度石漠化区 2019 年自然资源面积占比

2017—2019 年贵州省轻度石漠化范围内林木资源面积增加 139. 12km²，草资源面积减少 61. 83km²，农业资源面积减少 105. 53km²，地表水资源面积增加 1. 16km²（图 8-37）。

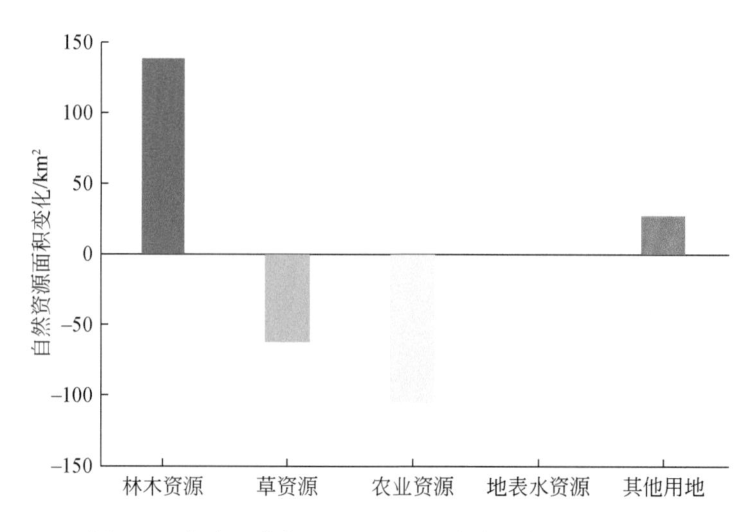

图 8-37　轻度石漠化区 2017—2019 年自然资源面积变化

2019 年贵州省中度石漠化区域面积为 12534. 29km²。其中林木资源面积为 6245. 17km²，占中度石漠化区面积的 49. 82%，较 2017 年面积增加 5. 39%。草资源面积为 245. 65km²，占中度石漠化区面积的 1. 96%，较 2017 年面积减少 24. 29%。农业资源面积为 5367. 67km²，占中度石漠化区面积的 42. 82%，较 2017 年面积减少 4. 83%。地表水资源面积为 66. 21km²，占中度石漠化区面积的 0. 54%，较 2017 年面积增加 2. 60%（表 8-8、图 8-38）。

表 8-8　贵州省 2019 年中度石漠化区自然资源面积现状

自然资源类型	现状面积/km^2	资源比例/%
林木资源	6245. 17	49. 82
草资源	245. 65	1. 96
农业资源	5367. 67	42. 82
地表水资源	66. 21	0. 54
其他用地	609. 59	4. 86
合计	12534. 29	100. 00

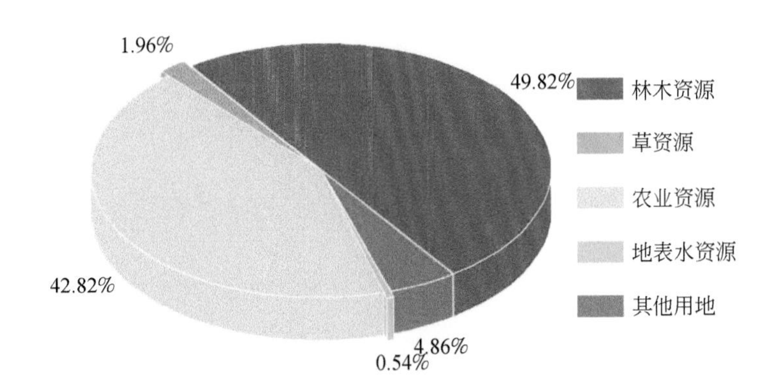

图 8-38　中度石漠化区 2019 年自然资源面积占比

2017—2019 年贵州省中度石漠化范围内林木资源面积增加 319. 61km^2，草资源面积减少 78. 83km^2，农业资源面积减少 272. 62km^2，地表水资源面积增加 1. 68km^2（图 8-39）。

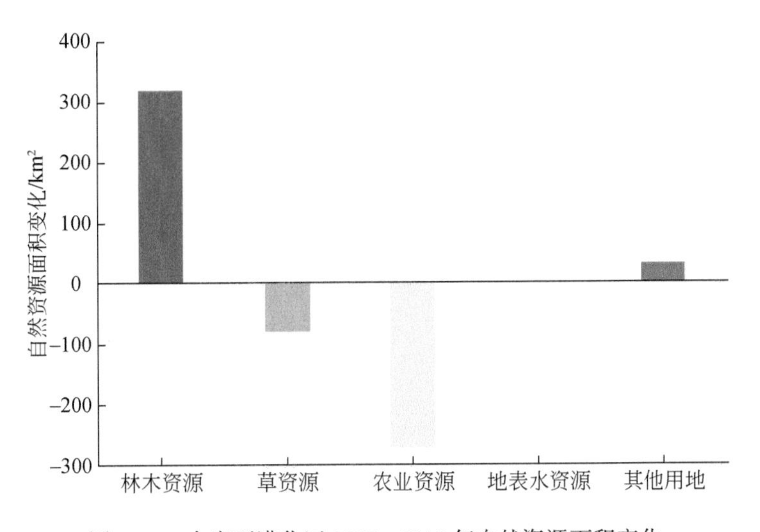

图 8-39　中度石漠化区 2017—2019 年自然资源面积变化

2019 年贵州省重度石漠化区域面积为 2563. 82km²。其中林木资源面积为 1458. 53km²，占重度石漠化区面积的 56. 89%，较 2017 年面积增加 4. 71%。草资源面积为 59. 52km²，占重度石漠化区面积的 2. 32%，较 2017 年面积减少 25. 58%。农业资源面积为 891. 76km²，占重度石漠化区面积的 34. 78%，较 2017 年面积减少 4. 82%。地表水资源面积为 11. 78km²，占重度石漠化区面积的 0. 46%，较 2017 年面积增加 2. 17%（表 8-9、图 8-40）。

表 8-9　贵州省 2019 年重度石漠化区自然资源面积现状

自然资源类型	现状面积/km²	资源比例/%
林木资源	1458. 53	56. 89
草资源	59. 52	2. 32
农业资源	891. 76	34. 78
地表水资源	11. 78	0. 46
其他用地	142. 23	5. 55
合计	2563. 82	100. 00

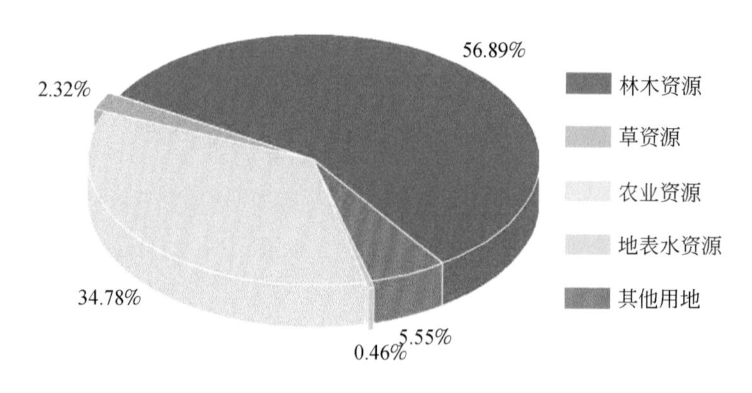

图 8-40　重度石漠化区 2019 年自然资源面积占比

2017—2019 年贵州省重度石漠化范围内林木资源面积增加 65. 65km²，草资源面积减少 20. 46km²，农业资源面积减少 45. 20km²，地表水资源面积增加 0. 25km²（图 8-41）。

2019 年贵州省极重度石漠化区域面积为 253. 79km²。其中林木资源面积为 113. 66km²，占极重度石漠化区面积的 44. 78%，较 2017 年面积增加 4. 65%。草资源面积为 11. 87km²，占极重度石漠化区面积的 4. 68%，较 2017 年面积减少 4. 89%。农业资源面积为 109. 41km²，占极重度石漠化区面积的 43. 11%，较 2017 年面积减少 4. 38%。地表水资源积为 1. 62km²，占极重度石漠化区面积的 0. 64%，较 2017 年面积增加 8. 72%（表 8-10、图 8-42）。

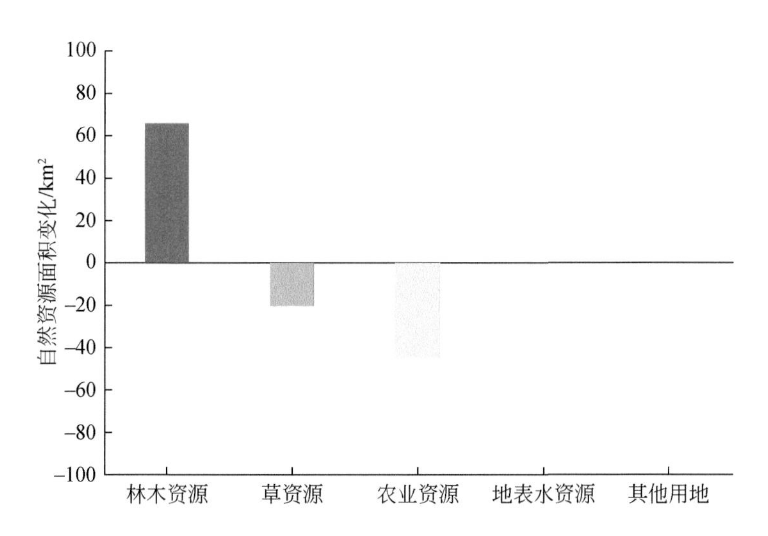

图 8-41　重度石漠化区 2017—2019 年自然资源面积变化

表 8-10　贵州省 2019 年极重度石漠化区自然资源面积现状

自然资源类型	现状面积/km^2	资源比例/%
林木资源	113.66	44.78
草资源	11.87	4.68
农业资源	109.41	43.11
地表水资源	1.62	0.64
其他用地	17.23	6.79
合计	253.79	100.00

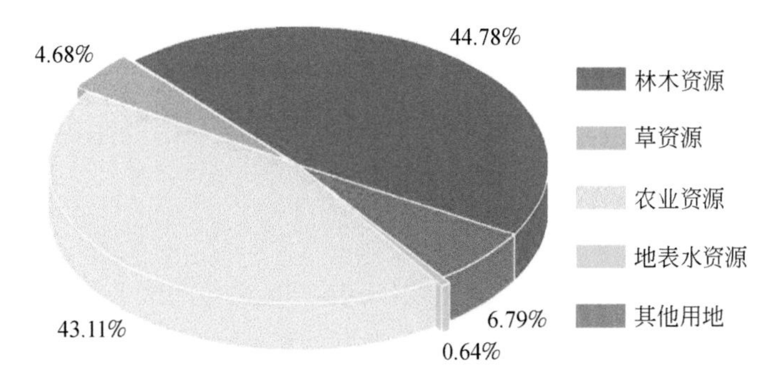

图 8-42　极重度石漠化区 2019 年自然资源面积占比

2017—2019 年贵州省极重度石漠化范围内林木资源面积增加 5.05km^2，草资源面积减少 0.61km^2，农业资源面积减少 5.00km^2，地表水资源面积增加 0.13km^2（图 8-43）。

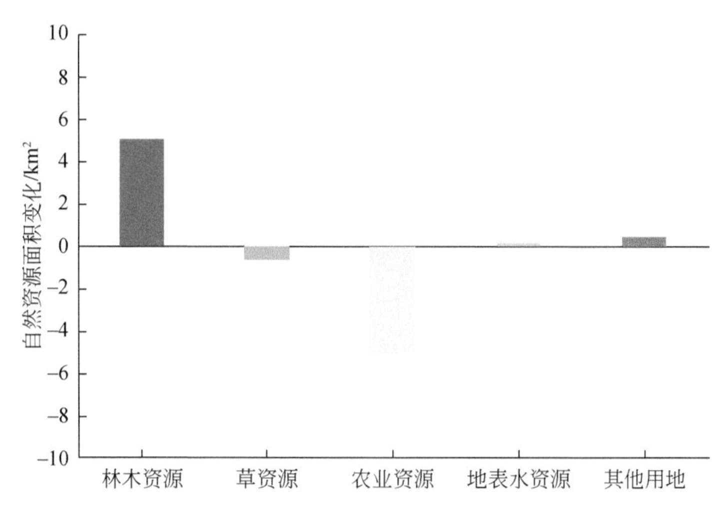

图 8-43　极重度石漠化区 2017—2019 年自然资源面积变化

第八节　不同坡度分级区域内自然资源特征

一、坡度分级概况

贵州省高原山地居多，素有“八山一水一分田”之说。全省地貌可概括分为高原、山地、丘陵和盆地四种基本类型。主要分为坡度小于等于 2°区域、2°—6°区域、6°—15°区域、15°—25°区域以及大于 25°区域五类。

二、自然资源变化

2019 年贵州省坡度小于等于 2°的区域面积为 4951. 97km²，占全省面积的 2. 81%；2°—6° 区域面积为 10329. 82km²，占全省面积的 5. 86%；6°—15° 区域面积为 33713. 46km²，占全省面积的 19. 13%；15°—25°区域面积为 48665. 27km²，占全省面积的 27. 62%；大于 25°区域面积为 78563. 92km²，占全省面积的 44. 58%（表 8-11）。

2019 年贵州省坡度小于 2°的区域面积为 4951. 97km²。其中林木资源面积为 937. 50km²，占区域面积的 18. 93%。草资源面积为 33. 67km²，占区域面积的 0. 68%。农业资源面积为 2440. 52km²，占区域面积的 49. 28%。地表水资源面积为 757. 72km²，占区域面积的 15. 30%（表 8-12）。

表 8-11　贵州省 2019 年各坡度等级区域面积现状

坡度等级	面积/km²	比例/%
≤2°	4951.97	2.81
2°—6°	10329.82	5.86
6°—15°	33713.46	19.13
15°—25°	48665.27	27.62
>25°	78563.92	44.58

表 8-12　贵州省 2019 年小于 2°等级区域自然资源面积现状

自然资源类型	面积/km²	资源比例/%
林木资源	937.50	18.93
草资源	33.67	0.68
农业资源	2440.52	49.28
地表水资源	757.72	15.30
其他用地	782.56	15.81
合计	4951.97	100.00

2019 年贵州省坡度 2°—6° 区域面积为 10329.82km²。其中林木资源面积为 2539.88km²，占区域面积的 24.59%。草资源面积为 78.57km²，占区域面积的 0.76%。农业资源面积为 5596.64km²，占区域面积的 54.18%。地表水资源面积为 468.90km²，占区域面积的 4.54%（表 8-13）。

表 8-13　贵州省 2019 年 2°—6°等级区域自然资源面积现状

自然资源类型	面积/km²	资源比例/%
林木资源	2539.88	24.59
草资源	78.57	0.76
农业资源	5596.64	54.18
地表水资源	468.90	4.54
其他用地	1645.81	15.93
合计	10329.82	100.00

2019 年贵州省坡度 6°—15° 区域面积为 33713.46km²。其中林木资源面积为 13319.96km²，占区域面积的 39.51%。草资源面积为 301.47km²，占区域面积的 0.89%。农业资源面积为 16055.66km²，占区域面积的 47.62%。地表水资源面积为 539.32km²，占区域面积的 1.60%（表 8-14）。

表 8-14　贵州省 2019 年 6°—15°等级区域自然资源面积现状

自然资源类型	面积/km^2	资源比例/%
林木资源	13319. 96	39. 51
草资源	301. 47	0. 89
农业资源	16055. 66	47. 62
地表水资源	539. 32	1. 60
其他用地	3497. 05	10. 38
合计	33713. 46	100. 00

2019 年贵州省坡度 15°—25° 区域面积为 48665. 27km^2。其中林木资源面积为 30476. 40km^2，占区域面积的 62. 62%。草资源面积为 475. 64km^2，占区域面积的 0. 98%。农业资源面积为 15013. 50km^2，占区域面积的 30. 85%。地表水资源面积为 314. 82km^2，占区域面积的 0. 65%（表 8-15）。

表 8-15　贵州省 2019 年 15°—25°等级区域自然资源面积现状

自然资源类型	面积/km^2	资源比例/%
林木资源	30476. 40	62. 62
草资源	475. 64	0. 98
农业资源	15013. 50	30. 85
地表水资源	314. 82	0. 65
其他用地	2384. 91	4. 90
合计	48665. 27	100. 00

2019 年贵州省坡度大于 25° 区域面积为 78563. 93km^2。其中林木资源面积为 65382. 47km^2，占区域面积的 83. 22%，较 2017 年面积增加 1. 37%。草资源面积为 871. 58km^2，占区域面积的 1. 11%，较 2017 年面积减少 29. 83%。农业资源面积为 10198. 17km^2，占区域面积的 12. 98%，较 2017 年面积减少 5. 59%。地表水资源面积为 427. 57km^2，占区域面积的 0. 55%，较 2017 年面积增加 1. 56%（表 8-16、图 8-44）。

表 8-16　贵州省 2019 年大于 25°等级区域自然资源面积现状

自然资源类型	面积/km^2	资源比例/%
林木资源	65382. 47	83. 22
草资源	871. 58	1. 11
农业资源	10198. 17	12. 98

续表

自然资源类型	面积/km^2	资源比例/%
地表水资源	427.57	0.55
其他用地	1684.14	2.14
合计	78563.93	100.00

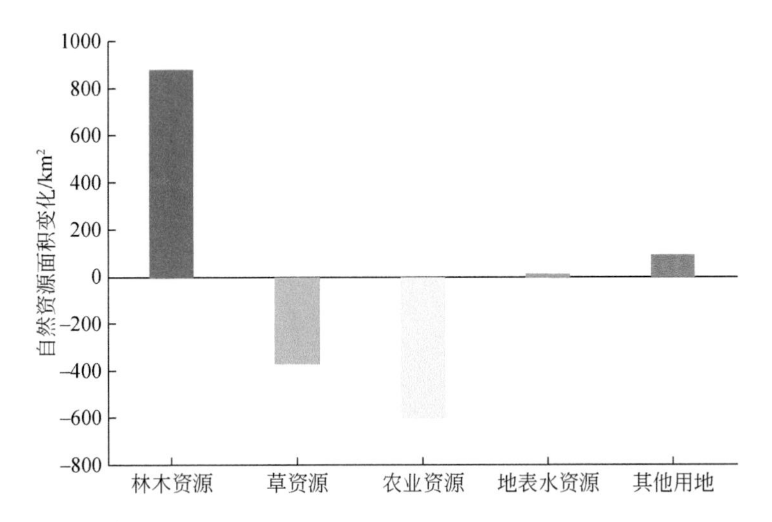

图 8-44　坡度大于 25°区域 2017—2019 年自然资源面积变化

第九章　专题性区域自然资源

第一节　乌蒙山国家地质公园

一、乌蒙山国家地质公园概况

（一）地理概况

乌蒙山国家地质公园由北盘江园区、天生桥园区和化石群园区3个园区和1个独立景点组成。北盘江园区范围主要包括西部的牛棚梁子、北盘江峡谷、东部牂牁湖及南部格所河及六车河区域；天生桥园区范围主要包括金盆北部大甘河西部天生桥及系列溶洞暗河，以及化石群园区和白雨竖井景点。乌蒙山国家地质公园北盘江园区以北盘江峡谷为主体，包括六盘水市南水城峰林景区、北盘江峡谷景区、发耳三个屯旋卷构造台地景区、坡上牧场景区、六车河峡谷景区、格所河峡谷景区及白雨竖井、花嘎天坑等景点组成。乌蒙山国家地质公园位于扬子准地台（Ⅰ级构造）上扬子台褶带（Ⅱ级构造）的威宁至水城叠陷断褶束、黔西南叠陷褶断束以及黔中早古拱褶断束和黔南古陷褶断束的极西边缘。地势西高东低，北高南低，中部因北盘江的强烈切割侵蚀，起伏剧烈，海拔在1400—1900m。乌蒙山国家地质公园以乌蒙山国家地质公园顶峰及其东坡高原喀斯特地质为特色，以北盘江喀斯特大峡谷为主体，拥有青藏高原东坡新生代以来各个时期形成的各种类型的喀斯特地质遗迹和地貌景观。区内的喀斯特地质地貌遗迹、山原地貌、构造遗迹、古生物化石与古人类遗址构成了园区极具特色的景观。特别是不同时期不同地质地貌条件下形成并发育的喀斯特地质现象，是世界典型的高原喀斯特地貌区。

（二）自然资源概况

1. 植物资源

乌蒙山国家地质公园天然植被有针叶林、阔叶林、竹林、灌丛及灌草丛、沼泽与水生五类植被；地带性植被为中亚热带常绿阔叶林。东部植被为湿润性中亚热带常绿阔叶林；

南部植被为具有热带成分的河谷季雨林；西部植被为中亚热带半湿润常绿阔叶林。植被在水平分布上表现出南北过渡和东西过渡的特征。

2. 水土资源

乌蒙山国家地质公园地处长江和珠江的分水岭地区。分水线为乌蒙山国家地质公园脉东支岭脊和苗岭山脉西端岭脊，由水城的纸厂、城关、白腻、滥坝、陡箐、冷坝至六枝郎节坝老马地大山与苗岭相接，再延至六枝、木岗。分水线北以乌江上游三岔河为干流，展布于市境北部；分水线南以北盘江为干流，由西向东横贯市境中部，南盘江支流分布于市境南部边缘。土壤类型主要有黄壤土类、山地黄棕壤土类、山地灌木丛草甸土类、石灰土土类、紫色土土类、水稻土土类、潮土土类、沼泽土土类共 8 种，分为 24 个亚类，74 个土属，141 个土种。

3. 动物资源

园区内除了国家一级保护动物黑叶猴外，还有国家二级保护动物 13 种，其中兽类 5 种，即藏酋猴、猕猴、小灵猫、斑羚、林麝，鸟类 7 种，即白腹锦鸡、鸢、雀鹰、红隼、雕枭、领鸺鹠、斑头鸺鹠，两栖类 1 种，即贵州疣螈。

4. 气候资源

六盘水市大部分地区属亚热带山地季风湿润气候，但由于地域差异，气候表现出复杂多变、类型多样的特点。在地域分布上，北盘江园区大部及天生桥园区属暖温带季风湿润气候，碧云洞园区及北盘江园区的牂牁湖景区等地，属中亚热带季风湿润气候。尤其是在北盘江园区，由于高山峡谷发育，气候垂直变化大，甚至有“一山有四季，隔岭不同天”的境况。公园气候春季温度回升快，夏季升温不烈，秋天降温迅速，冬天降温不猛。春季干旱，多晴天，并伴有强劲西南风，夏秋季雨水偏多等特点。总体来说，气候上温和、凉爽，冬无严寒，夏无酷暑。

5. 气象资源

公园的北盘江园区因北盘江的强烈切割侵蚀，地势变化剧烈，地形起伏大，造成该区域气候条件复杂多样的特点，常形成云海、佛光等气象景观。其中以坡上草原的佛光最具独特性。“草原佛光”在坡上草原一年四季中有春、夏、秋三季会出现，出现时间均在下午 4 点至 6 点。在坡上草原长近四公里的山脊上几乎都可以看到“佛光”。即使云雾较低，也能在三到五处看到“佛光”，而且“佛光”出现的时间多持续在半个小时以上。这是坡上“草原佛光”最奇特处之一，国内外已知的能看到“佛光”的地方，皆不具备这个特点。

二、乌蒙山自然资源现状

2018 年乌蒙山地质公园内林木资源面积为 162. 77km^2，占乌蒙山地质公园总面积的

47.36%，较2010年林木资源覆盖率减少0.33%；草资源面积为78.65km²，占乌蒙山地质公园总面积的22.88%，较2010年草资源覆盖率减少0.48%；农业资源面积为80.64km²，占乌蒙山地质公园总面积的23.46%，较2010年农业资源覆盖率增加1.32%；地表水资源面积为21.63km²，占乌蒙山地质公园总面积的6.29%，较2010年地表水资源覆盖率减少0.52%（表9-1、图9-1）。

表9-1　2010—2018年乌蒙山国家地质公园自然资源面积　（单位：km²）

自然资源类型	2018年面积	2017年面积	2016年面积	2015年面积	2010年面积
林木资源	162.77	163.81	164.35	162.71	163.92
草资源	78.65	79.06	75.06	78.73	80.27
农业资源	80.64	79.14	82.61	80.49	76.10
地表水资源	21.63	21.69	21.67	21.75	23.40
合计	343.69	343.69	343.69	343.69	343.69

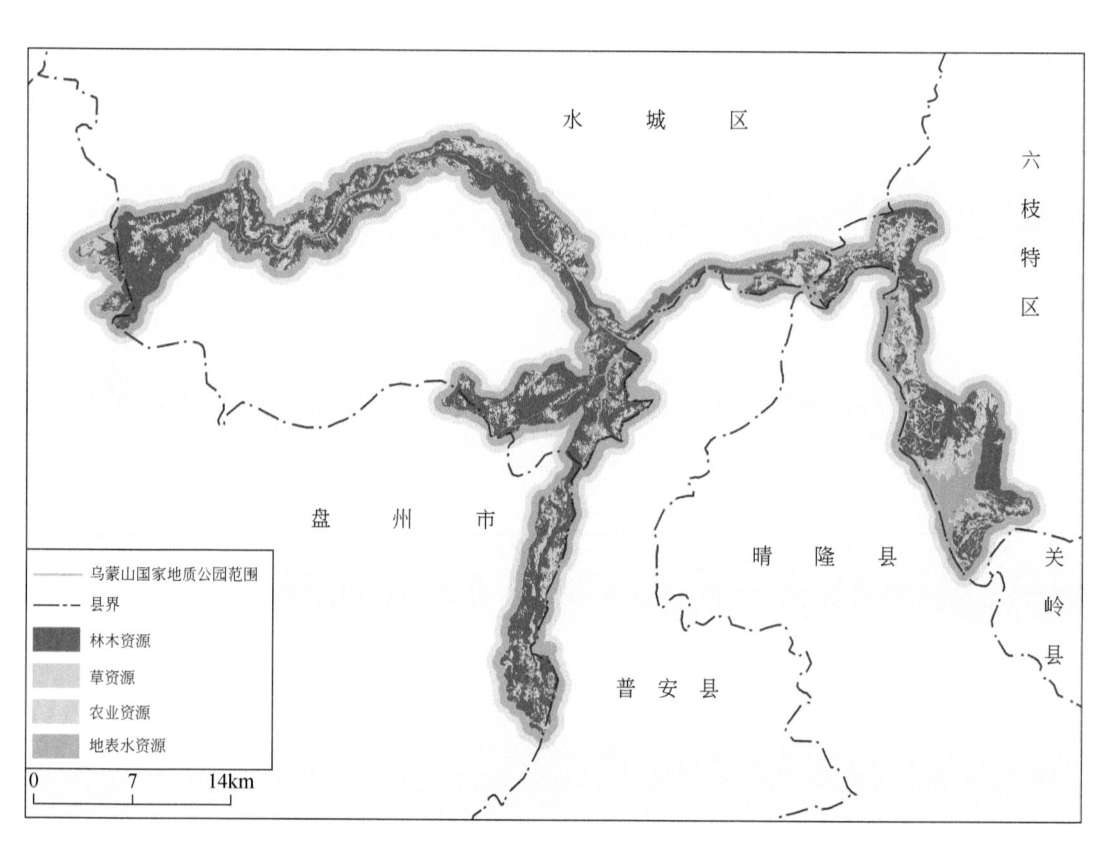

图9-1　乌蒙山国家地质公园2018年自然资源现状图

三、乌蒙山自然资源变化

2010—2018 年乌蒙山国家地质公园内农业资源面积总量增加，林木资源、草资源、地表水资源覆盖面积均减少。2010—2018 年乌蒙山国家地质公园内林木资源面积共减少 1.15km²，仅 2015—2016 年林木资源面积明显增加，其余各年度林木资源面积均有所减少。2010—2018 年乌蒙山国家地质公园内草资源面积共减少 1.62km²，仅 2016—2017 年草资源面积明显增加，其余各年度林木资源面积均有所减少。2010—2018 年乌蒙山国家地质公园内农业资源面积共增加 4.54km²，仅 2016—2017 年农业资源面积大量减少，其余各年度农业资源面积均有所增加。2010—2018 年乌蒙山国家地质公园内地表水资源面积共减少 1.77km²，仅 2016—2017 年地表水资源面积略微增加，其余各年度地表水资源面积均有所减少（表 9-2、图 9-2）。

表 9-2　乌蒙山国家地质公园 2010—2018 年自然资源变化信息统计（单位：km²）

自然资源类型	2010—2015 年	2015—2016 年	2016—2017 年	2017—2018 年
林木资源	-1.21	1.64	-0.54	-1.04
草资源	-1.53	-3.68	3.99	-0.40
农业资源	4.39	2.12	-3.47	1.50
地表水资源	-1.65	-0.08	0.02	-0.06

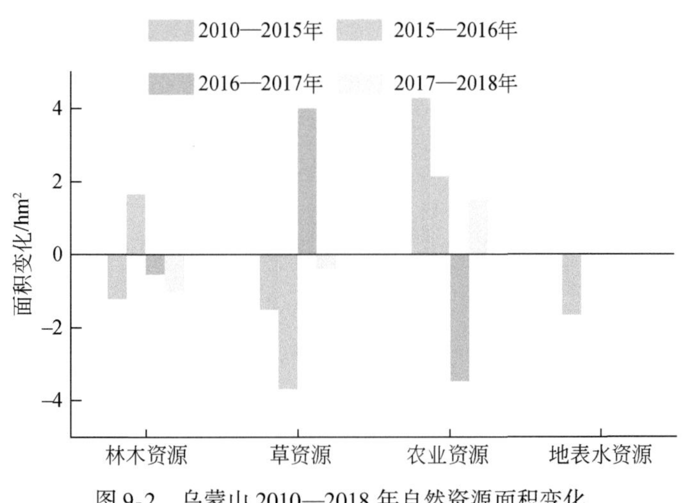

图 9-2　乌蒙山 2010—2018 年自然资源面积变化

单一自然资源动态度指在研究 2010-2018 年间某一自然资源类型的定量变化速率，根据数据分析，草资源动态度较大、地表水资源动态度次之，林木资源和农业资源动态度较小（表 9-3）。

表 9-3　乌蒙山国家地质公园单一自然资源利用动态度

自然资源类型	动态度
农业资源	0.09
林木资源	0.33
草资源	5.74
地表水资源	1.43

根据乌蒙山国家地质公园2010—2018年自然资源变化数据，计算得到乌蒙山地质公园内自然资源变化动态指数为0.0024（表9-4），按照自然资源动态程度指数等级，乌蒙山国家地质公园内自然资源处于低速变化，自然资源变化动态指数较低，表明乌蒙山国家地质公园内各类自然资源结构相对稳定。

表 9-4　乌蒙山国家地质公园自然资源变化动态指数

类型	动态程度指数	乌蒙山自然资源变化动态指数
高速变化	>10	
快速变化	1—10	
中速变化	0.2—1	
低速变化	0—0.2	0.0024

统计分析农业资源、林木资源、草资源、地表水资源等资源新增、转移和变化速率，计算得到自然资源扩张强度指数。2010—2018年地表水资源、草资源转移速率较大，农业资源、林木资源转移速率较小；草资源扩张强度指数较大，农业资源扩张强度指数较小（表9-5）。

表 9-5　乌蒙山国家地质公园自然资源变化速率表

自然资源类型	转移速率	新增速率	变化速率	自然资源扩张强度指数
农业资源	0.04	0.76	0.80	0.34
林木资源	0.61	2.62	3.24	0.47
草资源	5.77	0.12	5.89	1.33
地表水资源	4.23	11.48	15.71	0.52

四、乌蒙山地质公园综合分析

（一）地形地势分析

2018年乌蒙山地质公园内20°以下区域自然资源面积占乌蒙山国家地质公园总面积的

31.40%，其中农业资源面积最多，占20°以下区域总面积的36.80%；20°—50°坡度之间自然资源面积占比为62.32%，其中林木资源面积最多，占20°—50°区域总面积的53.43%；50°以上区域自然资源面积占比为6.27%，其中林木资源面积最多，占50°以上区域总面积的63.70%（表9-6）。

表9-6　2018年乌蒙山国家地质公园自然资源现状与坡度分级分布情况

坡度分级	2018年自然资源类型					
	林木资源/km^2	草资源/km^2	农业资源/km^2	地表水资源/km^2	总计/km^2	比例/%
0°—10°	4.84	3.96	8.34	7.99	25.14	7.32
10°—20°	29.69	16.11	31.34	5.55	82.69	24.08
20°—30°	49.49	23.24	25.10	3.92	101.75	29.64
30°—40°	42.26	19.15	12.13	2.07	75.62	22.02
40°—50°	22.59	10.04	2.92	1.09	36.64	10.67
50°—60°	9.56	4.06	0.57	0.67	14.86	4.33
60°—70°	3.44	1.70	0.15	0.28	5.57	1.62
70°—85°	0.72	0.31	0.03	0.04	1.11	0.32
总计	162.61	78.58	80.58	21.61	343.37	100

（二）交通路网密度分析

交通路网密度是区域范围内由不同功能、等级、区位的道路，以一定的密度和适当的形式组成的网络体系结构，是该区域内所有道路的总长度与该区域总面积之比，单位为km/km^2。路网密度是交通与发展的骨架，对合理路网间距的认识是路网规划的关键。交通网络密度越大，说明该区域交通线路发展水平越好。

乌蒙山国家地质公园内交通便利。2018年乌蒙山国家地质公园内交通网络密度为1.61km/km^2，其中公路路网密度为0.59km/km^2，乡村道路网密度为1.02km/km^2（表9-7）。

表9-7　乌蒙山国家地质公园交通路网密度统计表

道路类型	总长度/km	交通路网密度/(km/km^2)
公路	203.23	0.59
乡村道路	353.52	1.02
合计	556.75	1.61

（三）生态景观格局分析

对乌蒙山国家地质公园的景观水平格局特征分析过程中，选用斑块数（NP）、斑块密度（PD）、平均分维度（FRAC_MN）、分离度（SPLIT）、平均聚合度（AI）、蔓延度（CONTAG）、香农均匀度指数（SHDI）、香农多样性指数（SHEI）共 8 项指标进行分析。乌蒙山国家地质公园 2010—2018 年生态用地景观水平分析格局特征见表 9-8。

表 9-8　乌蒙山国家地质公园生态用地景观水平分析

景观水平指数	2010 年	2015 年	2016 年	2017 年	2018 年
斑块数/个	1287	1279	1232	1235	1279
斑块密度/(个/km^2)	3.86	3.90	3.73	3.76	3.90
平均分维度	1.04	1.04	1.04	1.04	1.04
分离度/%	29.68	29.72	39.37	39.16	29.43
平均聚合度/%	53.77	53.18	54.06	53.78	53.18
蔓延度/%	29.51	29.77	30.20	30.23	29.82
香农均匀度指数	1.23	1.23	1.22	1.22	1.23
香农多样性指数	0.77	0.76	0.76	0.76	0.76

2010—2018 年乌蒙山国家地质公园的总斑块数量、斑块密度均变化不大，说明乌蒙山国家地质公园景观破碎程度不明显，分析原因主要是由于乌蒙山国家地质公园属于国家重点保护的地质公园，人类建设活动较少，斑块受外界因素的影响较少，导致斑块数量、斑块密度变化不大，破碎度也变化不大。

聚合度反映的是景观层次方面的聚集程度，2010—2018 年乌蒙山国家地质公园平均聚合度从 53.18%—54.06%，整体呈先降后升再降趋势，变化不大呈现均衡水平，说明乌蒙山国家地质公园生态用地结构在景观层次上分布趋于集中。蔓延度和分离度在一定程度上表现了景观的聚散程度，值越大表明景观分布越趋于分散。2010—2018 年乌蒙山国家地质公园分离度由 29.68% 减少到 29.43%，呈减少趋势，说明景观分布趋于集聚。而蔓延度从 29.51% 上升到 29.82%，呈增加趋势，说明乌蒙山国家地质公园整体景观分布趋于集中。

平均分维度在一定程度上反映了景观斑块形状的复杂程度，以及人为干扰对其景观内部生态过程的影响，其取值范围在 1—2 之间，值越大景观形状越复杂。2010—2018 年乌蒙山国家地质公园的平均分维度未发生明显变化，基本保持在 1.04，趋近于 1，说明乌蒙山国家地质公园内部核心大斑块较稳定，受人为干扰作用小，整体景观形状稳定。

景观多样性体现了景观的复杂性，景观结构和景观功能会随时间的变化而发生多种多样的变化，包括景观类型多样性变化和景观组合格局多样性变化。香农多样性指数是景观异质性的一种体现，其值越大，景观复杂性越高。2010—2018 年乌蒙山国家地质公园景观的香农多样性指数呈减少趋势，但变化不明显，说明乌蒙山国家地质公园景观结构趋于复杂，多样性增加。香农均匀度指数与香农多样性指数一样，是比较不同景观或同一景观不同时期多样性变化的一个重要指标，乌蒙山国家地质公园的香农均匀度指数在2010—2018年间无明显变化，反映了乌蒙山国家地质公园各类斑块在景观中呈均衡化趋势。

（四）地质灾害危害程度

根据收集到的全省地质灾害点数据，乌蒙山国家地质公园范围内按“险情等级”统计，得出乌蒙山国家地质公园地质灾害威胁人数为5540人。各险情等级情况如表9-9所示。

表9-9 乌蒙山国家地质公园地质灾害点险情等级威胁人数统计表

险情等级	威胁人数/人
大型	3056
特大型	1432
中型	1052
总计	5540

地质公园地质灾害点密度分析所搜半径为3000m，西戛、样洞水屋附近、高家渡铁索桥附近密度较高，同时格所河峡谷至格所河出水洞密度较高，反映该区域地质灾害危险性较高；其他区域密度低，地质灾害危害性低，所属区域较安全。

（五）自然栖息地质量

自然栖息地质量通过计算自然栖息地面积比例进行评价。自然栖息地面积比包括计算森林、灌丛、草地和湿地等自然生态系统的面积占评价区总面积的比例。自然生态系统面积比例计算公式如下：

$$P_{nh} = \sum_{i=1}^{n} P_i;$$

式中：P_{nh}为自然生态系统面积比例；P_i 为 i 类自然生态系统的面积比例，包括森林（扣除人工林）、灌丛、草地与湿地面积。按照自然栖息地面积比例大于75%、介于50%—75%之间、小于50%区域，将生物多样性维护功能评价结果分别划分为高、中和低三个等级。

乌蒙山国家地质公园自然栖息地质量指数为71.44%，自然栖息地质量评价为中级。其中林木资源自然栖息地面积比例47.36%；草资源自然栖息地面积比例22.88%；其中湿地资源自然栖息地面积比例最低，为1.19%。

（六）生态环境评价

生态环境评价主要表征社会经济活动压力下的生态系统健康状况。采用生态系统健康度作为评价指标，通过发生水土流失、土地沙化、盐渍化和石漠化等生态退化的土地面积比例反映。生态系统健康度计算公式如下：

$$H = A_d / A_i ;$$

式中：A_d 为中度及以上退化土地面积，包括中度及以上的水土流失、土地沙化、盐渍化和土地石漠化面积；A_i 为评价区的土地面积。根据生态系统健康度，将评价结果划分为生态系统健康度低、健康度中等和健康度高三种类型。生态系统健康度越低，表明区域生态系统退化状况严重，产生的生态问题越大。

乌蒙山国家地质公园内水土流失面积为 343.37km^2，中度以上水土流失面积为 76.40km^2，占全域总面积的 22.14%，生态系统健康度等级评价为低。

（七）功能区分析

2018 年乌蒙山国家地质公园内自然生态区面积最大，占整个公园面积的 43.36%；其次是地质遗址景观区，占整个公园面积的 41.82%；综合服务区面积最小，占整个公园面积的 0.36%。在功能区内林木资源覆盖面积最大，占公园全域面积的 47.00%（表 9-10）。

表 9-10　乌蒙山国家地质公园功能区统计表

功能分区	自然资源类型				
	林木资源/km^2	草资源/km^2	农业资源/km^2	合计/km^2	占公园全域面积比例/%
地质遗址景观区	79.49	33.17	31.07	143.74	41.82
人文景观区	6.00	3.71	3.93	13.63	3.97
自然生态区	75.63	40.45	32.94	149.02	43.36
综合服务区	0.42	0.53	0.29	1.246	0.36
合计	161.54	77.86	68.238	307.63	
占公园全域面积比例	47.00%	22.65%	19.85%		

第二节　红枫湖风景名胜区

一、红枫湖概况

红枫湖风景名胜区（以下简称红枫湖）位于贵州省贵阳市西郊，清镇市、平坝区内，是贵州省重要水源地保护区，也是我国重要的湿地自然保护区和国家级风景名胜区。因湖边有座红枫岭，岭上及湖周多枫香树。深秋时节，枫叶红似火，红叶碧波，风景优美，故名“红枫湖”。红枫湖由北湖、中湖、南湖及后湖四部分组成，是典型的喀斯特高原湖泊。北湖以岛闻名，鸟岛、蛇岛、龟岛等诸多岛屿如散落的珍珠一般点缀在万顷碧波之上，形成了独特的景观；南湖以洞闻名，在各类湖群中红枫湖以此自成一格，洞中各种怪异钟乳石令人咋舌；中湖处于南北二湖之间，以奇石异峰著称，山上松柏苍翠，峭壁陡岩；后湖湾汊众多，交错纵横，船行人移，夕阳余晖下，恰似烟雨江南。

红枫湖水库是露出石灰岩的连绵起伏的平原上的一个大型蓄水库，库内有100余个小岛。水库由起源于南面和西面山区的几条小河供水，出水流入乌江。水最深处达40m，水域面积为57.2km^2，蓄水量达6亿m^3。红枫湖是贵阳市主要饮用水源和黔中水利枢纽工程的一部分。

红枫湖湿地属于长江中上游乌江水系，是云贵高原地区乃至我国亚热带地区岩溶地质的人工库塘与天然河流结合的具有较高代表性与典型性湿地。红枫湖虽为人工修建，当经多年的历史更迭与自然演替，库塘湿地生态系统趋于稳定。受喀斯特地貌成因影响，湿地内形成的河流及溶洞、河汊口、沼泽滩涂、静水湾等各类地貌类型。整个湿地范围以红枫湖、老马河为主题，南至红枫湖水库与清镇市界，北临老马河的空山花桥，西起麦翁河与清镇市界，东达清镇市百花路。

红枫湖湖畔拥有6000余亩樱花、3000余亩桃花及2000余亩茶叶。作为中国目前集中连片种植面积最大的樱花基地，这里栽种有多达70余万株樱花树。万亩花海一分为二，一处在红枫湖畔上游戏溪河入湖口，这里隶属于贵州省安顺市平坝农场，岛屿与花海连接，形成花海奇观。另一处在红枫湖中段，沪昆高速公路贵阳至安顺段从花海中穿越而过。此外，湖畔还拥有贵州省最大的花卉苗木培育基地，主要品种有桂花、红枫、香樟、雪松、玉兰、含笑等十余种风景绿化树木。

红枫湖风景名胜区1981年建立，1987年被贵州省人民政府审定为贵州省省级风景名胜区，1988年经国务院批准为第二批国家重点风景名胜区。风景区内建有苗寨、侗寨、布依寨，苗家的吊脚楼、侗家的风雨桥及鼓楼、布依族的石板房错落有致，别具特色。红枫湖不仅因湖泊面积大，更因为湖上星罗棋布的小岛而吸引着各地游客，其风光是由湖、岛、山、洞巧妙结合而构成的一幅绚丽画卷，春观花、夏望水、秋看树、冬赏鸟，是贵州西线黄金旅游第一站。

二、红枫湖自然资源特征

2019年红枫湖地表水资源丰富。2019年红枫湖区域土地资源（包括农业资源、建设用地和未利用地）面积为1583.73hm^2，占区域总面积的20.19%；林木资源面积为2142.84hm^2，占区域总面积的27.31%；草资源面积为426.41hm^2，占区域总面积的5.43%；地表水资源面积为3692.83hm^2，占区域总面积的47.07%（表9-11、图9-3）。

表 9-11　红枫湖 2019 年自然资源现状数据统计表

自然资源类型	面积/hm^2	比例/%
土地资源	1583.73	20.19
林木资源	2142.84	27.31
草资源	426.41	5.43
地表水资源	3692.83	47.07
合计	7845.81	100.00

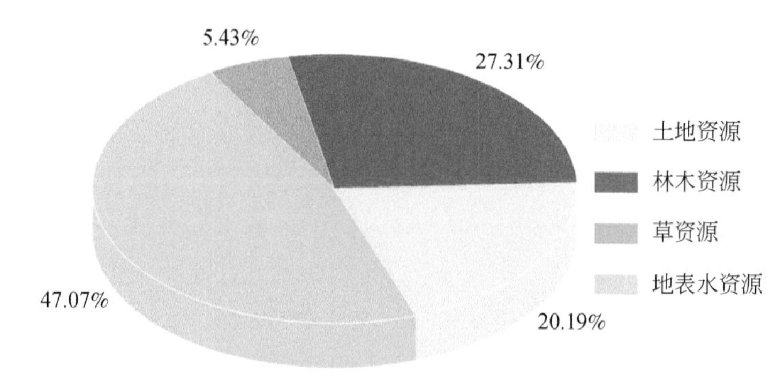

图 9-3　红枫湖 2019 年自然资源面积占比

(一) 土地资源现状及变化

红枫湖区域土地资源结构较稳定，以农业资源为主。2015—2019 年红枫湖区域农业资源面积最大，农业资源面积占土地资源总面积持续保持在 79% 以上；建设用地面积次之，2019 年红枫湖区域建设用地面积为 301.41hm^2，占区域土地资源总面积的 19.03%；未利用地面积最少，2019 年未利用地面积为 23.7hm^2，占区域土地资源总面积的 1.50%（表 9-12）。

表 9-12　2015—2019 年红枫湖区土地资源面积　　（单位：hm^2）

地类	2015 年	2017 年	2018 年	2019 年
农业资源	1237.64	1339.62	1335.95	1258.62
建设用地	278.80	302.67	313.63	301.41
未利用地	39.66	24.47	24.31	23.70
合计	1556.1	1666.76	1673.89	1583.73

注：2016 年数据缺失，故未列出，下同。

2015—2019 年红枫湖区域土地资源面积增加。2015—2019 年农业资源面积增加 20.98hm^2，其中 2015—2017 年农业资源面积显著增加，其余各年度农业资源面积均有不同程度的减少。2015—2019 年建设用地面积增加 22.61hm^2，仅 2018—2019 年建设用地面积减少，其余各年度建设用地面积均增加。2015—2019 年未利用地面积持续减少，减少总量为 15.96hm²（表 9-13、图 9-4）。

表 9-13　2015—2019 年红枫湖区土地资源面积变化　　（单位：hm²）

地类	2015—2017 年	2017—2018 年	2018—2019 年	2015—2019 年
农业资源	101.98	-3.67	-77.33	20.98
建设用地	23.87	10.96	-12.22	22.61
未利用地	-15.19	-0.16	-0.61	-15.96
合计	110.66	7.13	-90.16	27.63

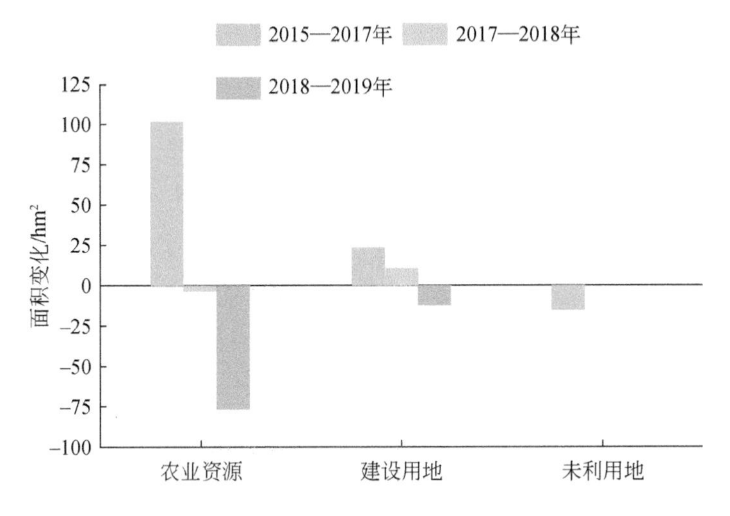

图 9-4　红枫湖 2015—2019 年土地资源面积变化

（二）林木资源现状及变化

2015—2019 年红枫湖林木资源以有林地和灌木林地为主，有少量的绿化林地、人工幼林和疏林地。2015—2019 年有林地和灌木林总面积与红枫湖区域面积占比约为 99.00%。2015 年、2017 年、2018 年、2019 年红枫湖区域林木资源面积分别为 1948.85hm²、1943.36hm²、1932.90hm²、2142.84hm²，分别占红枫湖区域总面积的 24.84%、24.77%、24.64%、27.31%（表 9-14）。

表 9-14　2015—2019 年红枫湖区林木资源面积　　（单位：hm²）

地类	2015 年	2017 年	2018 年	2019 年
有林地	1424.75	1422.95	1418.3	1637.66
绿化林地	0.33	0.85	0.85	0.57

续表

地类	2015 年	2017 年	2018 年	2019 年
疏林地	0	0	0	22.49
灌木林地	520.59	516.62	510.94	479.90
人工幼林	3.18	2.94	2.81	2.22
合计	1948.85	1943.36	1932.90	2142.84

2015—2019 年红枫湖林木资源总量增加。2015—2019 年林木资源面积增加 193.99hm²，仅 2018—2019 年林木资源面积显著增加，其余各年度林木资源面积均有不同程度的减少。2015—2019 年红枫湖区有林地面积明显增加，增加量为 212.91hm²，绿化林地和疏林地少量增加，灌木林和人工幼林面积都在减少（表 9-15、图 9-5）。

表 9-15 2015—2019 年红枫湖区林木资源面积变化 （单位：hm²）

地类	2015—2017 年	2017—2018 年	2018—2019 年	2015—2019 年
有林地	-1.80	-4.65	219.36	212.91
绿化林地	0.52	0	-0.28	0.24
疏林地	0	0	22.49	22.49
灌木林地	-3.97	-5.68	-31.04	-40.69
人工幼林	-0.24	-0.13	-0.59	-0.96
总计	-5.49	-10.46	209.94	193.99

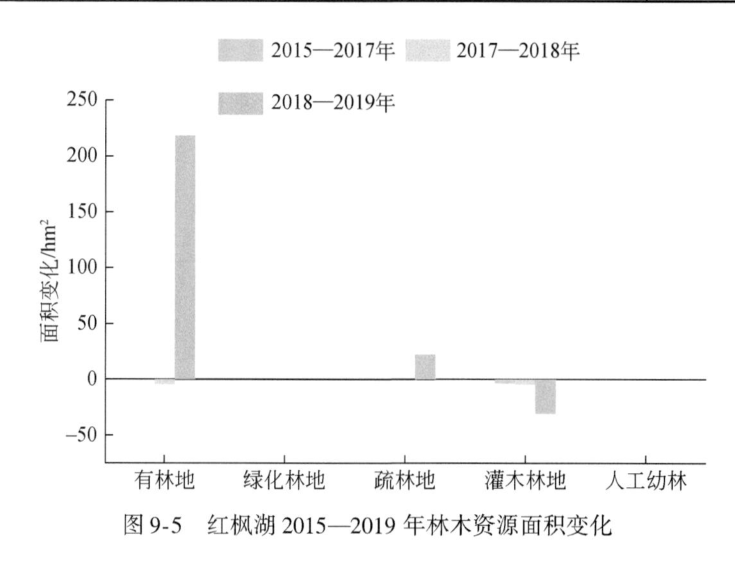

图 9-5 红枫湖 2015—2019 年林木资源面积变化

（三）草资源现状及变化

红枫湖区域草资源以天然草地为主。2015 年、2017 年、2018 年、2019 年红枫湖区域草资源面积分别为657.07hm²、554.23hm²、556.94hm²、426.10hm²，分别占红枫湖区域总面积的8.37%、7.06%、7.10%、5.43%。2015—2019年天然草资源面积占区域草资源总面积约为99.00%（表9-16）。

表9-16　2015—2019年红枫湖区草资源面积　（单位：hm²）

地类	2015年	2017年	2018年	2019年
天然草地	651.38	548.14	550.47	423.65
人工草地	5.69	6.09	6.47	2.45
总计	657.07	554.23	556.94	426.10

2015—2019年红枫湖区草资源面积大幅减少。2015—2019年红枫湖区草资源面积共减少230.97hm²，仅2017—2018年草资源面积少量增加，其余各年度草资源面积均大幅减少。天然草资源面积减少最多，减少量为227.73hm²，人工草地面积共减少3.24hm²（表9-17、图9-6）。

表9-17　2015—2019年红枫湖区草资源面积变化　（单位：hm²）

地类	2015—2017年	2017—2018年	2018—2019年	2015—2019年
天然草地	-103.24	2.33	-126.82	-227.73
人工草地	0.40	0.38	-4.02	-3.24
总计	-102.84	2.71	-130.84	-230.97

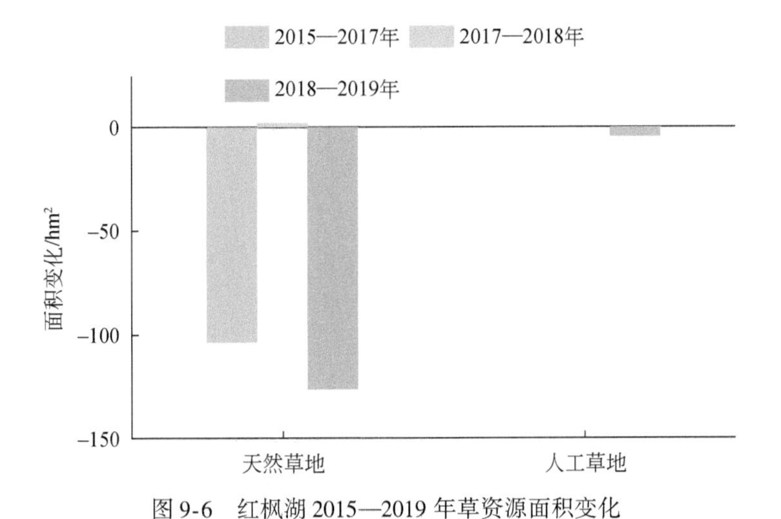

图9-6　红枫湖2015—2019年草资源面积变化

（四）地表水资源现状及变化

2015—2019年红枫湖地表水资源丰富。2015年、2017年、2018年、2019年红枫湖区域地表水资源面积分别为3683.79hm²、3681.46hm²、3682.08hm²、3692.83hm²，分别占红枫湖区域总面积的46.95%、46.92%、46.93%、47.07%（表9-18）。

表9-18　2015—2019年红枫湖区地表水资源覆盖面积

年度	面积/hm²	比例/%
2015	3683.79	46.95
2017	3681.46	46.92
2018	3682.08	46.93
2019	3692.83	47.07

2015—2019年红枫湖地表水资源面积增加。2015—2019年红枫湖地表水资源面积增加9.04hm²，仅2015—2017年地表水资源面积减少，其余各年度地表水资源面积均增加，其中2018—2019年地表水资源面积增加最多，增加量为10.74hm²，增长率为0.29%（表9-19）。

表9-19　2015—2019年红枫湖区地表水资源覆盖变化

年度	变化量/hm²	变化率/%
2015—2017年	-2.33	-0.06
2017—2018年	0.62	0.02
2018—2019年	10.75	0.29
2015—2019年	9.04	0.25

第三篇
生态影响评价

第十章　生态系统评价内容和指标

第一节　生态系统格局

一、生态系统空间格局

（一）生态系统类型与分布

生态系统类型构成（ecosystem combination）指一定空间内不同生态系统类型所占的比例，生态系统类型构成可以从一定程度上反映生态系统分布特征。生态系统类型主要包括森林、灌丛、草地、农田、城乡、荒漠、湿地七大生态系统类型。通过对各个市州范围内不同生态系统面积进行统计，计算得到各类生态系统类型占统计区域的比例，由此分析贵州省生态系统在空间尺度上的分布特点；通过统计不同年份各生态系统面积和占统计区域的比例，分析贵州省生态系统在时间尺度上的分布特点。生态系统面积占比计算方法如下：

$$P_{ij}=S_{ij}/S$$

式中：P_{ij}为生态系统中第 i 类生态系统面积在第 j 年的面积比例；S_{ij}为第 i 类生态系统面积在第 j 年的面积；S 为评价区域总面积。

生态系统面积变化计算方法如下：

$$E=E_{b}-E_{a}$$

式中：E 指研究时段内某一生态系统面积的变化量；E_{a} 为研究初期某一种生态系统面积；E_{b}为研究末期某一种生态系统面积。

（二）生态系统转换

生态系统类型转移矩阵（ecosystem transition matrix）是通过矩阵的方式定量描述两个时期不同生态系统类型之间相互转变关系。生态系统转换是用来体现不同生态系统类型之间的流动关系，可借助生态系统类型转移矩阵分析研究区域生态系统变化的构成与各类型变化的方向。转移矩阵的意义在于它不但可以反映研究初期、研究末期的生态系统类型构成，而且还可以反映研究时段内各生态系统类型之间的转移变化情况，便于了解研究初期各类型生态系统的流失去向以及研究末期各生态系统的来源与构成。

根据马尔科夫模型（Markov Model）在土地利用变化方面的应用，以生态系统数据为基础，构建生态系统类型转移矩阵，并计算分析各生态系统类型的转出面积，转入面积及净变化面积。

在生态系统转移矩阵中，以行表示前一时间点（T1）生态系统类型，以列表示后一时间点（T2）生态系统类型，S_{i+}表示 i 类生态系统类型在 T1 时点的总面积，S_{+i}表示 i 类生态系统类型在 T2 时点的总面积，ΔU_{out}、ΔU_{in}和 D_i分别表示转出面积、转入面积和净变化面积（表 10-1），计算方法如下：

$$\Delta U_{\mathrm{out}}=S_{i+}-S_{ii}$$

$$\Delta U_{\mathrm{in}}=S_{+i}-S_{ii}$$

$$D_i=|\Delta U_{\mathrm{out}}-\Delta U_{\mathrm{in}}|=|S_{i+}-S_{+i}|$$

表 10-1　生态系统转移矩阵

类型		T2				合计	转出
		A_1	A_2	…	A_i		
T1	A_1	S_{11}	S_{12}	…	S_{1i}	S_{1+}	$S_{1+}-S_{11}$
	A_2	S_{21}	S_{22}	…	S_{2i}	S_{2+}	$S_{2+}-S_{22}$
	⋮	⋮	⋮	⋮	⋮	⋮	⋮
	A_i	S_{i1}	S_{i2}	…	S_{ii}	S_{i+}	$S_{i+}-S_{ii}$
合计		S_{+1}	S_{+2}	…	S_{+i}		
转入		$S_{+1}-S_{11}$	$S_{+2}-S_{11}$	…	$S_{+i}-S_{ii}$		

（三）生态系统动态度

生态系统动态度综合考虑了研究时段内生态系统类型间的转移，着眼于变化的过程而非变化的结果，反映研究区生态系统类型变化的剧烈程度，便于在不同空间尺度上找出生态系统类型变化的热点区域。

根据各生态系统类型转入（ΔU_{in}）和转出（ΔU_{out}）面积，进而可计算得到某一生态系统类型的变化趋势和状态指数（变化动态度 P_{s}）（Lu et al.，2009），计算公式如下：

$$P_{\mathrm{s}}=\frac{\Delta U_{\mathrm{in}}-\Delta U_{\mathrm{out}}}{\Delta U_{\mathrm{in}}+\Delta U_{\mathrm{out}}}-1\leqslant P_{\mathrm{s}}\leqslant 1$$

式中：P_{s} 为某种土地利用的变化趋势和状态指数；ΔU_{out}为时段 T 内某种土地利用类型转变为其他类型的面积之和；ΔU_{in}为其他类型转变为该类型的面积之和。当 $0<P_{\mathrm{s}}\leqslant 1$ 时，处

于“涨势”状态。P_s 越接近 0，增长越缓慢，呈平衡态势；P_s 越接近于 1，呈极端非平衡态势，面积稳步增加。当 $-1<P_s\leq 0$ 时，处于“落势”状态，P_s 越接近 0，越处于缓慢减少的态势，双向转换均衡；P_s 越接近于-1，呈极端非平衡态势，规模逐步萎缩。

二、生态系统景观格局

目前用来分析和解释景观格局的指数多达 100 余个，但是景观结构之间有高度的相关性，本书选定了 3 个相关性相对较高的景观指数（容丽和杨龙，2004），即斑块数量、斑块密度、景观聚合指数。

（一）斑块数量（NP）

斑块数量（number of patch，NP）是包括景观的斑块数量和单一类型的斑块数量，揭示出景观被分割的程度，反映某类生态系统在区域内分布的总体规模。斑块数是测度某一景观类型范围内景观分离度与破碎性最简单的指标。斑块数对许多生态过程都有影响，如可以决定景观中各种物种及其次生种的空间分布特征，改变物种间相互作用和协同共生的稳定性。而且，斑块数对景观中各种干扰的蔓延程度有重要的影响，如某类斑块数目多且比较分散时，则对某些干扰的蔓延（虫灾、火灾等）有抑制作用。

NP 反映景观的空间格局，经常被用来描述整个景观的异质性，其值的大小与景观的破碎度也有很好的正相关性，一般规律是 NP 大，破碎度高；NP 小，破碎度低。

（二）斑块密度（PD）

景观指数斑块密度（patch density，PD）是指类型斑块数与景观面积之比表示景观基质被该类型斑分割的程度（王伟等，2020）。其中，PD 值越大，则景观类型被边界割裂的程度越高，表明该景观要素类型或该景观的破碎化程度愈高；反之，景观类型保存完好，连通性高。计算公式为

$$\mathrm{PD}=N/A$$

式中：N 为景观中斑块类型的数量；A 为景观总面积。

（三）景观聚合指数（AI）

聚合指数（aggregation index，AI）表示生境斑块的聚合程度，范围为0—100。计算公式如下：

$$\mathrm{AI}=\left[\frac{g_{ii}}{\max\to g_{ii}}\right](100)$$

式中：g_{ii}为相应景观类型的相似邻接斑块数量；AI 基于同类型斑块像元间公共边界长度来计算。当某类型中所有像元间不存在公共边界时，该类型的聚合程度最低；当类型中所有像元间存在的公共边界达到最大值时，该类型的聚合程度最高。AI = 0 表示生境被最大分解成单独的小斑，AI = 100 代表生境由一个斑块组成，值越大聚合程度越高。

三、生态系统格局综合评价

自然生态系统面积比例是生态系统格局综合评价的核心指标，自然生态系统包括生态系统分类体系一级分类中的森林、灌丛、湿地、草地四类生态系统，自然生态系统面积比例通过这四类生态系统面积与国土面积的比值计算得到。

第二节　生态系统质量

一、植被覆盖度

植被覆盖度是反映地表植被覆盖状况和监测生态环境的重要指标。植被指数与植被覆盖度有较好的相关性，可以用归一化植被指数来计算植被覆盖度。生态系统植被覆盖度是指植被（包括叶、茎、枝）在单位面积内植被的垂直投影面积所占百分比，采用 NDVI（$-1 \leq NDVI \leq 1$）来计算植被覆盖度（李默然等，2013），公式如下：

$$f_v = (NDVI - NDVI_{min}) / (NDVI_{max} - NDVI)$$

式中：f_v 为植被覆盖度；$NDVI_{min}$、$NDVI_{max}$分别为最小、最大归一化植被指数值。

二、生物量

生物量是生态学术语，或对植物专称植物量，是指某一时刻单位面积内实存生活的有机物质（干重，包括生物体内所存食物的重量）总量，通常用 kg/m^2 或 t/hm^2 或 g/m^2 表示。贵州省林灌草生物量总量为森林生态系统生物量、灌丛生态系统生物量以及草地生态系统生物量之和。

根据总平均生物量（y）与总平均蓄积量（x）之间呈良好的线性关系：$y = 0.5751x + 38.706$，可得出森林生态系统生物量。根据宁晨等对贵阳市区灌木林生态系统生物量的研究结果，灌木林植被层生物量为 $23.16t/hm^2$，根据熊旭升等对贵阳市草地生态系统生物量的研究结果，平均草地生物量为 $59.32g/m^2$，折合 $5.932t/hm^2$。

三、生态系统质量综合评价

森林、灌丛、草地是生态系统的主要组成部分，也是生态系统质量好坏的重要指示性指标，因此区域生态系统质量用林灌草生态系统单位面积生物量来评价生态系统的质量。根据贵州省生态系统统计数据和生物量数据，计算得到贵州省各市、州单位林灌草面积生物量结果。

第三节　生态系统服务功能

一、土壤保持功能

土壤保持功能是生态系统通过各层次消减雨水的侵蚀能量，从而增加土壤抗蚀性。土壤侵蚀与区域内生态系统的安全与可持续发展密切相关，根据贵州省生态环境条件，以RUSLE为模型的基本框架，对影响土壤侵蚀的各因子进行修正。通过潜在土壤侵蚀量与现实土壤侵蚀量之差计算土壤保持量（陈龙等，2020），计算公式如下：

$$A_c = R \times K \times \mathrm{LS}(1-CP)$$

式中：A_c为年平均土壤保持量（t/hm^2）；R为降水侵蚀因子；K为土壤可蚀性因子；LS为坡长坡度因子；C为地表植被覆盖因子；P为土壤保持措施因子。

二、水源涵养功能

水源涵养功能是生态系统拦截滞蓄降水，增强土壤下渗量和蓄积量，以提高土壤涵养水分的能力。综合考虑地表覆盖类型、发育度指数、径流系数等因素，采用程根伟等提出的水源涵养量计算公式，对研究区生态系统水源涵养功能进行估算。该方法从水量平衡的角度入手，将降水量与生态系统蒸散量以及其他消耗的差视为水源涵养量。计算公式如下：

$$W_i = \sum (10 \times A_i \times F_i \times K_i \times P_i \times \partial)$$

式中：W_i为典型区域的水源年涵养量（m^3）；P_i为典型区域的年平均降水量（mm）；A_i为生态系统类型的面积（hm^2）；F_i为该类型的植被覆盖度；K_i为该类型的发育度指数；∂为径流系数；i为生态系统类型。

发育度指数、径流系数，按《全国生态环境十年变化（2000—2010年）遥感调查与评估》相关研究成果（表 10-2）进行取值。

表 10-2 发育度指数、径流系数取值

Ⅰ级	Ⅱ级	K_i	∂
森林	阔叶林	0.9	0.84
	针叶林		0.85
	针阔混交林		0.8
	稀疏林		0.75
灌丛	阔叶灌丛	0.7	0.63
	针叶灌丛		0.65
	稀疏灌丛		0.55
草地	草地	0.6	0.41
	稀疏草地	0.45	0.4
湿地	沼泽	0.55	0.6
	湖泊	1	0.99
	河流		0.99
耕地	耕地	0.4	0.5
	园地	0.45	0.75
城镇	居住地	0	0
	城市绿地	0.45	0.17
	工矿	0	0
荒漠	荒漠	0.1	0.1
裸地	裸地	0.1	0.01

三、固碳释氧功能

（一）固碳量计算方法

生态系统的固碳释氧功能指绿色植物通过光合作用吸收大气中的二氧化碳（CO_2），转化为葡萄糖等碳水化合物，以有机碳的形式固定在植物体内或土壤中，并释放出氧气（O_2）的功能。这种功能对于调节气候、维护和平衡大气中 CO_2 和 O_2 的稳定具有重要意义，能有效减缓大气中 CO_2 浓度升高，减缓温室效应，改善生活环境。生态系统的固碳释氧功能，对于人类社会以及全球气候平衡都具有重要意义。固碳释氧功能为改善贵州省生态环境提供参考，参考《陆地生态系统生产总值（GEP）核算技术指南》中的固碳速率法可以测算出生态系统固定 CO_2 的量：

$$Q_{tCO_2}=M_{CO_2}/M_C\times(FCS+GSC+WCS+CSC)$$

式中：Q_{tCO_2}为陆地生态系统 CO_2 总固定量（t CO_2/a）；FCS 为森林及灌丛固碳量（t C/a）；GSC 为草地固碳量（t C/a）；WCS 为湿地固碳量（t C/a）；CSC 为农田固碳量（t C/a）；M_{CO_2}/M_C=44/12 为 C 转化为 CO_2的系数。各系统固碳量计算方法如下：

（1）森林及灌丛固碳量：

$$FCS=FCSR\times SF+FCSR\times SF\times\beta$$

式中：FCSR 为森林及灌丛的固碳速率［tC/(hm² · a)］；SF 为森林及灌丛面积（hm²）；β 为森林及灌丛土壤固碳系数。

（2）草地固碳量：

由于草地植被每年都会枯落，其固定的碳又返还回大气或者进入土壤中，故不考虑草地植被的固碳量，只考虑草地的土壤固碳量。

$$GSC=GSR\times SG$$

式中：GSR 为草地土壤的固碳速率［tC/(hm² · a)］；SG 为草地面积（hm²）。

（3）湿地固碳量：

$$WCS=\sum_{i=1}^{n}SCSR_i\times SW_i\times 10^{-2}$$

式中：$SCSR_i$为第 i 类水域湿地的固碳速率［g C/（m² · a)］；SW_i 为第 i 类水域湿地的面积（hm²），i = 1，2，…，n。

（4）农田土壤固碳量：

由于农田植被每年都会被收割，其固定的碳又返还回大气或者进入土壤中，故不考虑农田植被的固碳量，只考虑农田的土壤固碳量。

$$CSC=(BSS+SCSR_N+PR\times SCSR_S)\times SC$$

式中：CSC 为农田土壤固碳量（tC/a）；BSS 为无固碳措施条件下的农田土壤固碳速率［tC/(hm² · a)］；$SCSR_N$为施用化学氮肥的农田土壤固碳速率［tC/(hm² · a)］；$SCSR_S$为秸秆全部还田的农田土壤固碳速率［tC/(hm² · a)］；PR 为农田秸秆还田推广施行率(%)；SC 为农田面积（hm²）。

（5）无固碳措施条件下的农田土壤固碳速率：

$$BSS=NSC\times BD\times H\times 0.1$$

式中：NSC 为无化学肥料和有机肥料施用的情况下，我国农田土壤有机碳的变化［g/(kg · a)］；BD 为各省土壤容重；H 为土壤厚度。

（6）施用化学氮肥和秸秆还田的土壤固碳速率：

根据 Lu 等（2009）的公式计算南方农区施用化学氮肥的固碳速率，计算公式为

$$SCSRN=1.5339\times TNF-266.7$$

$$TNF=(NF+CF\times 0.3)/S_p$$

式中：TNF 为单位面积耕地化学氮肥总施用量［kg N/(hm^2 · a)］；NF 和 CF 为化学氮肥和复合肥施用量（t）；S_p为耕地面积（hm^2）。

同样，根据公式计算南方农区秸秆还田的固碳速率，计算公式如下：

$$SCSRS=43.548\times S+375.1$$

$$S=\sum_{j=1}^{n} CY_j \times SGR_j/S_p$$

式中：S 为单位耕地面积秸秆还田量［t/(hm^2 · a)］；CY_j为作物 j 在当年的产量（t）；S_p为耕地面积（hm^2）；SGR_j为作物 j 的草谷比。

（二）释氧量计算方法

参考《陆地生态系统生产总值（GEP）核算技术指南》采用以下方法计算释氧量：

$$Q_{O_2}=Q_{tCO_2}\times 32/12$$

式中：Q_{O_2}为生态系统释氧量（gC/a）；Q_{tCO_2}为生态系统总固碳量（t C），通过贵州省生态系统类型分布数据，计算森林及灌丛固碳量、草地固碳量、湿地固碳量（t C/a）、农田固碳量得出。

四、气候调节功能

气候调节功能是指生态系统通过吸收太阳能，使夏季气温下降、空气湿度增大，以改善人居环境的舒适程度。因贵州平均海拔较高，年均温较低，采用生态系统蒸腾蒸发总消耗的能量作为气候调节的功能量。农田生态系统在夏季也具有蒸腾降温功能，因不同农作物蒸腾吸热能力相差较大，且受耕作方式、管理措施等因素影响较大，在此不做农田生态系统气候调节功能分析。

不同生态系统吸热能力如表 10-3 所示。

表 10-3　不同生态系统蒸腾/蒸发吸热能力　［单位：kJ/(m^2 · d)］

生态系统类型	蒸腾/蒸发量
森林	2837.27
灌丛	1300.95
草地	969.83
湿地*	463.3（贵州夏季）

注：*水在 25℃时的蒸发潜热是 2443.9 kJ/kg。

五、空气净化功能

空气净化功能是绿色植物通过叶片上的气孔和枝条上的皮孔吸收空气中的有害物质，在植物体内通过氧化还原过程转化为无毒物质；同时能依靠其表面特殊的生理结构（如绒毛、油脂和其他黏性物质)，对空气粉尘具有良好的阻滞、过滤和吸附作用，能有效净化空气，改善大气环境。空气净化功能主要体现在吸收污染物和滞尘方面。二氧化硫、氮氧化物、工业粉尘是空气污染物的主要物质，因此选用生态系统吸收二氧化硫、氮氧化物、阻滞吸收粉尘等指标评估生态系统净化空气的能力。采用生态系统自净能力估算功能量。生态系统净化能力，选用生态系统自净能力估算功能量。计算方法如下：

$$Q_{ac} = \sum_{i=1}^{m} \sum_{j=1}^{n} Q_{ij} A_i$$

式中：Q_{ac}为生态系统大气净化量（kg/a)；Q_{ij}为第i类生态系统第j种大气污染物的单位面积净化量［t/(km^2·a)］；i为生态系统类型，无量纲；j为大气污染物类别，无量纲；A_i为第i类生态系统类型面积（km^2)。

各生态系统净化大气量见表10-4。

表10-4　生态系统净化大气参数表　　［单位：t/(km^2·a)］

大气净化参数名称	数值
林地单位面积 SO_2 净化量	22.64
灌木单位面积 SO_2 净化量	8.96
草地单位面积 SO_2 净化量	1.13
林地单位面积滞尘量	0.60
灌木单位面积滞尘量	0.08
草地单位面积滞尘量	0.03
林地单位面积 NO_x 净化量	0.82
灌木单位面积 NO_x 净化量	0.60
草地单位面积 NO_x 净化量	0.06

六、水质净化功能

水质净化功能可体现地区内生物截留、转化污染物的能力，对评估水环境质量具有重要意义。常用指标包括氨氮、COD、总氮、总磷以及部分重金属等。采用湿地生态系统自净能力估算功能量。参考《陆地生态系统生产总值（GEP）核算技术指南》，其计算公式如下：

$$Q_{wc} = \sum_{i=1}^{n} Q_i A$$

式中：Q_{wc}为生态系统水质化量（t/a）；A 为湿地面积（km^2），通过计算各生态系统面积数据得来；i 为污染物类别，无量纲；Q_i是第 i 类水质污染物的单位面积净化量［$t/(km^2 \cdot a)$］，湿地生态系统对不同污染物净化能力参考表 10-5。

表 10-5　生态系统净化水质能力参数表　　［单位：$t/(km^2 \cdot a)$］

参数名称	数值
单位面积 COD 净化量	110. 43
单位面积氨氮净化量	8. 56
单位面积总磷净化量	8. 56

七、生态系统服务综合评价

（一）土壤保持价值

生态系统土壤保持价值是指生态系统通过减少土壤侵蚀产生的生态效应，包括减少泥沙淤积和减少面源污染两个指标。

减少泥沙淤积：土壤侵蚀使大量的泥沙淤积于水库、河流、湖泊中，造成水库、河流、湖泊淤积，在一定程度上增加了干旱、洪涝灾害发生的机会。如未采取任何水土保持措施，需要人工清淤作业进行消除。按照我国主要流域泥沙运动规律，土壤流失的泥沙有24%淤积在水库、江河、湖泊。根据土壤保持量和淤积量，运用替代成本法，通过采取水库清淤工程所花费的费用计算减少泥沙淤积价值。

减少面源污染：土壤营养物质（主要是氮、磷、钾）在土壤侵蚀的冲刷下大量流失，进入受纳水体（包括河流、湖泊、水库和海湾等），造成大面积的面源污染，如未采取任何水土保持措施，需要通过环境工程降解受纳水体中的过量的营养物质（氮、磷、钾），减少面源污染。根据土壤保持量和土壤中氮、磷、钾的含量，运用机会成本法，通过环境工程降解成本计算减少面源污染价值。选用减少面源污染和减少泥沙淤积两个指标，核算生态系统的土壤保持价值。

按照我国主要流域泥沙运动规律，土壤流失的泥沙有24%淤积在水库、江河、湖泊中，土壤中氮的含量采用0. 37%，磷的含量为0. 108%，土壤容重采用平均值1. 305g/cm^3。根据土壤保持量和淤积量，运用替代成本法，通过采取水库清淤工程所花费的费用计算减少泥沙淤积价值，减少氮面源污染价格是1750 元/t，减少磷面源污染价格是2800 元/t，清淤费用是 18.24 元/m^3。

（二）水源涵养价值

生态系统的水源涵养价值是生态系统通过吸收、渗透降水，增加地表有效水的蓄积从而有效涵养土壤水分、缓和地表径流和补充地下水、调节河川流量而产生的生态效应。水源涵养价值主要表现在蓄水保水的经济价值。运用影子工程法，即可模拟建设一座蓄水量与生态系统水源涵养量相当的水库，建设该座水库所需要的费用即可作为生态系统的蓄水保水价值，单位库容价格为 8.26 元/m^3。

（三）固碳释氧价值

根据评价单元内各类生态系统的固碳量和释氧量，采用造林成本或碳税法估算各评价单元生态系统的固碳释氧功能价值。固碳价格按 877.82 元/t 计算，释氧价格按工业生产氧气价格 747.04 元/t 计算。

（四）气候调节价值

根据贵州省气候调节功能量和消耗同样能量所需的电量关系，电价按 0.53 元/kW · h 计算，计算得到贵州省各市、州气候调节价值。

（五）净化空气价值

根据生态系统净化大气功能量和各类污染物净化费用（SO_2为 1260 元/t，氮氧化物为 1260 元/t，烟尘为 150 元/t）计算得到贵州省生态系统空气净化价值。

（六）净化水质价值

根据生态系统净化水质功能量和各类污染物净化费用（COD 治理成本为 1400 元/t，氨氮治理成本为 1750 元/t，总磷治理成本为 2800 元/t）计算得到贵州省生态系统水质净化价值。

（七）生态系统服务总价值和价值密度

生态系统生态服务功能价值密度是指单位面积内生态系统服务功能的价值量（万元/km^2），以此作为生态系统生态服务功能综合评价的核心指标。

根据计算的生态系统土壤保持价值、水源涵养价值和固碳价值、气候调节价值、净化空气价值、净化水质价值得到贵州省各市、州生态系统服务总价值量，再根据各市、州面积计算得到生态系统服务价值密度。

第四节　生态问题

一、石漠化

石漠化（rocky desertification）主要发生在我国南方湿润地区。在人类活动的驱动下，流水侵蚀导致地表出现岩石裸露的荒漠景观，都归属石漠化的范畴，基石裸露的荒漠化现象在黔西等地都有所发育。因为发育于不同地质环境背景上的石漠化，存在着许多本质上的差异。地表组成物质以花岗岩、砂岩、页岩、碳酸盐岩类及红色黏土为主。当地出现“红色荒漠”“白色砂岗”及“土地沙化”现象，即荒漠化景观。基岩类型和成分结构的差异直接影响其成土速率、植被类型、生境严酷性及生态可恢复重建的差异性。针对发生在贵州省地区的石漠化，根据其成因、演化、环境特点及生态灾害对其概念进行严格的界定。

本书根据《贵州省岩溶地区第三次石漠化监测实施细则》石漠化评价方法对贵州省石漠化进行评估。石漠化程度评定因子有基岩裸露度、植被类型、植被综合盖度和土层厚度，各因子及评分标准详见表10-6—表10-9。根据4项评定指标评分值之和确定石漠化程度，具体标准如下。

（1）轻度石漠化（Ⅰ）：各指标评分值之和小于等于45。

（2）中度石漠化（Ⅱ）：各指标评分值之和为46—60。

（3）重度石漠化（Ⅲ）：各指标评分值之和为61—75。

（4）极重度石漠化（Ⅳ）：各指标评分值之和大于75。

表10-6　基岩裸露度评分标准

基岩裸露度（或石砾含量）	程度	30%—39%	40%—49%	50%—59%	60%—69%	≥70%
	评分值	20	26	32	38	44

表10-7　植被类型评分标准

植被类型	类型	乔木型	灌木型	草丛型	旱地作物型	无植被型
	评分值	5	8	12	16	20

表10-8　植被综合盖度评分标准

植被综合盖度	盖度	50%—69%	30%—49%	20%—29%	10%—19%	<10%
	评分值	5	8	14	20	26

注：旱地作物型植被综合盖度按30%—49%计。

表 10-9 土层厚度评分标准

土层厚度	厚度	Ⅰ级 ≥40cm	Ⅱ级 20—39cm	Ⅲ级 10—19cm	Ⅳ级 <10cm
	评分值	1	3	6	10

二、土壤侵蚀

土壤侵蚀是指土壤及其母质在水力、风力、冻融或重力等外营力作用下，被破坏、剥蚀、搬运和沉积的过程，而土壤在外营力作用下产生位移的物质量，称土壤侵蚀量，土壤侵蚀量中被输移出特定地段的泥沙量，称为土壤流失量。

土壤侵蚀分级标准参考贵州省 2015 年土壤侵蚀调查数据成果，计算方法采用修正通用水土流失方程（RUSLE）的水土保持服务模型开展评价，公式如下：

$$A_c = R \times K \times L \times S \times C$$

式中：A_c 为水土保持量［t/(hm² · a)］；R 为降雨侵蚀力因子（MJ · mm/hm² · h · a）；K 为土壤可蚀性因子（t · hm² · h/hm² · MJ · mm）；L、S 为地形因子，L 表示坡长因子，S 表示坡度因子；C 为植被覆盖因子。

三、生态问题综合评价

采用严重退化生态系统面积占国土面积的百分比作为生态环境问题综合评价的核心指标。根据生态环境问题评估对各类生态环境问题的等级划分结果，将发生强度及以上水土流失作为严重土壤侵蚀生态系统、强度及以上石漠化土地作为严重石漠化生态系统，又以严重土壤侵蚀与严重石漠化生态系统作为严重退化生态系统。严重退化生态系统面积占土地面积百分比计算公式如下：

$$\mathrm{EDI} = \frac{A_d}{S} \times 100\%$$

式中：EDI 为评价单元中严重退化生态系统面积占评价单元面积的百分比；A_d 为评价单元中严重退化生态系统面积，通过对严重土壤侵蚀和石漠化土地进行空间叠置获取；S 为评价区域总面积。

第十一章　生态影响评价与分析

第一节　生态系统格局变化分析

一、生态系统类型与分布

贵州省以森林、农田、灌丛生态系统类型为主，2019 年三类生态系统在贵州省的覆盖率一共是 91.91%，其次为城乡聚落生态系统，覆盖率为 5.43%，而湿地、草地、荒漠生态系统面积较小，三类生态系统的覆盖率仅为 2.66%（图 11-1、图 11-2）。

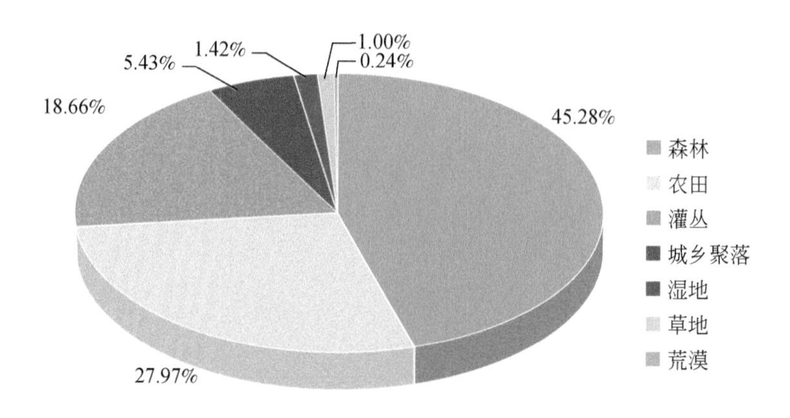

图 11-1　贵州省 2019 年生态系统面积占比

森林是贵州省面积最大的生态系统类型，2019 年贵州省森林生态系统面积为 79776.45km²，全省森林生态系统覆盖率达 45.28%，且在地形地貌上存在明显空间分异特征，主要分布在非喀斯特区域，而喀斯特区域又由于气候和土壤空间差异，形成喀斯特针叶林、喀斯特阔叶林、喀斯特针阔混交林三大类（容丽和杨龙，2004）。在贵州省 9 个市、州中，黔东南州森林生态系统面积最大（21383.38km²），占全省森林生态系统面积的 26.80%，其次是遵义市、黔南州，森林生态系统分别占全省森林生态系统面积的 17.84%、16.18%，贵阳市、六盘水市、安顺市森林生态系统面积较少，三个市森林生态

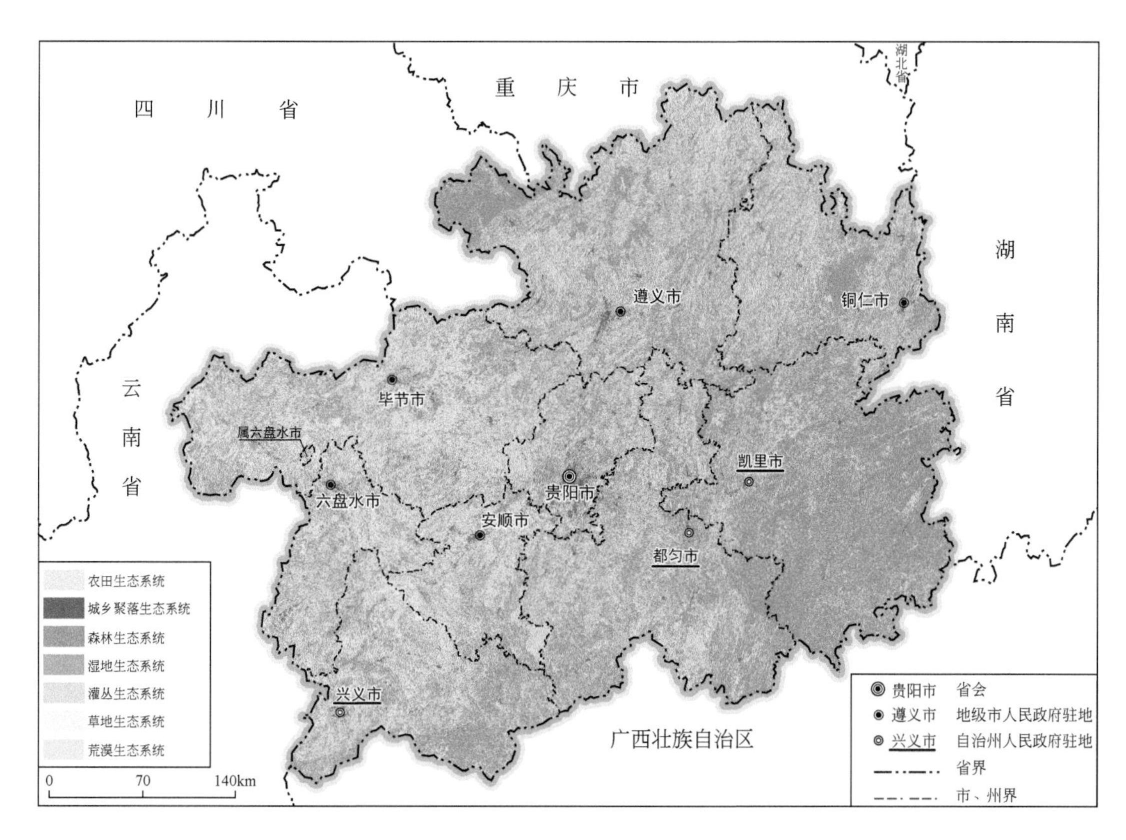

图 11-2　贵州省 2019 年生态系统类型分布图

系统总面积占全省森林生态系统面积的比例仅为 10.26%。黔东南州森林生态系统覆盖率最高，其次为遵义市、黔南州、铜仁市（图 11-3、表 11-1）。

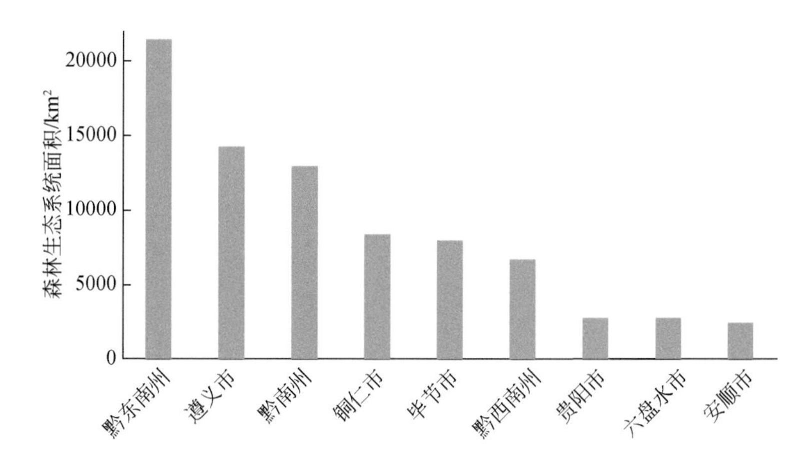

图 11-3　贵州省各市、州 2019 年森林生态系统面积

表 11-1 贵州省各市、州 2019 年森林生态系统面积统计表

市、州	面积/km^2	森林生态系统覆盖率/%	占全省森林生态系统的比例/%
贵阳市	2863. 57	35. 58	3. 59
六盘水市	2841. 95	28. 66	3. 56
遵义市	14234. 00	46. 21	17. 84
安顺市	2481. 73	26. 89	3. 11
铜仁市	8360. 16	46. 34	10. 48
黔西南州	6737. 32	40. 08	8. 45
毕节市	7970. 33	29. 68	9. 99
黔东南州	21383. 38	70. 58	26. 80
黔南州	12904. 01	49. 20	16. 18

贵州省农田生态系统是仅次于森林生态系统的第二大生态系统，2019 年，全省农田生态系统面积为 49304. 22km^2，全省农田生态系统覆盖率达 27. 98%。贵州省农田生态系统由耕地与园地组成，主要以耕地为主，耕地面积占农田生态系统面积的 88. 00%。毕节市农田生态系统面积最大且农田生态系统覆盖率最高，贵阳市农田生态系统面积最少，为 2654. 29km^2，黔东南州农田生态系统覆盖率最低，为 17. 64%（图 11-4、表 11-2）。

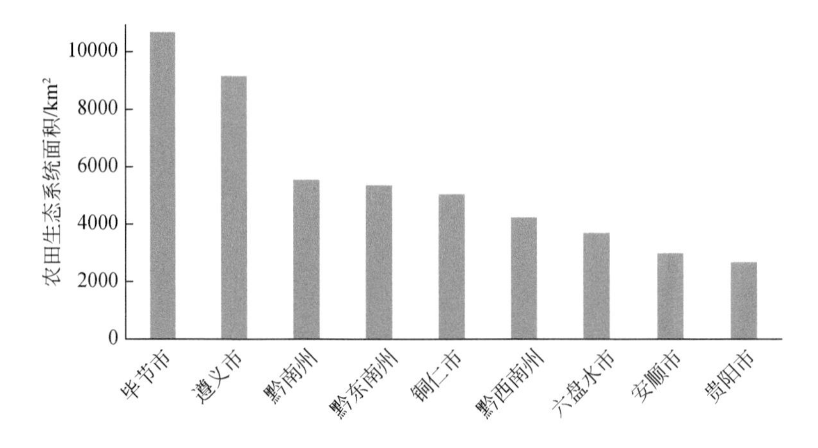

图 11-4 贵州省各市、州 2019 年农田生态系统面积

表 11-2 贵州省各市、州 2019 年农田生态系统面积统计表

市、州	面积/km^2	农田生态系统覆盖率/%	占全省农田生态系统面积的比例/%
贵阳市	2654. 29	32. 98	5. 38
六盘水市	3669. 53	37. 01	7. 44
遵义市	9148. 69	29. 70	18. 56
安顺市	2992. 79	32. 42	6. 07

续表

市、州	面积/km^2	农田生态系统覆盖率/%	占全省农田生态系统面积的比例/%
铜仁市	5039.61	27.94	10.22
黔西南州	4221.28	25.11	8.56
毕节市	10684.64	39.79	21.67
黔东南州	5343.26	17.64	10.84
黔南州	5550.13	21.16	11.26

灌丛生态系统是贵州省第三大生态系统，2019 年面积为 32881.05km^2，全省灌丛覆盖率为 18.66%，主要分布在毕节市、黔南州、遵义市、黔西南州，4 个市州灌丛生态系统面积之和占全省灌丛生态系统面积的 64.50%，贵阳市、黔东南州灌丛生态系统面积较少，2 个市、州灌丛生态系统总面积占全省灌丛生态系统面积的 10.00%，其余市、州之间灌丛生态系统面积差异不大。安顺市灌丛生态系统覆盖率最高，为 29.57%，黔东南州灌丛生态系统覆盖率最低，为 6.36%（图 11-5、表 11-3）。

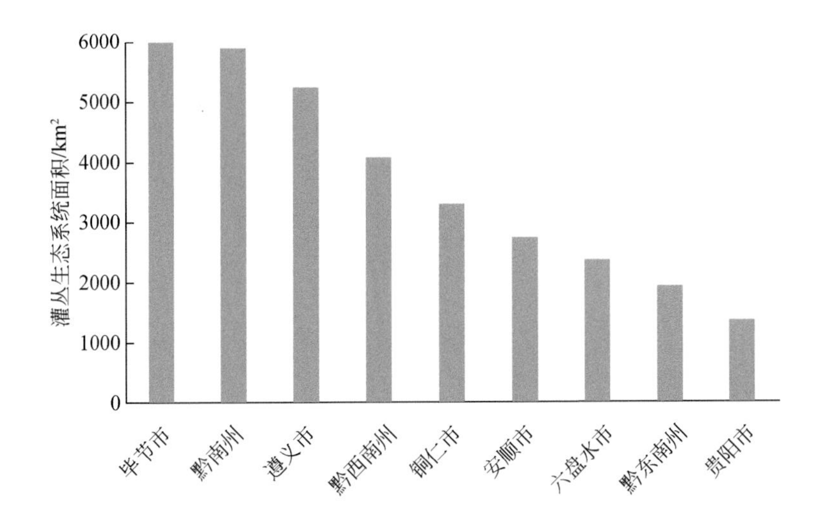

图 11-5　贵州省各市、州 2019 年灌丛生态系统面积

表 11-3　贵州省各市、州 2019 年灌丛生态系统面积统计表

市、州	面积/km^2	灌丛生态系统覆盖率/%	占全省灌丛生态系统面积的比例/%
贵阳市	1360.83	16.91	4.14
六盘水市	2365.51	23.86	7.19
遵义市	5244.97	17.03	15.95
安顺市	2729.80	29.57	8.30
铜仁市	3286.44	18.22	9.99

续表

市、州	面积/km^2	灌丛生态系统覆盖率/%	占全省灌丛生态系统面积的比例/%
黔西南州	4070.79	24.22	12.38
毕节市	5994.86	22.32	18.23
黔东南州	1928.25	6.36	5.86
黔南州	5899.60	22.49	17.94

贵州省城乡聚落生态系统主要分布在各市、州中心城区，县、区中心城区，集镇中心。2019年，贵州省城乡聚落生态系统面积为9564.45km^2，全省城乡聚落生态系统覆盖率为5.43%。全省范围内，遵义市城乡聚落生态系统面积最大，占全省城乡聚落生态系统面积比为17.66%，其次是毕节市，城乡聚落生态系统面积占全省城乡聚落生态系统面积比为15.98%；安顺市城乡聚落生态系统面积最小，仅占全省城乡聚落生态系统面积的6.78%。各市、州范围内，贵阳市城乡聚落生态系统覆盖率最大为11.71%，贵阳市是贵州省省会城市，地势起伏相比其他市州要小，是全省城乡聚落生态系统分布最为密集的市、州，市内城乡聚落生态系统主要集中分布在白云区、云岩区、南明区、花溪区。黔东南州城乡聚落生态系统覆盖率最小，仅为3.43%（图11-6、表11-4）。

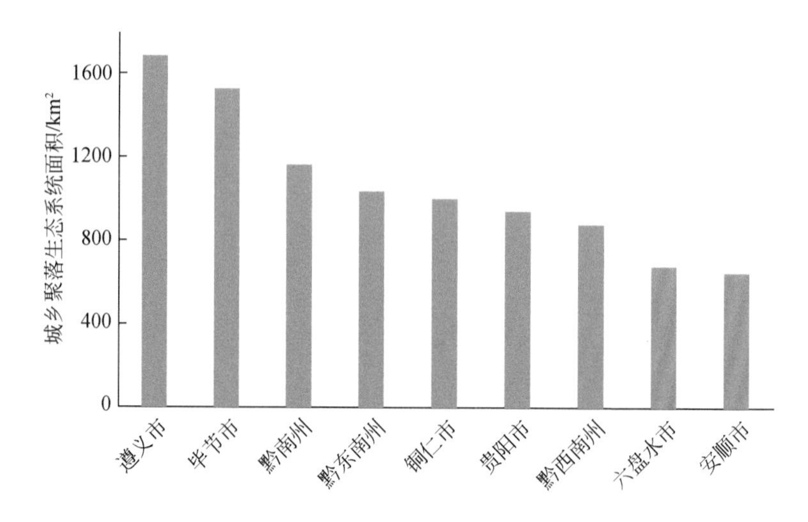

图11-6　贵州省各市、州2019年城乡聚落生态系统面积

表11-4　贵州省各市、州2019年城乡聚落生态系统面积统计表

市、州	面积/km^2	城乡聚落覆盖率/%	占全省城乡聚落生态系统面积的比例/%
贵阳市	942.56	11.71	9.85
六盘水市	677.63	6.83	7.08
遵义市	1689.12	5.48	17.66

续表

市、州	面积/km²	城乡聚落覆盖率/%	占全省城乡聚落生态系统面积的比例/%
安顺市	648.33	7.02	6.78
铜仁市	1000.70	5.55	10.46
黔西南州	874.12	5.20	9.14
毕节市	1528.15	5.69	15.98
黔东南州	1038.74	3.43	10.86
黔南州	1165.10	4.44	12.18

贵州省湿地生态系统类型多样，主要由河流和库塘组成，还包括沟渠、湖泊水面以及沼泽地等。贵州省湿地生态系统中，河流呈现三面汇流态势，库塘湿地较多，但斑块面积较小。2019 年贵州省湿地生态系统面积为 2506.68km²，全省湿地生态系统覆盖率为 1.42%，其中河流占湿地生态系统面积的 57.90%，库塘占湿地生态系统面积的 37.61%，沟渠占湿地生态系统面积的 3.45%。黔东南州湿地生态系统面积最大，占全省湿地生态系统面积比为 18.10%，六盘水市湿地生态系统面积最小，占全省湿地生态系统面积比为 3.84%。贵阳市湿地生态系统覆盖率最高，为 2.16%，湿地生态系统覆盖率最低的是六盘水市，为 0.97%（图 11-7、表 11-5）。

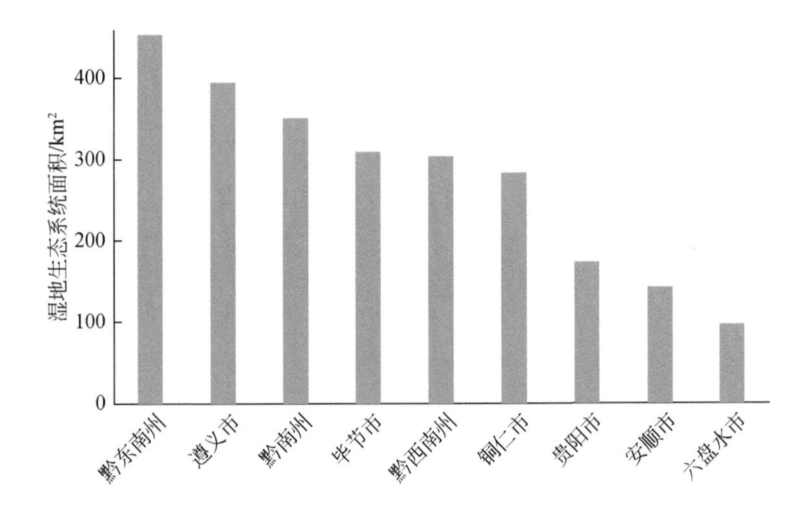

图 11-7　贵州省各市、州 2019 年湿地生态系统面积

表 11-5　贵州省各市、州 2019 年湿地生态系统面积统计表

市、州	面积/km²	湿地生态系统覆盖率/%	占全省湿地生态系统面积的比例/%
贵阳市	173.80	2.16	6.93
六盘水市	96.24	0.97	3.84

续表

市、州	面积/km²	湿地生态系统覆盖率/%	占全省湿地生态系统面积的比例/%
遵义市	393.85	1.28	15.71
安顺市	142.77	1.55	5.70
铜仁市	283.50	1.57	11.31
黔西南州	303.77	1.81	12.12
毕节市	308.93	1.15	12.32
黔东南州	453.59	1.50	18.10
黔南州	350.23	1.34	13.97

贵州省是亚热带湿润季风气候，天然草地大多与灌丛、林木等资源共生，长期稳定、独立存在的草资源较少，2019 年草地生态系统面积为 1760.71km²，全省草地生态系统覆盖率仅为 1.00%，主要分布在黔西南州、黔南州、毕节市。黔西南州草地生态系统覆盖率最高，为 2.67%，遵义市草地生态系统覆盖率最低，为 0.26%（图 11-8、表 11-6）。

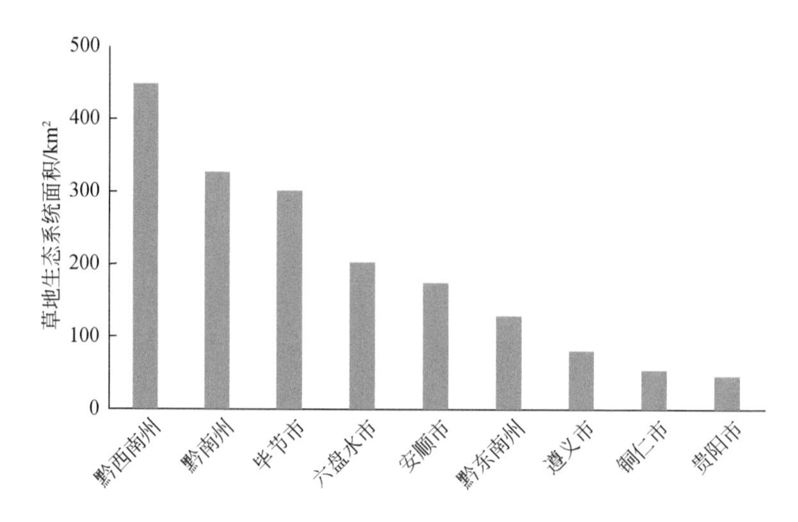

图 11-8　贵州省各市、州 2019 年草地生态系统面积

表 11-6　贵州省各市、州 2019 年草地生态系统面积统计表

市、州	面积/km²	草地生态系统覆盖率/%	占草地生态系统面积的比例/%
贵阳市	46.31	0.58	2.63
六盘水市	201.81	2.04	11.46
遵义市	80.09	0.26	4.55
安顺市	175.28	1.90	9.96
铜仁市	54.27	0.30	3.08
黔西南州	447.99	2.67	25.44

续表

市、州	面积/km^2	草地生态系统覆盖率/%	占草地生态系统面积的比例/%
毕节市	300.54	1.12	17.07
黔东南州	128.74	0.42	7.31
黔南州	325.68	1.24	18.50

荒漠是贵州省生态系统类型中面积最小的生态系统，全省荒漠生态系统覆盖率为0.24%。黔西南州荒漠生态系统面积最大，为153.05km^2，占全省荒漠生态系统面积比为35.76%；贵阳市荒漠生态系统面积最小，占全省荒漠生态系统面积比为1.58%。黔西南州荒漠生态系统覆盖率最大，为0.91%，遵义市荒漠生态系统覆盖率最小，为0.04%（图11-9、表11-7）。

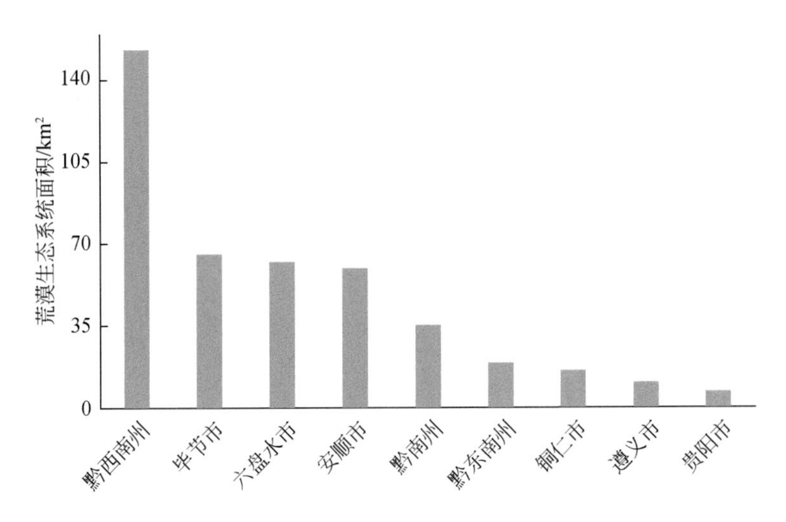

图11-9 贵州省各市、州2019年荒漠生态系统面积

表11-7 贵州省各市、州2019年荒漠生态系统面积统计表

市、州	面积/km^2	荒漠生态系统覆盖率/%	占全省荒漠生态系统面积的比例/%
贵阳市	6.76	0.08	1.58
六盘水市	62.16	0.63	14.52
遵义市	10.87	0.04	2.54
安顺市	59.86	0.60	13.98
铜仁市	15.78	0.09	3.69
黔西南州	153.05	0.91	35.76
毕节市	65.61	0.24	15.33
黔东南州	19.12	0.06	4.47
黔南州	34.83	0.13	8.14

二、生态系统格局变化

（一）生态系统格局总体变化

2017—2019 年，贵州省森林生态系统面积明显提升，农田生态系统面积有所降低。各类生态系统中，森林、灌丛、城乡聚落、湿地生态系统面积增加，增加量分别为 1644.47km^2、1047.71km^2、732.59km^2、43.38km^2，覆盖率分别提升 0.93%、0.60%、0.42%、0.02%；荒漠、草地、农田生态系统面积减少，减少量分别为 86.29km^2、993.78km^2、2388.08km^2，覆盖率分别减少 0.05%、0.56%、1.35%（图 11-10）。

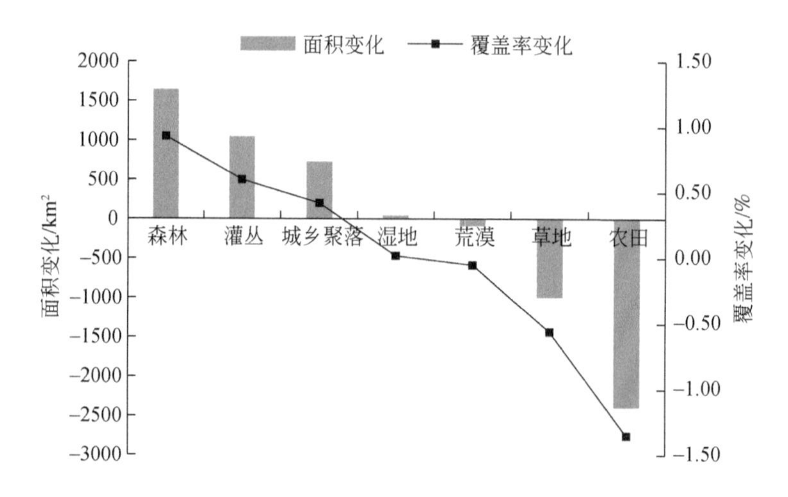

图 11-10　贵州省 2017—2019 年生态系统面积与覆盖率变化

（二）各类生态系统变化

各市、州森林生态系统面积显著增长。2017—2019 年，贵州省森林生态系统面积由 78131.98km^2 增长到 79776.45km^2，净增长 1644.47km^2。其中遵义市森林生态系统面积增加最多，安顺市森林生态系统面积增长较快（图 11-11）。

2017—2019 年，全省灌丛生态系统面积增量仅次于森林生态系统。黔东南州、黔南州、贵阳市灌丛生态系统面积均减少，其他市、州森林生态系统面积均增加，其中遵义市、毕节市灌丛生态系统面积增量较多，安顺市灌丛生态系统面积增长较快（图 11-12）。

2017—2019 年，贵州省草地生态系统面积总量减少。遵义市、安顺市、毕节市、铜仁市草地生态系统面积减少较多，黔西南州草地生态系统面积略有增加。安顺市草地生态系统面积减少较快（图 11-13）。

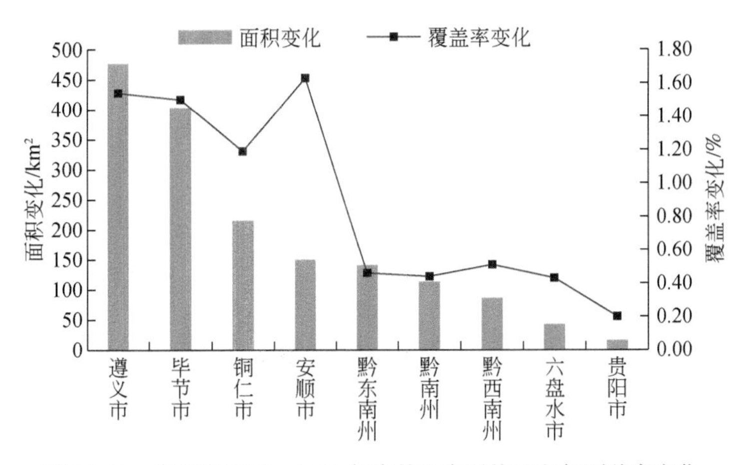

图 11-11 贵州省 2017—2019 年森林生态系统面积与覆盖率变化

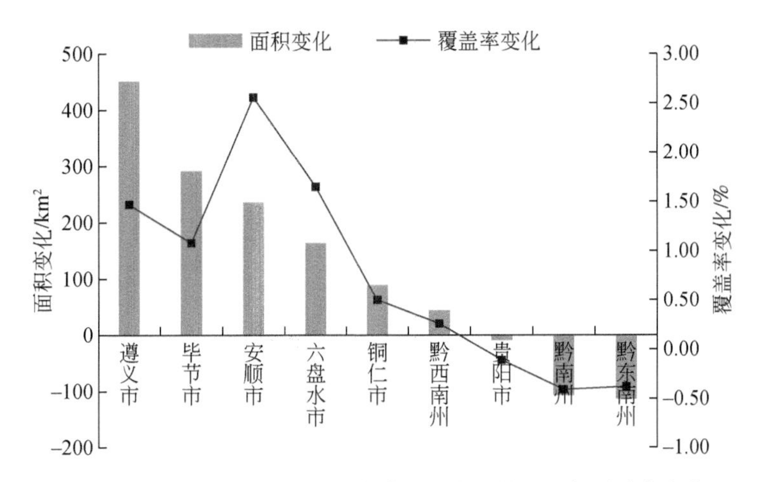

图 11-12 贵州省 2017—2019 年灌丛生态系统面积与覆盖率变化

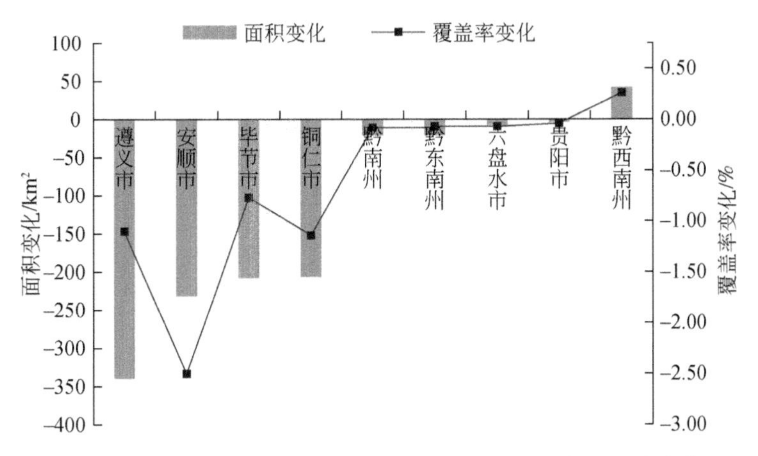

图 11-13 贵州省 2017—2019 年草地生态系统面积与覆盖率变化

2017—2019 年，贵州省农田生态系统面积减少明显。各市、州农田生态系统面积皆减少，其中遵义市和毕节市农田生态系统面积减少最多，六盘水市农田生态系统面积减少较快（图 11-14）。

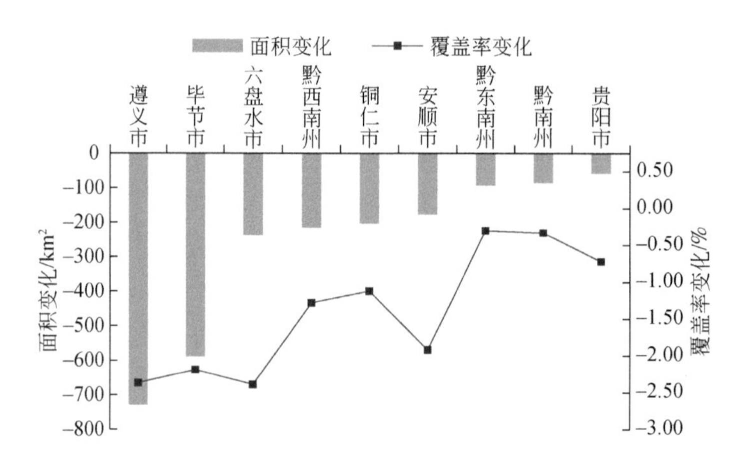

图 11-14　贵州省 2017—2019 年农田生态系统面积与覆盖率变化

2017—2019 年，贵州省城乡聚落生态系统面积总量增长。其中遵义市城乡聚落生态系统面积增量最大，其次是黔南州，六盘水城乡聚落生态系统面积增量最小。安顺市城乡聚落生态系统面积增加最快（图 11-15）。

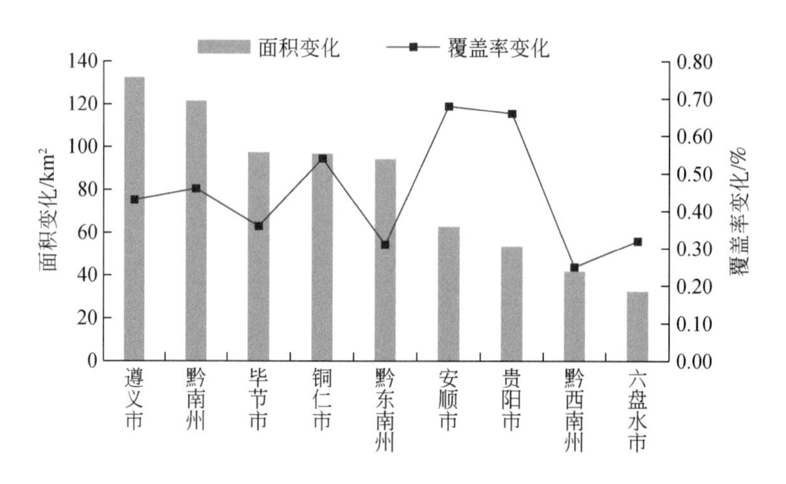

图 11-15　贵州省 2017—2019 年城乡聚落生态系统面积与覆盖率变化

2017—2019 年，贵州省荒漠生态系统面积变化总体呈减少趋势。除六盘水市外，其余各市、州荒漠生态系统面积均减少。其中，安顺市、黔南州、黔东南州荒漠生态系统面积减少量较多，3 个市州荒漠生态系统面积共减少 87. 16km^2。安顺市荒漠生态系统面积减少较快（图 11-16）。

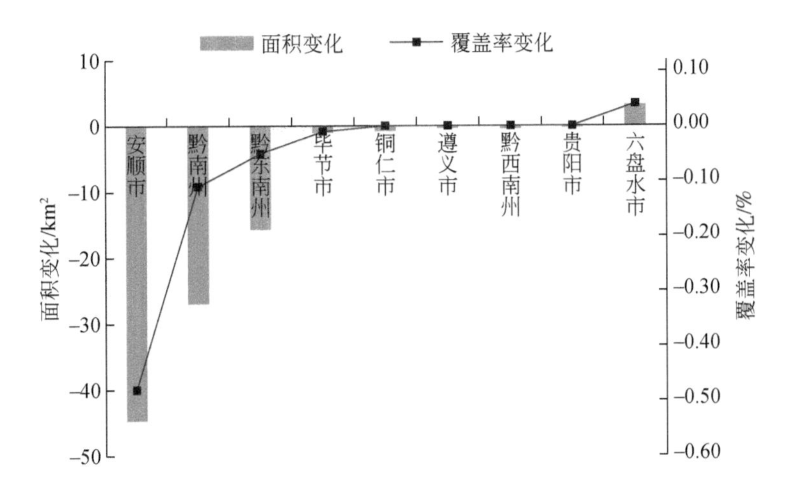

图 11-16　贵州省 2017—2019 年荒漠生态系统面积与覆盖率变化

2017—2019 年，贵州省湿地生态系统面积总体上略有增长，湿地生态系统面积增长主要来源于河流水面的扩大。铜仁市和遵义市湿地生态系统面积增量较多，安顺市和铜仁市湿地生态系统面积增加最快（图 11-17）。

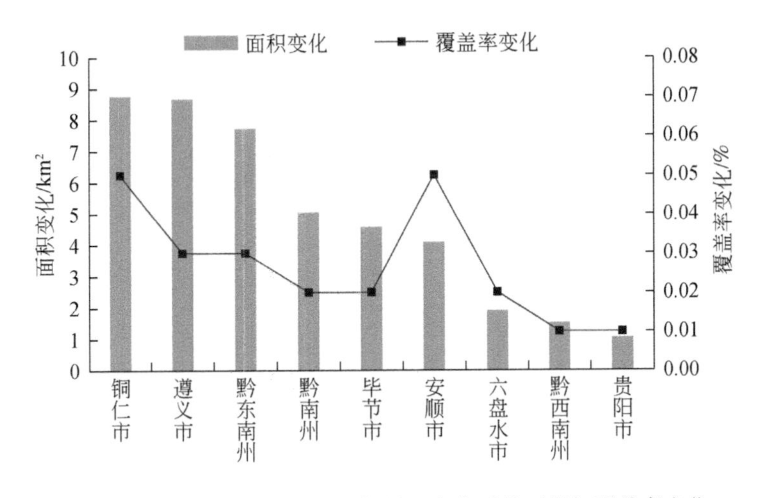

图 11-17　贵州省 2017—2019 年湿地生态系统面积与覆盖率变化

三、生态系统类型转换特征与动态度评价

2017—2019 年，农田、森林、灌丛、草地生态系统面积变化较大，湿地生态系统面积变化较小。从流转特征来看，转出最多的是农田生态系统，转出总面积为 2699.30km²，主要转换为森林和灌丛生态系统；其次是草地，转出总面积为 1322.09km²，主要转换为

森林、灌丛生态系统；转入最多的是森林生态系统，转入总面积为 2282.50km²，主要来源于灌丛、农田生态系统，其次是灌丛生态系统，转入总面积为 2194.41km²，主要来源于农田、草地生态系统（表 11-8）。

表 11-8　贵州省 2017—2019 年生态系统类型转移矩阵　（单位：km²）

类型		2019 年						
		森林	灌丛	草地	农田	城乡聚落	荒漠	湿地
2017 年	森林	—	93.07	166.71	73.65	169.05	139.62	3.86
	灌丛	795.36	—	37.52	117.56	145.49	37.08	4.58
	草地	540.43	555.52	—	90.05	128.03	1.11	6.95
	农田	838.26	1311.66	30.79	—	489.18	1.1	28.31
	城乡聚落	27.87	61.9	88.13	61.18	—	0.69	7.72
	荒漠	80.19	171.3	3.02	2.12	7.35	—	2.79
	湿地	0.39	0.96	1.31	2.75	4.59	0.86	—

森林、灌丛、城乡聚落和湿地生态系统持续呈涨势，草地、农田和荒漠生态系统持续呈落势。2017—2019 年贵州省森林生态系统、灌丛生态系统、城乡聚落生态系统和湿地生态系统的 Ps 值分别为 0.56、0.32、0.58、0.67，趋近于 1，处于“涨势”状态，面积稳步增加；草地生态系统、农田生态系统和荒漠生态系统的 Ps 值分别为-0.60、-0.77、-0.19，趋近于-1，处于“落势”状态，面积不断减少（图 11-18）。

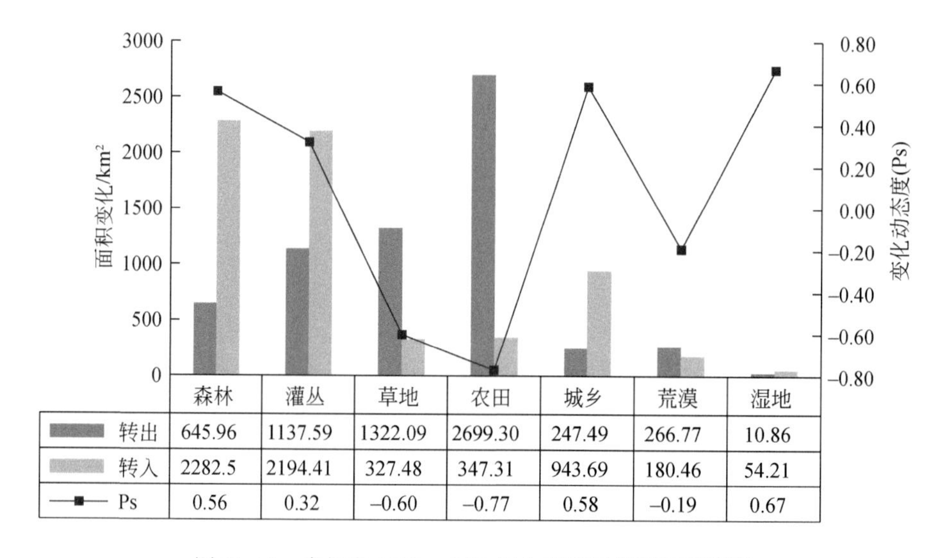

图 11-18　贵州省 2017—2019 年生态系统类型转移情况

四、生态系统景观格局变化分析与评价

（一）斑块数量（NP）及其变化分析

2019 年，贵州省生态系统斑块数量为 3585871 个，各市、州斑块数量较大的为遵义市、毕节市、黔东南州，斑块数量最少的是六盘水市、安顺市、贵阳市（图 11-19）。黔东南州面积较大，森林生态系统分布较为集中，因此斑块数量较少。

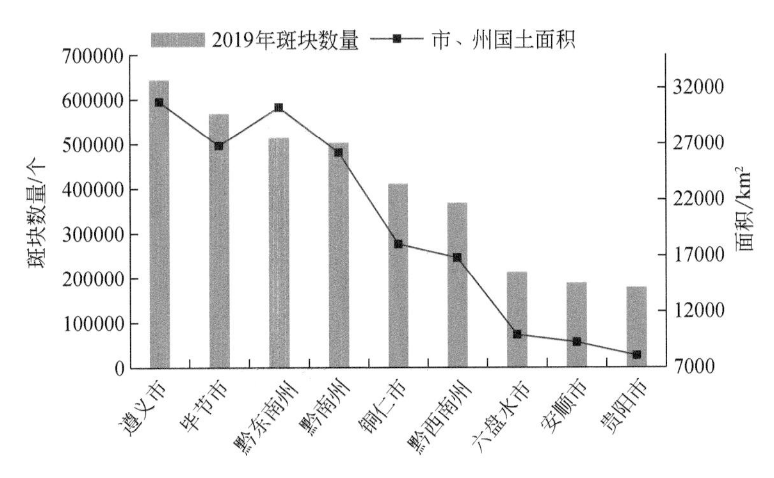

图 11-19　贵州省各市、州 2019 年斑块数量与面积

贵州省生态系统斑块数量增长，破碎程度增加。2017—2019 年贵州省生态系统类型斑块数量共增加 111312 块，各市、州均有不同程度的增长，其中增加最多的是遵义市，增加 27699 块，其次是铜仁市，为 24663 块，六盘水市、毕节市、黔南州斑块数量增加最少（图 11-20）。

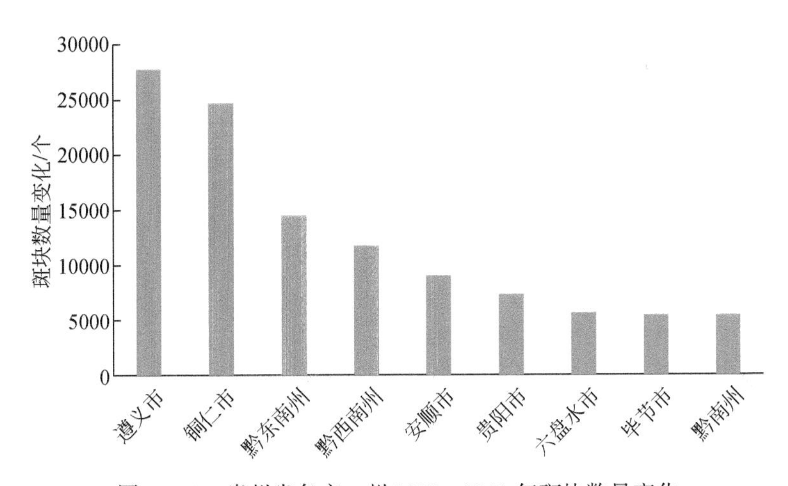

图 11-20　贵州省各市、州 2017—2019 年斑块数量变化

（二）斑块密度（PD）及其变化分析

2019 年，全省生态系统斑块密度为20.72 个/km²，全省各市、州斑块密度从大到小顺序排列依次为铜仁市、贵阳市、黔西南州、六盘水市、毕节市、遵义市、安顺市、黔南州、黔东南州（图 11-21）。东南部的林业景观基本保持天然林地状态，其中黔东南州原始植被状态较为丰富，集中连片的面积较大，其森林生态系统斑块平均面积也相对较大。而西北部地区（毕节市）多分布城区与所辖镇，林地景观面积低，主要为农业景观。

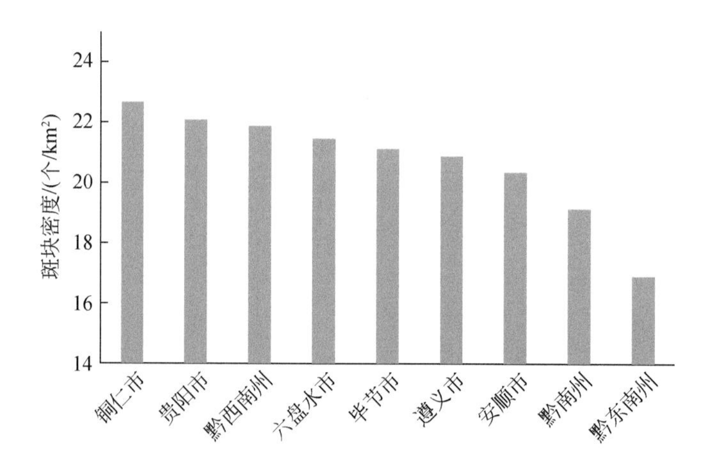

图 11-21　贵州省各市、州 2019 年斑块密度

2017—2019 年贵州省生态系统斑块密度持续增长，生态系统斑块密度由 20.02 个/km² 增加到 20.72 个/km²。其中铜仁市的斑块密度增加最大，黔南州斑块密度变化最小(图 11-22)。

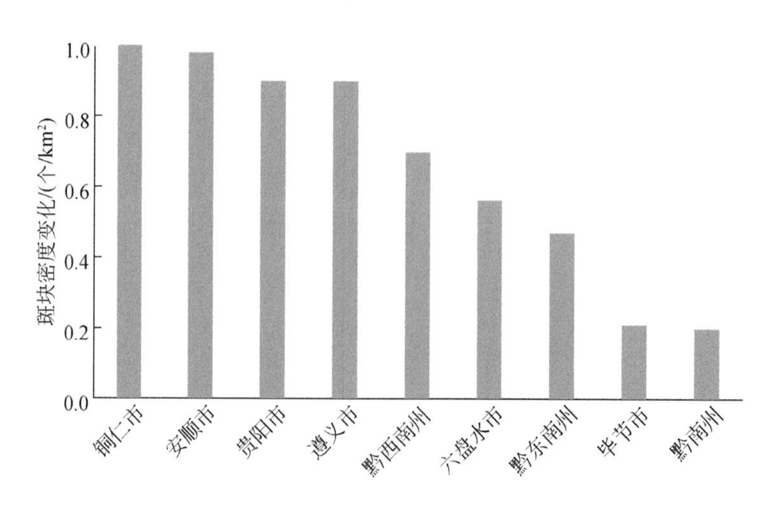

图 11-22　贵州省各市、州 2017—2019 年斑块密度变化

（三）景观聚合指数（AI）及其变化分析

2019 年，贵州省生态系统景观聚合指数（AI）为 70. 05（指数越接近 100 聚合程度越高）。全省各市、州聚合程度从大到小顺序排列依次为黔东南州、黔南州、安顺市、黔西南州、遵义市、铜仁市、贵阳市、毕节市、六盘水市（图 11-23）。

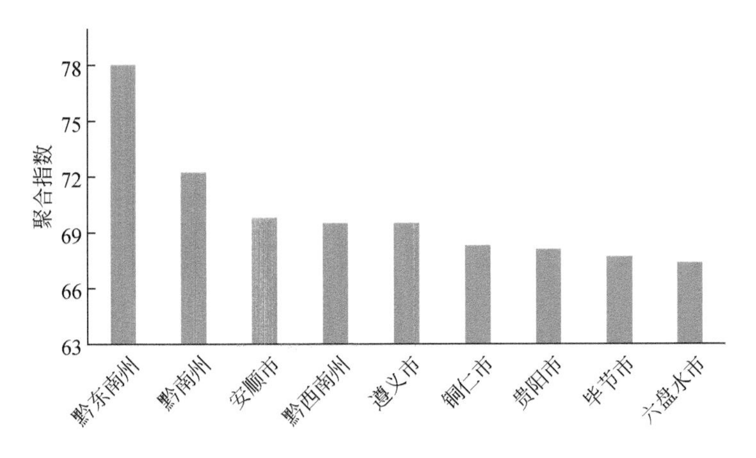

图 11-23　贵州省各市、州 2019 年聚合指数

2017—2019 年，全省生态系统聚合程度整体降低，但局部区域聚合度有所提升。2017—2019 年全省生态系统 AI 值下降 0. 03，降低较多的为六盘水市、毕节市，而安顺市、遵义市、黔东南州、黔西南州、黔南州均有小幅度上升（图 11-24）。

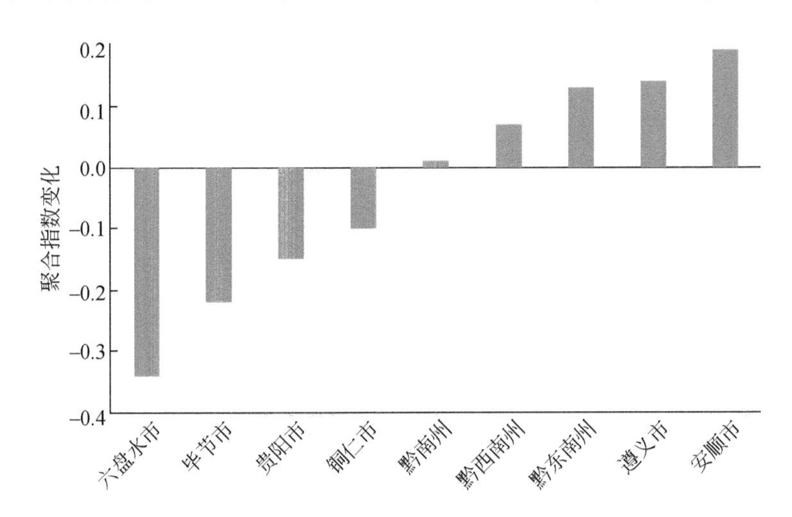

图 11-24　贵州省各市、州 2017—2019 年聚合指数变化

第二节　生态系统质量分析

一、生态系统植被覆盖度的空间格局分析

（一）植被覆盖度分布特征

贵州省植被资源丰富，各市、州植被覆盖度均保持较高水平。2019 年，贵州省平均植被覆盖度为 68.49%，各市、州植被覆盖度均在 60% 以上。其中黔东南州、黔南州、铜仁市、黔西南州、遵义市、安顺市、六盘水市的植被覆盖度均在 65% 以上（图 11-25、图 11-26）。

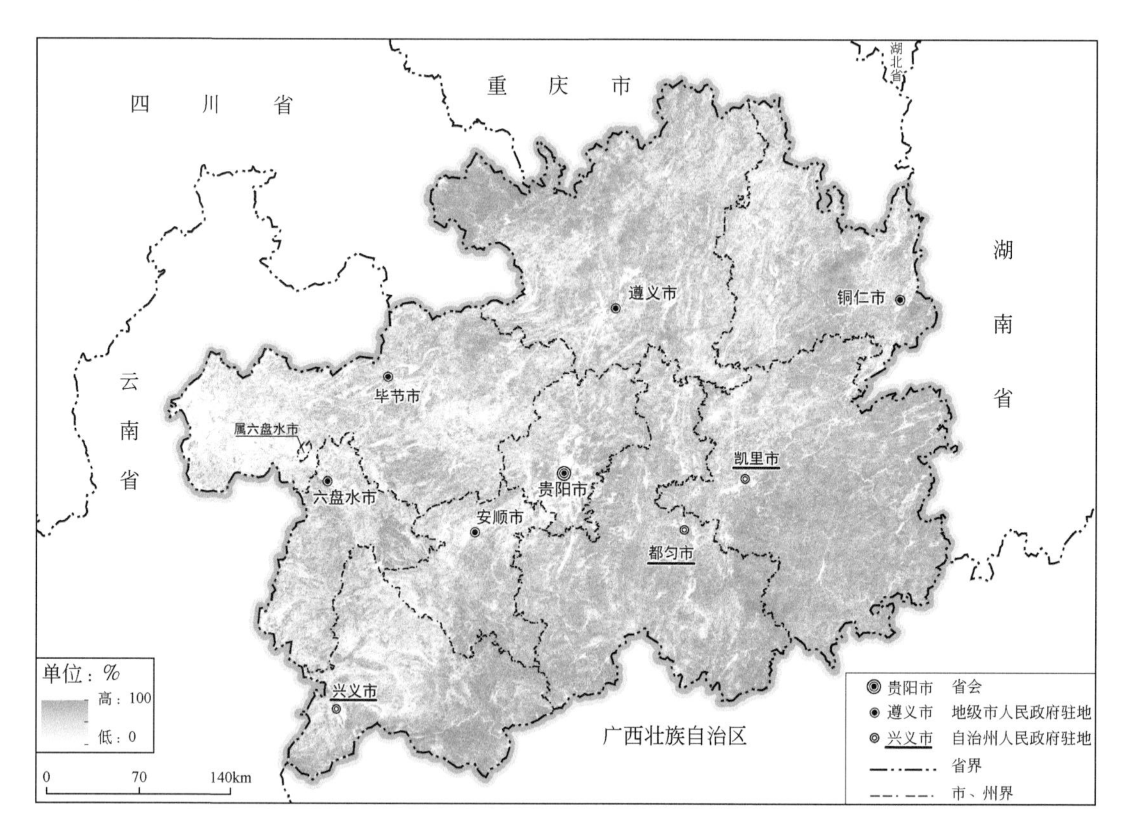

图 11-25　贵州省 2019 年平均植被覆盖度空间分布图

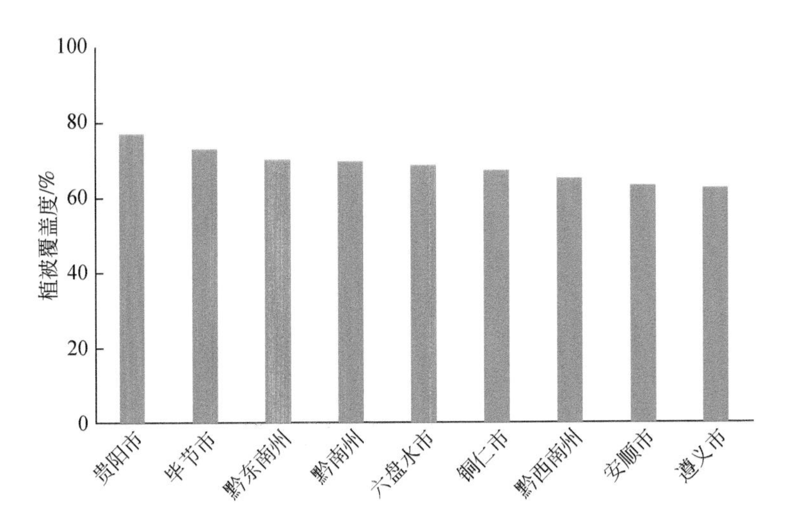

图 11-26　贵州省各市、州 2019 年平均植被覆盖度

（二）植被覆盖度变化分析

2017—2019 年，贵州省植被覆盖度明显提高。2017—2019 年贵州省平均植被覆盖度增加了 2.45 个百分点。各市、州植被覆盖度均有不同程度的增加，其中六盘水市增加最大，为 4.25%，其次是毕节市，增加 4.07%，植被覆盖度最大的黔东南州增加最少（图 11-27）。

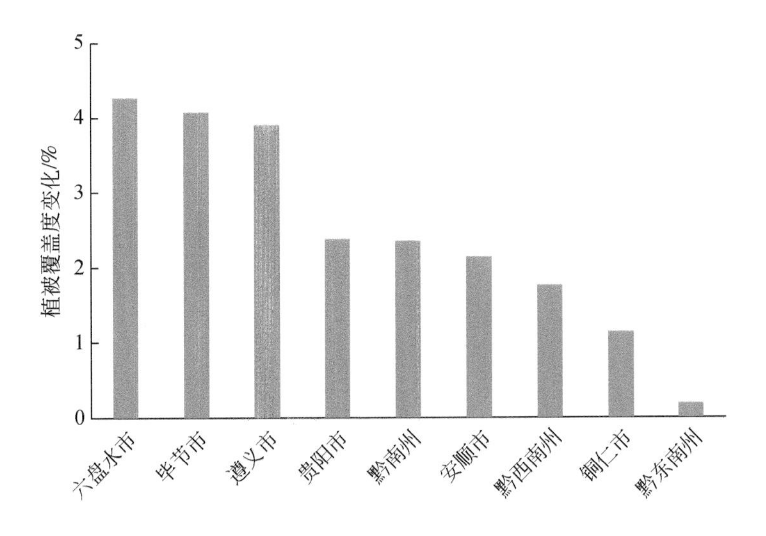

图 11-27　贵州省各市、州 2017—2019 年植被覆盖度变化

二、生物量空间格局特征

（一）生物量分布特征

2019年贵州省生物量总量为107626.40万t。黔东南州生物量总量最高，为21642.11万t，贵阳市生物量总量最少。

2019年贵州省单位面积生物量为61.07t/hm²，黔东南州单位面积生物量最高，为71.44t/hm²，毕节市单位面积生物量最低，为55.26t/hm²；单位林灌草面积生物量最高的是贵阳市，为111.06t/hm²（表11-9、图11-28）。

表11-9　贵州省各市、州2019年生物量统计

市、州	生物量总量/万t	单位面积生物量/(t/hm²)	单位林灌草面积生物量/(t/hm²)
贵阳市	4742.97	58.93	111.06
六盘水市	5486.58	55.34	101.43
遵义市	18665.90	60.60	95.43
安顺市	5154.66	55.84	95.69
铜仁市	11523.36	63.88	98.48
黔西南州	9627.88	57.28	85.53
毕节市	14838.97	55.26	104.02
黔东南州	21642.11	71.44	92.33
黔南州	15943.97	60.79	83.35
贵州省	107626.40	61.07	94.06

（二）生物量变化特征

2017—2019年，贵州省生物量总量有所增长，单位面积生物量略有增加。2017—2019年生物量总量增加632.54万t，从各市、州看，黔南州生物量总量增加最多，为188.85万t，其次是遵义市、黔东南州，六盘水市生物量相对稳定；贵阳市略微下降，减少11.03万t。

贵州省单位面积生物量总体增长0.35t/hm²。各市、州中增加最多的是黔南州，其次是铜仁市、遵义市，贵阳市单位面积生物量略微减少 。

2017—2019年贵州省单位林灌草面积生物量减少0.86t/hm²。六盘水市、毕节市、遵义市、安顺市、黔西南州、贵阳市单位林灌草面积生物量均有不同程度的减少，其中六盘水市减少最多，减少量为3.87t/hm²，其次是毕节市，减少量为3.56t/hm²；黔东南州、黔南州略微增加，增加量分别为0.45t/hm²、1.05t/hm²（图11-29）。

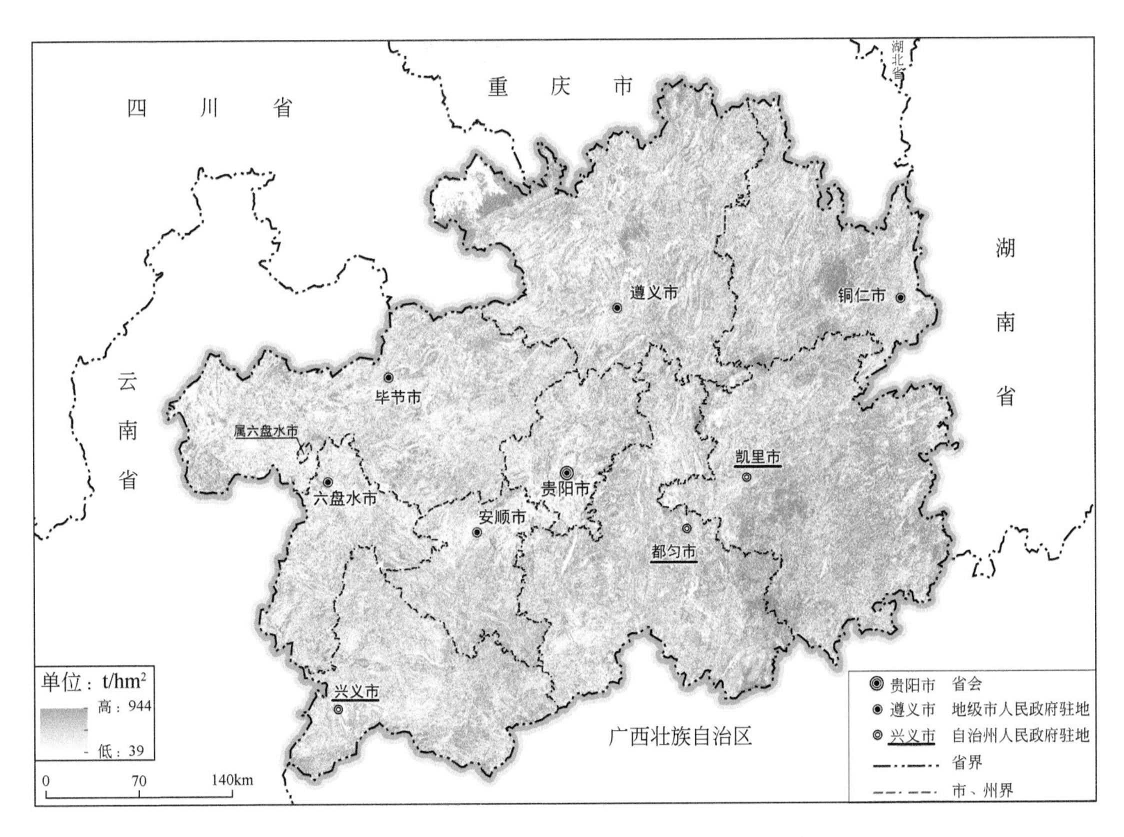

图 11-28　贵州省 2019 年单位面积生物量空间分布图

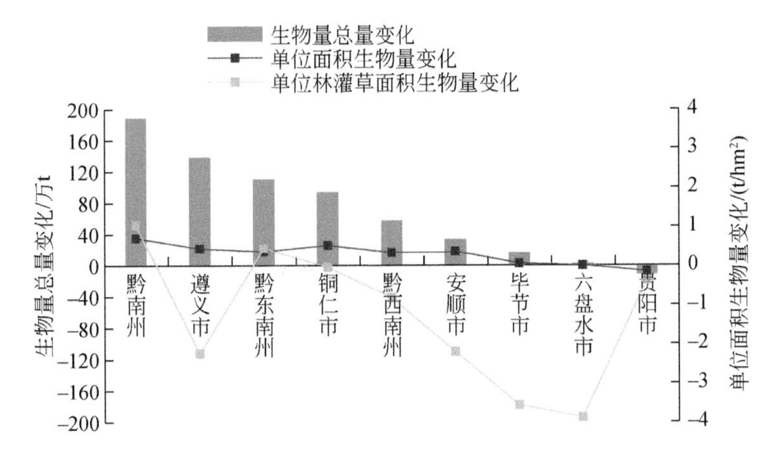

图 11-29　贵州省各市、州 2017—2019 年生物量总量与单位面积生物量变化

第三节　生态系统服务功能变化分析与评价

一、生态系统土壤保持功能变化分析

（一）土壤保持能力现状分析

2019年贵州省土壤保持总量为2744.64亿t，较高区域主要位于东南部和西南部地区，黔东南州土壤保持量最高，总量为576.67亿t，其次是黔南州、遵义市，最低的是贵阳市，总量为79.62亿t（表11-10、图11-30）。

表11-10　贵州省各市、州2019年土壤保持量统计

地区	土壤保持总量/亿t	单位面积土壤保持量/(t/km^2)
贵阳市	79.62	9892.99
六盘水市	154.52	15584.74
遵义市	414.65	13461.97
安顺市	149.47	16192.95
铜仁市	278.41	15432.53
黔西南州	310.23	18456.93
毕节市	332.66	12388.16
黔东南州	576.67	19035.10
黔南州	448.41	17095.58
贵州省	2744.64	15574.94

2019年贵州省单位面积土壤保持量为15574.95t/km^2，黔东南州单位面积土壤保持量最高，为19035.10t/km^2，其次是黔西南州、黔南州、遵义市、安顺市，贵阳市单位面积土壤保持量相对较低，为9892.99t/km^2。

（二）土壤保持能力变化分析

全省土壤保持能力持续增强。根据监测数据分析，贵州省2017—2019年土壤保持总量增加17.30亿t，其中毕节市、黔东南州土壤保持总量增加显著，黔南州、铜仁市、安顺市土壤保持总量次之，贵阳市土壤保持总量相对较少，黔西南州土壤保持总量略微减少。

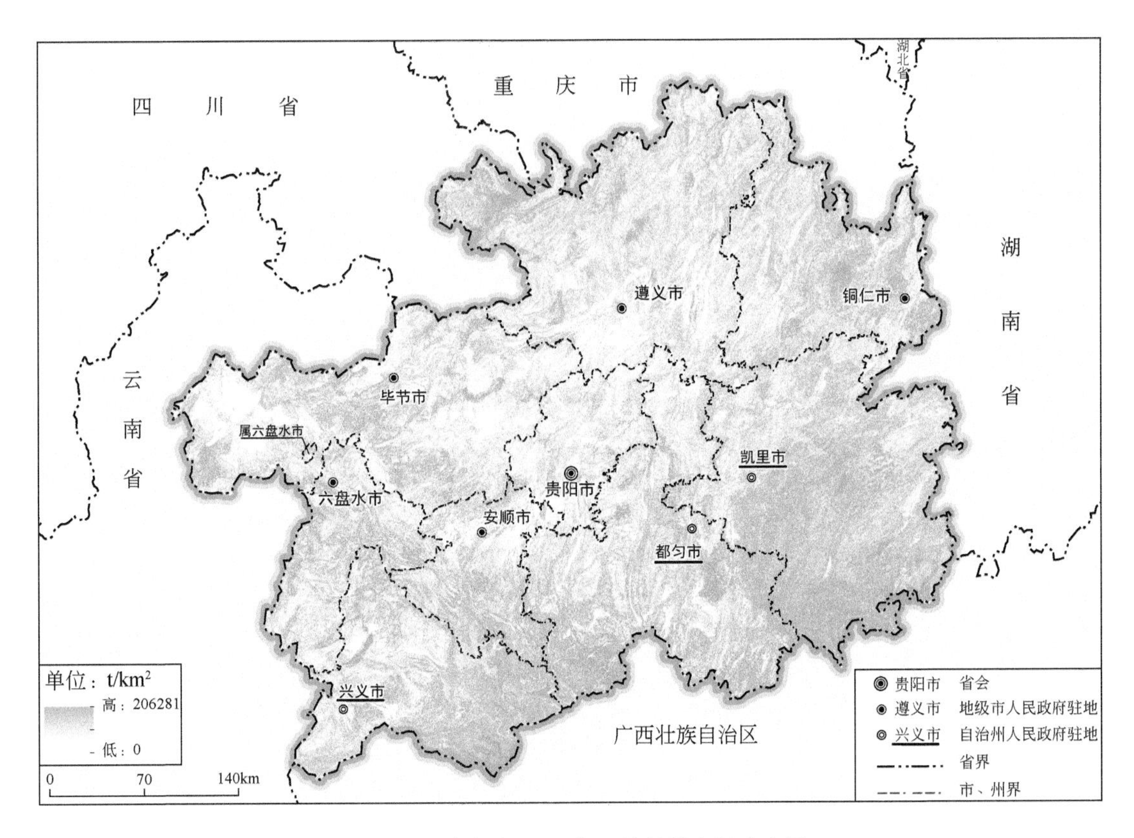

图 11-30 贵州省 2019 年土壤保持空间分布图

2017—2019 年全省单位面积土壤保持量较 2017 年增加了 98.18t/km²。安顺市单位面积土壤保持量增加最多，毕节市、铜仁市、六盘水市单位面积土壤保持增量次之，黔西南州单位面积土壤保持量减少（图 11-31）。

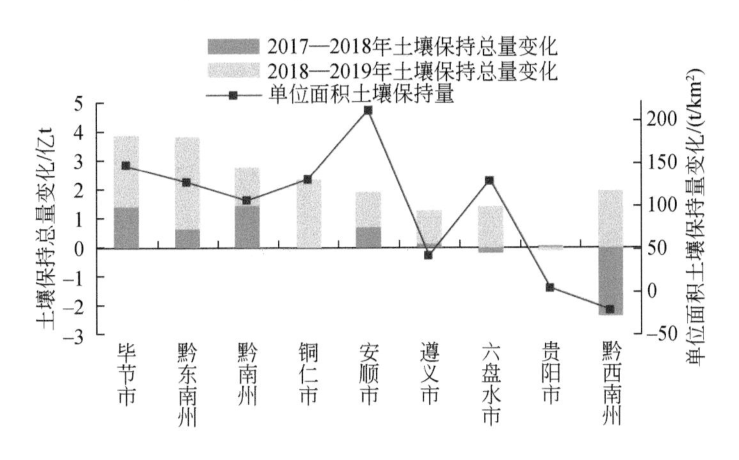

图 11-31 贵州省各市、州 2017—2019 年土壤保持总量与单位面积土壤保持量变化

二、生态系统水源涵养功能变化分析

（一）水源涵养能力现状分析

2019 年贵州省水源涵养总量为 836. 75 亿 t，水源涵养量较高区域主要集中在林木资源发育较好的黔东南州、黔南州、遵义市，其中遵义市的赤水市在贵州省西北部区域水源涵养量较为突出，全省九个市、州中，贵阳市水源涵养量最低，为 31. 22 亿 t。

2019 年贵州省各市、州中黔东南州单位面积水源涵养量最高，为 679. 19mm，黔南州、黔西南州、铜仁市单位面积水源涵养量次之，毕节市单位面积水源涵养量最低，为 327. 23mm（表 11-11、图 11-32）。

表 11-11　贵州省各市、州 2019 年水源涵养量统计

地区	水源涵养总量/亿 t	单位面积水源涵养量/mm
贵阳市	31. 22	387. 92
六盘水市	37. 14	374. 59
遵义市	121. 33	393. 91
安顺市	39. 45	427. 38
铜仁市	84. 74	469. 72
黔西南州	80. 10	476. 55
毕节市	87. 87	327. 23
黔东南州	205. 76	679. 19
黔南州	149. 14	568. 59
贵州省	836. 75	474. 83

（二）土壤保持能力变化分析

2017—2019 年贵州省水源涵养总量持续增长，但增加总量逐年递减。其中 2017—2018 年增加 24. 48 亿 t 、2018—2019 年增加 6. 2 亿 t。全省 9 个市、州中，除黔东南州、六盘水市水源涵养量具有先减后增的特点外，其余市、州都为持续增长。水源涵养总量增长最大的是黔南州，增加量为 10. 09 亿 t，增长最小的是贵阳市，增加量为 2. 08 亿 t。黔东南州、六盘水市水源涵养总量均有所减少，水源涵养总量分别减少 4. 81 亿 t、3. 97 亿 t。

2017—2019 年贵州省单位面积水源涵养量增加，2019 年贵州省单位面积水源涵养量较 2017 年增加 17. 41mm，总体呈上升趋势。2017—2019 年除黔东南州、六盘水市单位面积水源涵养量分别下降 15. 87mm、40. 04mm，其余各市、州单位面积水源涵养量都有不同程度的增加，其中铜仁市增加最多，为 55. 15mm（图 11-33）。

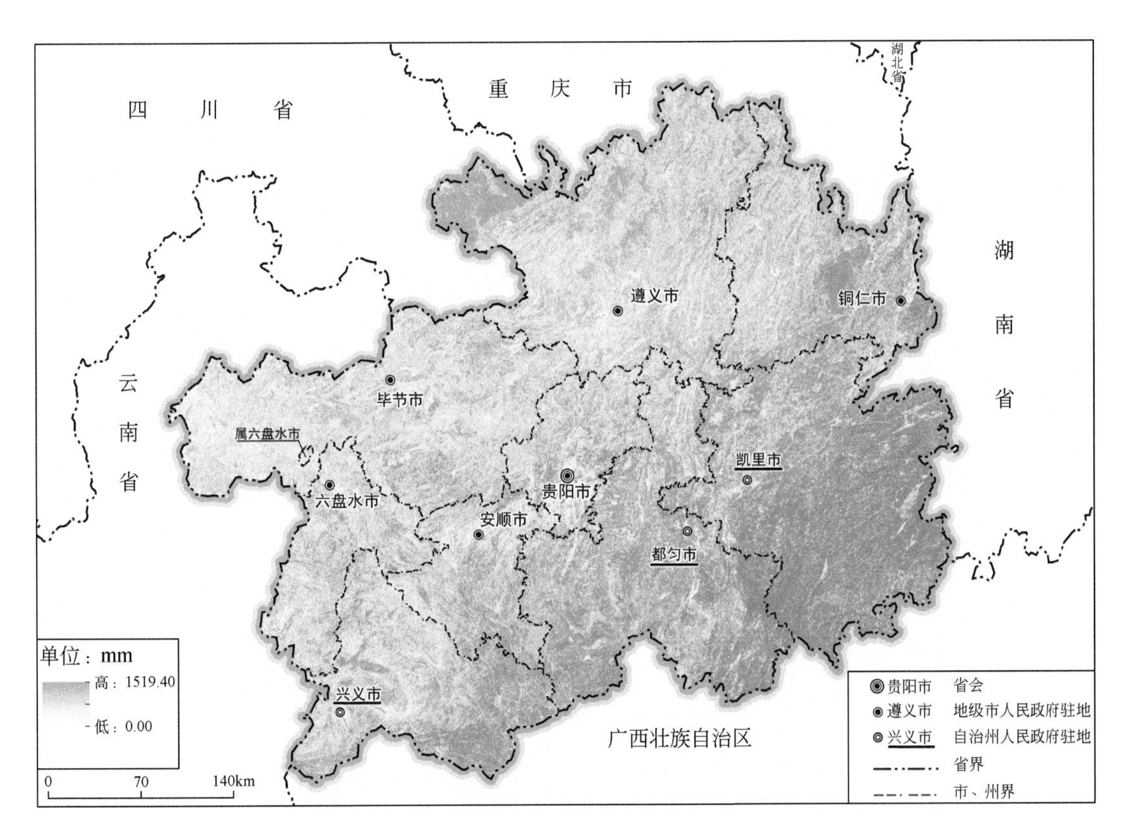

图 11-32　贵州省 2019 年水源涵养空间分布图

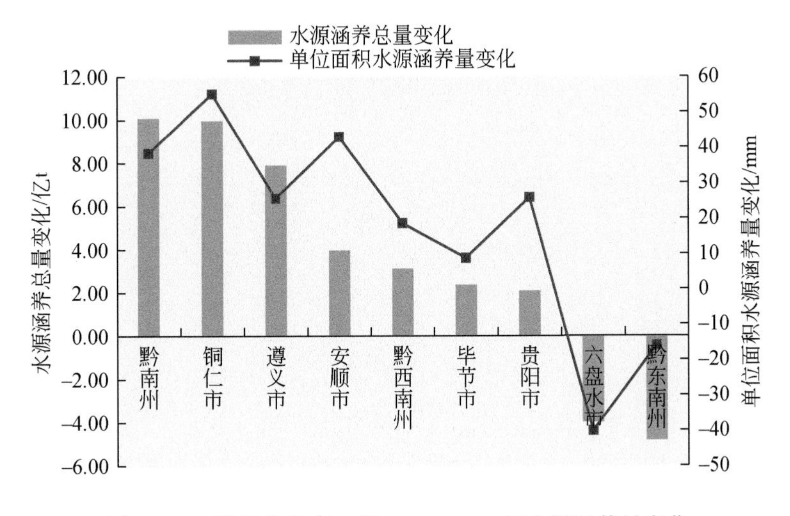

图 11-33　贵州省各市、州 2017—2019 年水源涵养量变化

三、生态系统固碳释氧功能变化分析

（一）生态系统固碳释氧量现状分析

贵州省生态系统固碳量在空间上差异明显。2019 年贵州省生态系统固碳量较高区域主要分布在贵州省东部、东南部和南部地区，贵州省西部、北部和中部地区生态系统固碳量相对较低（图 11-34）。

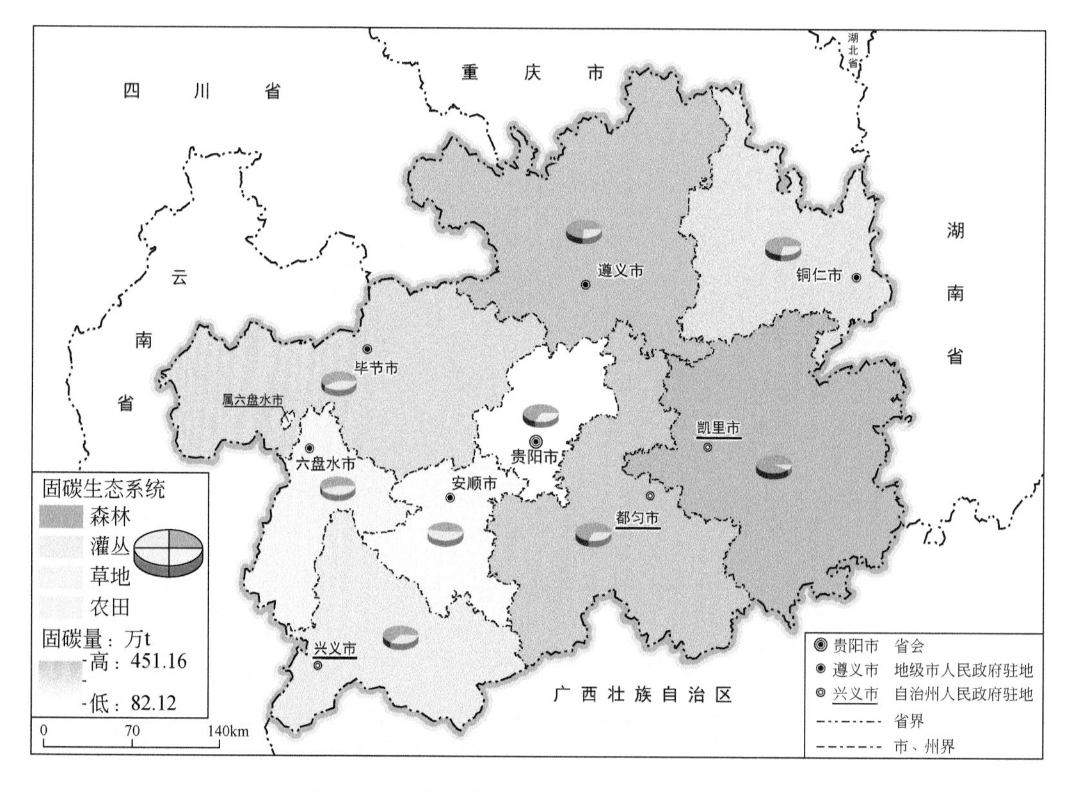

图 11-34 贵州省 2019 年固碳量空间分布图

2019 年贵州省生态系统固碳总量为 2186.45 万 t，其中森林生态系统固碳量为 1539.70 万 t，灌丛生态系统固碳量为 634.61 万 t，农田、草地生态系统固碳量共为 12.14 万 t（图 11-35）。林木资源固碳能力最强，因此 9 个市州的固碳能力差异与其林木资源面积差异特征一致，黔东南州固碳能力最强、贵阳市固碳能力最弱。

2019 年贵州省生态系统释氧总量为 5832.66 万 t，其中森林生态系统释氧量为 4108.48 万 t，灌丛生态系统释氧量为 1693.37 万 t。林木资源释氧量最大，因此 9 个市州的释氧量差异也与其林木资源面积差异特征一致，黔东南州生态系统释氧量最高，释氧量

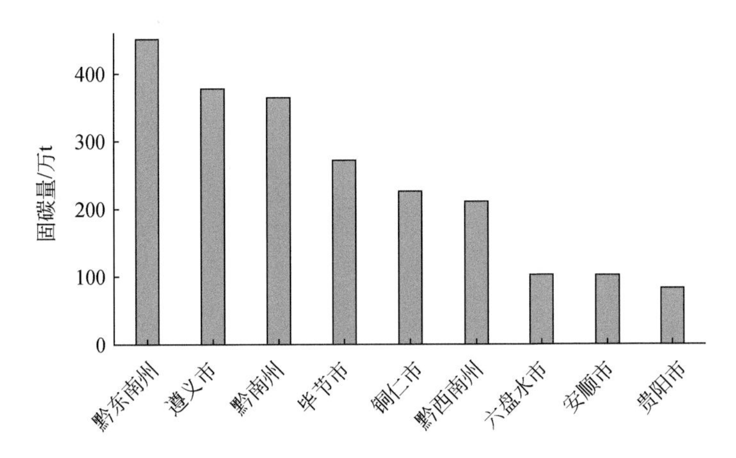

图 11-35　贵州省各市、州 2019 年生态系统固碳量

为 1203. 66 万 t，遵义市、黔南州、毕节市生态系统释氧量次之，贵阳市生态系统释氧量最低，释氧量为 219. 04 万 t（图 11-36）。

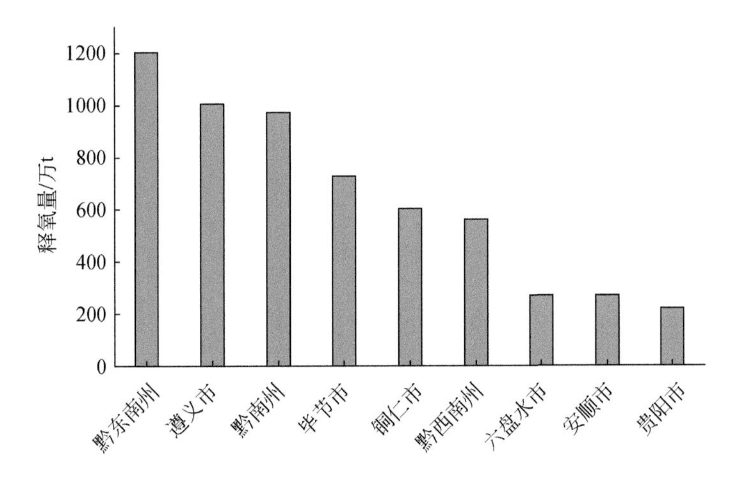

图 11-36　贵州省各市、州 2019 年生态系统释氧量

（二）生态系统固碳量和释氧量变化分析

2017—2019 年贵州省生态系统固碳能力持续提升。全省林木资源总量持续增加，固碳能力也随之提升，2019 年贵州省生态系统固碳总量较 2017 年增加 50. 21 万 t。2017—2019 年遵义市森林、灌丛生态系统增加量均为最高，因此固碳量增加最多为 17. 32 万 t；黔南州固碳量增加最少，为 0. 09 万 t（图 11-37）。

2017—2019 年贵州省生态系统释氧量持续增加。2019 年贵州省生态系统释氧总量较 2017 年释氧总量增加 133. 98 万 t。各市、州释氧量都有不同程度增加，其中遵义市生态系

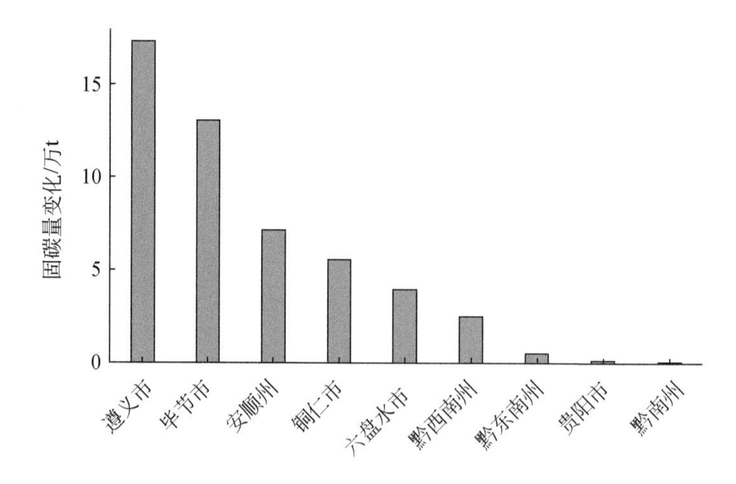

图 11-37　贵州省各市、州 2017—2019 年生态系统固碳量变化

统释氧量增加最多，增加量为 46.23 万 t；黔南州生态系统释氧量增量最少，增加量为 0.26 万 t（图 11-38）。

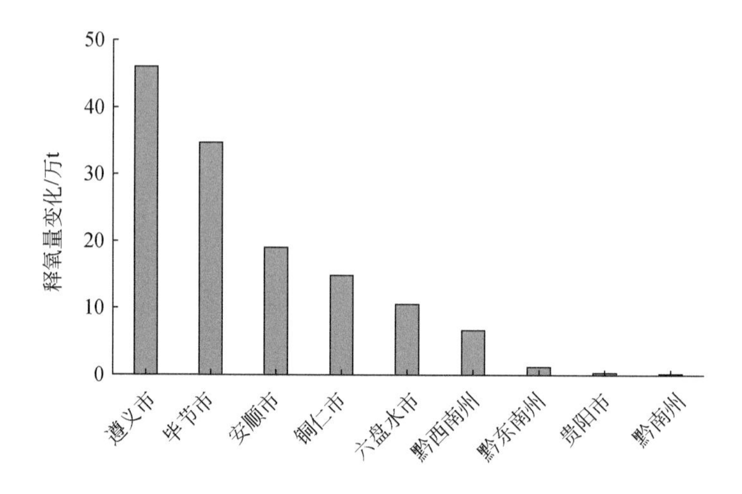

图 11-38　贵州省各市、州 2017—2019 年生态系统释氧量变化

四、生态系统气候调节功能变化分析

（一）生态系统气候调节能力现状分析

2019 年贵州省生态系统吸收热量总量为 2.723×10^{16}kJ。全省林木资源丰富，森林生态系统调节气候能力最强，吸收热量为 2.04×10^{16}kJ，其次是灌丛生态系统，吸收热量为

3.85×10^{15}kJ（图 11-39）。

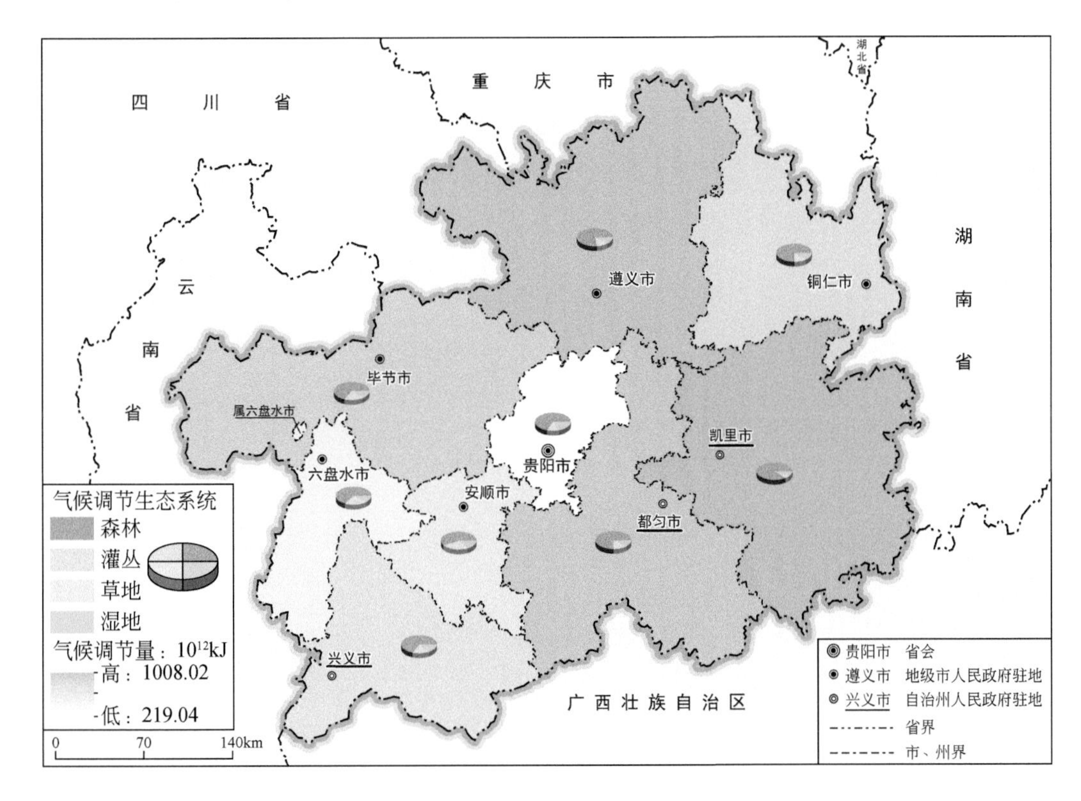

图 11-39　贵州省 2019 年气候调节功能量空间分布图

黔东南州林木资源面积最多，生态系统气候调节能力最强，吸收热量总量为 6.21×10^{15}kJ，其中森林生态系统和湿地生态系统吸收热量较多；贵阳市生态系统气候调节能力相对较弱，吸收热量为 1.10×10^{15}kJ，其中森林生态系统吸收热量较多（图 11-40）。

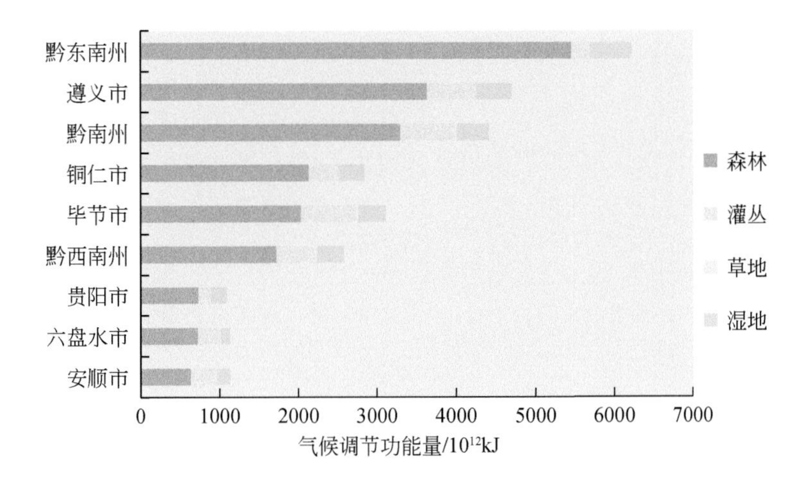

图 11-40　贵州省各市、州 2019 年生态系统气候调节功能量

（二）生态系统气候调节能力变化分析

2017—2019 年贵州省生态系统气候调节能力显著增强。2017—2019 年贵州省生态系统吸收能量增加 5.05×10^{14}kJ，其中森林、灌丛、湿地生态系统吸热量明显增加，草地生态系统吸热量小幅减少。遵义市生态系统吸热量增量最多，为 1.55×10^{14}kJ；其次是毕节市，增量为 1.24×10^{14}kJ；贵阳市吸热量无明显变化（图 11-41）。

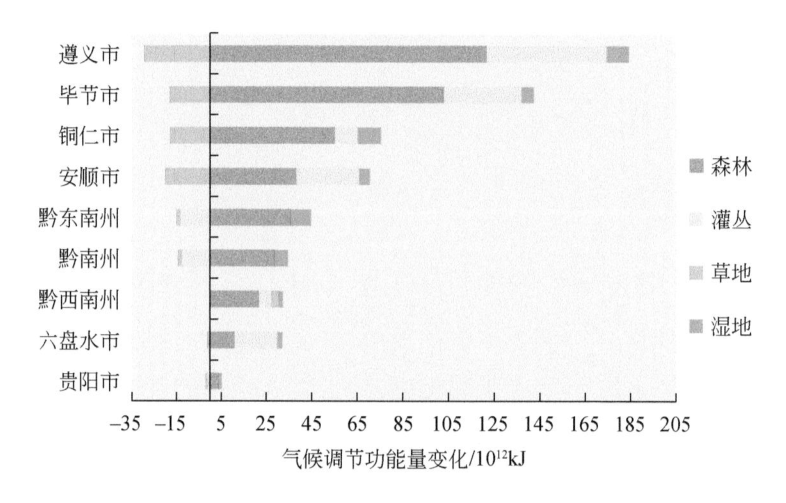

图 11-41　贵州省各市、州 2017—2019 年生态系统气候调节功能量变化

五、生态系统空气净化功能变化分析

（一）生态系统净化大气能力现状分析

2019 年贵州省生态系统可净化空气污染物总量为 2238998. 27t，其中以净化二氧化硫为主，可达到 2102902. 41t。在各市、州中黔东南州生态系统净化大气能力最强，总量可达 533272. 95t，其次是遵义市，总量可达 393203. 33t；净化能力最低的是贵阳市，为 82090. 79t（图 11-42）。

（二）生态系统空气净化能力变化分析

2017—2019 年贵州省空气净化能力增强。2019 年贵州省生态系统可净化空气污染物总量较 2017 年增加 48466. 55t，总体呈上升趋势。遵义市较 2017 年可净化空气污染物总量增量最多，为 15405. 51t。其次是毕节市，净化空气污染物总量增量为 12263. 92t，变化量最少的为贵阳市，增加量为 291. 71t（图 11-43、图 11-44）。

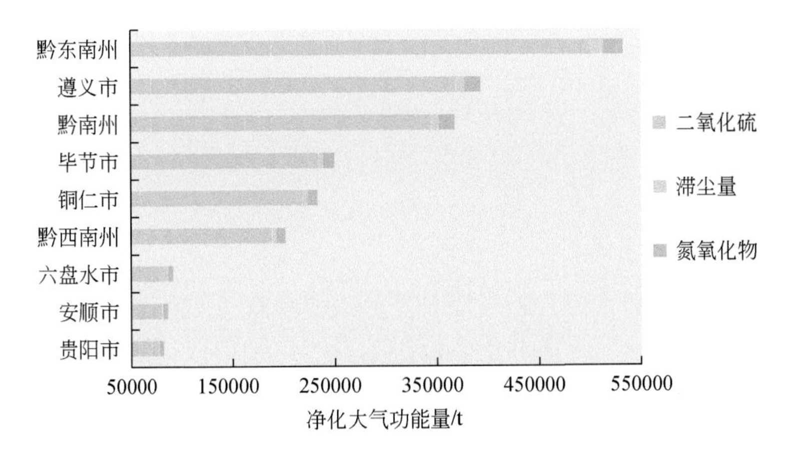

图 11-42　贵州省各市、州 2019 年生态系统净化大气功能量

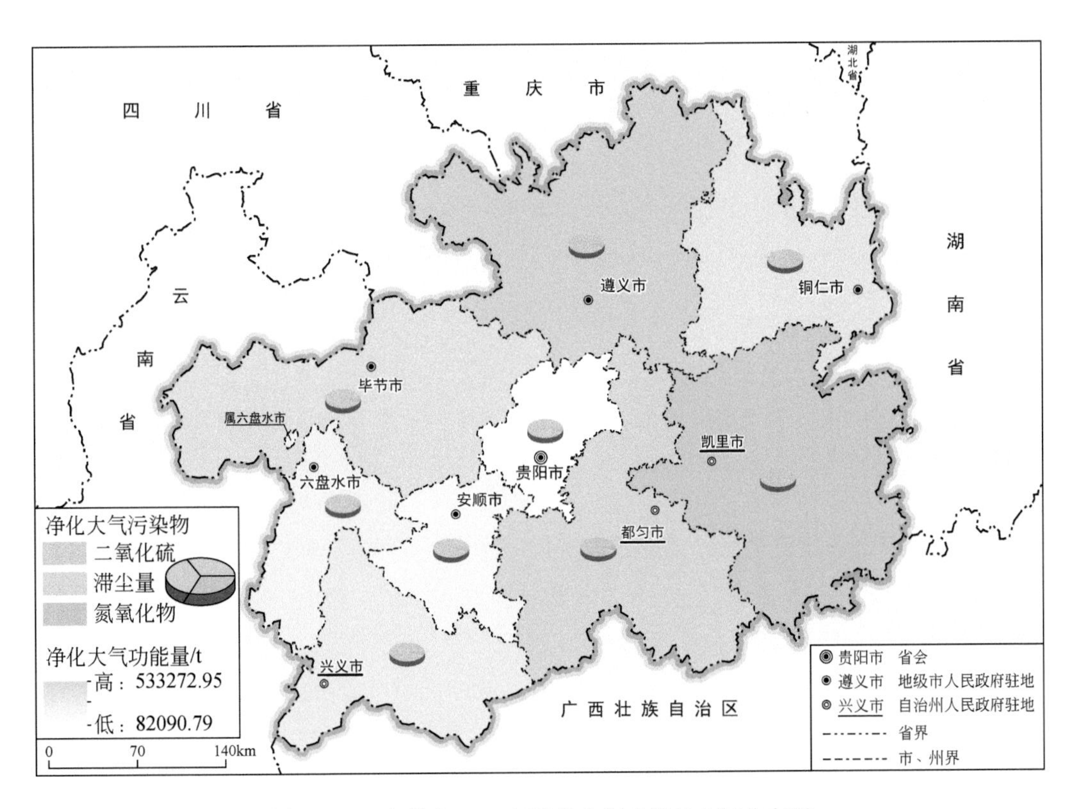

图 11-43　贵州省 2019 年净化大气功能量空间分布图

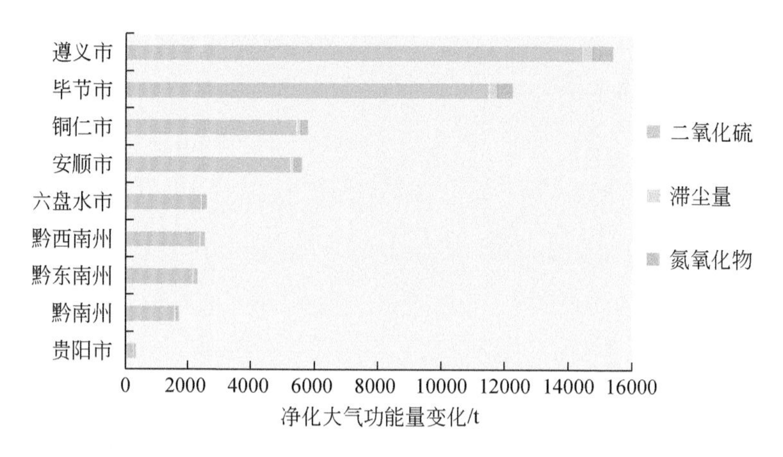

图 11-44 贵州省各市、州 2017—2019 年生态系统净化大气功能量变化

六、生态系统水质净化功能变化分析

（一）生态系统水质净化能力现状分析

2019 年贵州省湿地生态系统净化水质量可达 319727.03t，其中净化 COD 量为 276812.67t，净化氨氮和总磷量均为 21457.18t。黔东南州湿地生态系统面积最大，净化水质总量最高，为 57855.40t，六盘水市湿地生态系统面积较小，净化水质总量最低，为 12275.40t。净化 COD、氨氮、总磷总量最多的皆为黔东南州，分别为 5008.94t、3882.73t、3882.73t（图 11-45、图 11-46）。

（二）生态系统水质净化能力变化分析

2017—2019 年贵州省生态系统水质净化功能进一步增强。2017—2019 年贵州省湿地面积持续增加，生态系统净化水质总量持续增加，2017—2018 年净化水质总量增加 3284.42t，2018—2019 年净化水质总量增加 2248.70t。其中铜仁市生态系统净化水质总量增量最大，为 1117.35t；其次是遵义市，增量为 1107.14t；贵阳市增量最少，为 133.93t。水质净化服务功能与土地利用类型及其污染物产量密切相关（图 11-47），其中耕地的污染物产量相对较大，净化量较高（陈龙等，2020）。

七、生态系统服务功能价值评价

贵州省 2019 年生态系统服务功能价值量高达 62732.28 亿元。从不同服务功能价值

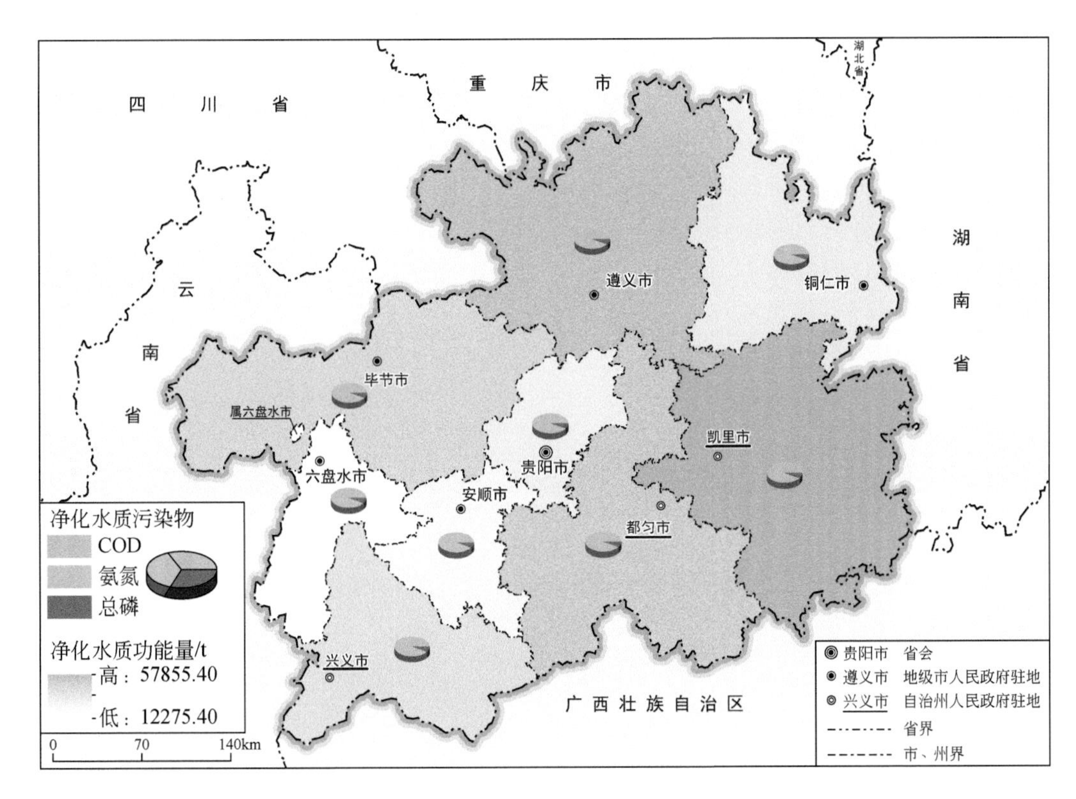

图 11-45　贵州省 2019 年净化水质功能量空间分布图

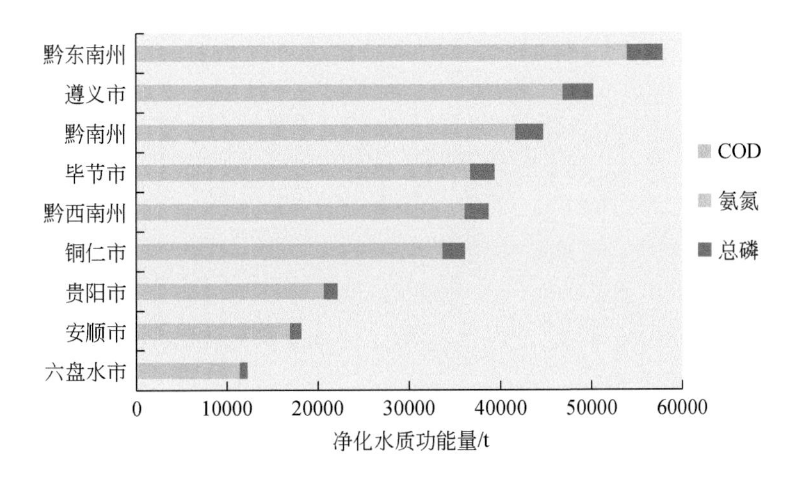

图 11-46　贵州省各市、州 2019 年生态系统净化水质功能量

看，气候调节的价值量最大，其次是土壤保持和水源涵养，三项服务价值总和占服务总价值的 99.59%，分析表明这三项服务功能是贵州省生态系统的主要调节服务功能（图 11-48）。

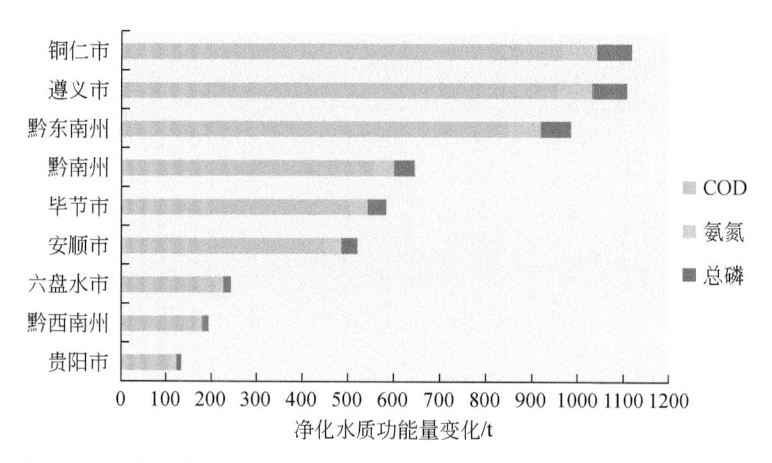

图 11-47　贵州省各市、州 2017—2019 年生态系统净化水质功能量变化

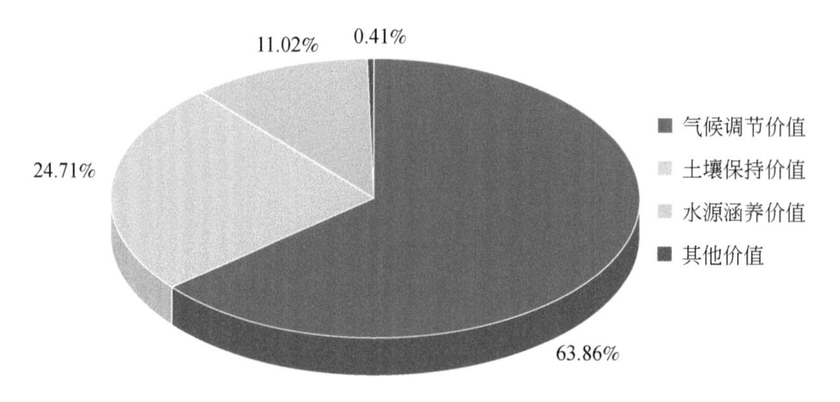

图 11-48　生态系统服务功能价值占比

（一）土壤保持价值

贵州省土壤保持价值总量增加。2017—2019 年贵州省土壤保持价值总体增加 97.71 亿元。其中毕节市、黔东南州和黔南州土壤保持价值各年连续增加，铜仁市、安顺市、遵义市、六盘水市土壤保持价值增加次之，贵阳市土壤保持价值增加较少，黔西南州土壤保持价值略有减少（表 11-12、图 11-49）。

表 11-12　贵州省各市、州 2017—2019 年土壤保持价值统计表　（单位：亿元）

地区	2017 年	2018 年	2019 年
贵阳市	449.44	450.06	449.67
六盘水市	865.39	864.49	872.68
遵义市	2334.47	2335.54	2341.81

续表

地区	2017 年	2018 年	2019 年
安顺市	833.09	837.38	844.16
铜仁市	1558.99	1558.76	1572.37
黔西南州	1754.00	1740.67	1752.08
毕节市	1856.39	1864.64	1878.76
黔东南州	3234.82	3238.89	3256.85
黔南州	2516.55	2524.91	2532.48
全省	15403.15	15415.35	15500.86

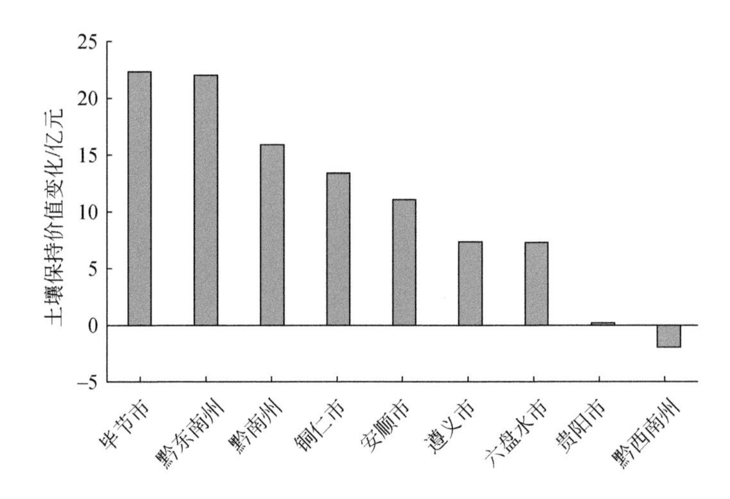

图 11-49　贵州省 2017—2019 年土壤保持价值变化

(二) 水源涵养价值

贵州省水源涵养价值总量增加，局部区域减少。2017—2019 年贵州省水源涵养价值总量增加 253.50 亿元，其中黔南州、铜仁市和遵义市水源涵养价值逐年增加，增加总量较高，安顺市、黔西南州、毕节市、贵阳市水源涵养价值增加次之，六盘水市和黔东南州水源涵养价值明显减少（表 11-13、图 11-50）。

表 11-13　贵州省各市、州 2017—2019 年水源涵养价值统计表　（单位：亿元）

地区	2017 年	2018 年	2019 年
贵阳市	240.70	256.89	257.88
六盘水市	339.57	301.74	306.78
遵义市	937.01	997.40	1002.19
安顺市	293.06	321.31	325.86

续表

地区	2017 年	2018 年	2019 年
铜仁市	617.77	693.92	699.95
黔西南州	635.77	654.19	661.63
毕节市	706.31	712.09	725.81
黔东南州	1739.31	1695.61	1699.58
黔南州	1148.55	1227.19	1231.90
贵州省	6658.06	6860.34	6911.56

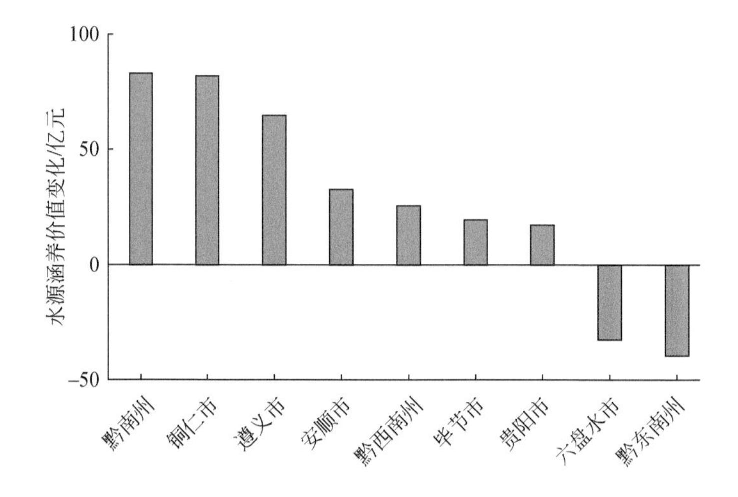

图 11-50　贵州省 2017—2019 年水源涵养价值变化

（三）固碳释氧价值

根据贵州省 2018 年和 2019 年固碳释氧量和固碳释氧价格，计算得到全省各市、州生态系统固碳释氧价值（表 11-14）。

表 11-14　贵州省各市、州 2017—2019 年固碳释氧价值统计表　（单位：亿元）

地区	固碳价值			释氧价值		
	2017 年	2018 年	2019 年	2017 年	2018 年	2019 年
贵阳市	7.53	7.49	7.53	16.34	16.25	16.36
六盘水市	9.34	9.32	9.67	19.44	19.38	20.22
遵义市	32.82	33.96	34.30	71.85	74.49	75.30
安顺市	8.84	9.18	9.39	18.79	19.52	20.21
铜仁市	20.14	20.39	20.63	43.90	44.42	45.01
黔西南州	18.83	18.73	19.02	41.35	41.14	41.86

续表

地区	固碳价值			释氧价值		
	2017 年	2018 年	2019 年	2017 年	2018 年	2019 年
毕节市	24. 59	24. 89	25. 69	51. 61	52. 27	54. 21
黔东南州	40. 16	40. 25	40. 18	89. 82	90. 02	89. 92
黔南州	32. 60	32. 52	32. 56	72. 62	72. 43	72. 64
贵州省	194. 85	196. 74	199. 00	425. 71	429. 93	435. 72

2019 年较 2017 年固碳价值增加 4. 15 亿元，其中，遵义市固碳价值增加较多，为 1. 48 亿元，毕节市固碳价值增加次之，为 1. 10 亿元，黔东南州、贵阳市固碳价值无明显变化，黔南州固碳价值略有减少（图 11-51）。

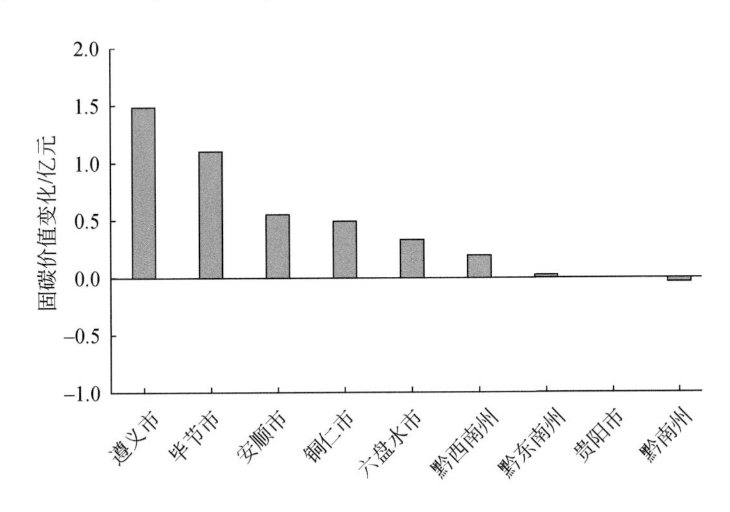

图 11-51　贵州省 2017—2019 年固碳价值变化

2019 年较 2017 年释氧价值增加 10. 01 亿元，其中，遵义市释氧价值增加较多，为 3. 45 亿元，毕节市释氧价值增加次之，为 2. 60 亿元，贵阳市、黔南州释氧价值增加较少，均为 0. 02（图 11-52）。

（四）气候调节价值

气候调节价值显著增长。2017 年贵州省气候调节价值为 39320. 26 亿元，2018 年贵州省气候调节价值为 39554. 18 亿元，2019 年贵州省气候调节价值为 40063. 63 亿元。2017—2019 年贵州省气候调节价值总量增加 743. 37 亿元，其中，遵义市气候调节价值增加较多，为 227. 78 亿元，毕节市气候调节价值增加次之，为 182. 87 亿元，贵阳市释氧价值增加较少，为 5. 71 亿元（表 11-15、图 11-53）。

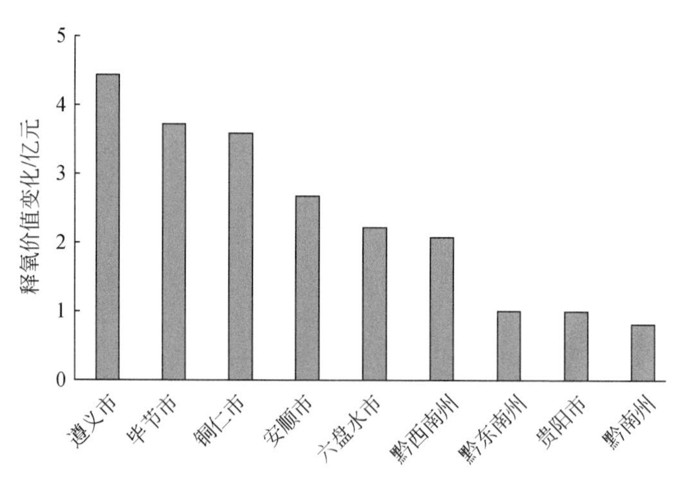

图 11-52　贵州省 2017—2019 年释氧价值变化

表 11-15　贵州省各市、州 2017—2019 年气候调节价值统计表　（单位：亿元）

地区	2017 年	2018 年	2019 年
贵阳市	1601. 04	1597. 11	1606. 75
六盘水市	1615. 90	1612. 48	1662. 51
遵义市	6694. 24	6862. 48	6922. 02
安顺市	1589. 79	1618. 03	1664. 04
铜仁市	4104. 44	4128. 95	4188. 96
黔西南州	3750. 53	3739. 36	3798. 45
毕节市	4400. 44	4427. 77	4583. 31
黔东南州	9100. 25	9114. 50	9143. 87
黔南州	6463. 63	6453. 50	6493. 72
贵州省	39320. 26	39554. 18	40063. 63

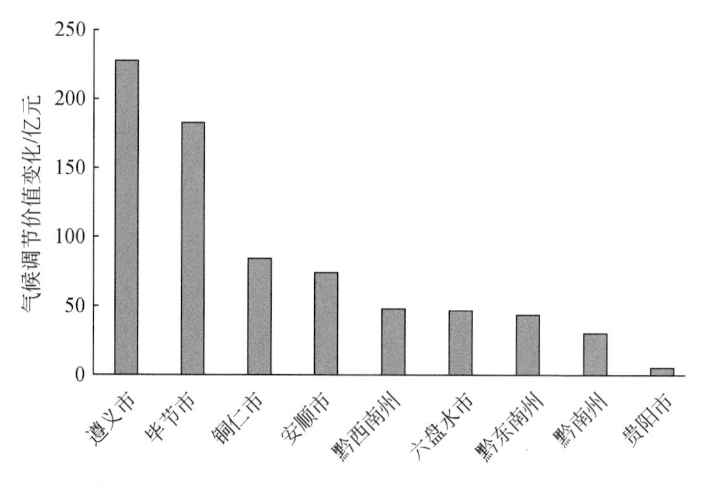

图 11-53　贵州省 2017—2019 年气候调节价值变化

（五）净化空气价值

贵州省净化空气价值少量增长。2017 年贵州省净化空气价值为 27.05 亿元，2018 年贵州省净化空气价值为 27.28 亿元，2019 年贵州省净化空气价值为 27.65 亿元（表 11-16）。2019 年较 2017 年净化空气价值增加 0.60 亿元，其中，遵义市净化空气价值增加较多，为 0.19 亿元，毕节市净化空气价值增加次之，为 0.15 亿元（图 11-54）。

表 11-16　贵州省各市、州 2017—2019 年净化空气价值统计表　（单位：亿元）

地区	2017 年	2018 年	2019 年
贵阳市	1.01	1.01	1.01
六盘水市	1.10	1.10	1.13
遵义市	4.66	4.81	4.85
安顺市	1.00	1.03	1.07
铜仁市	2.80	2.84	2.88
黔西南州	2.46	2.45	2.50
毕节市	2.94	2.97	3.09
黔东南州	6.55	6.56	6.57
黔南州	4.52	4.51	4.54
贵州省	27.05	27.28	27.65

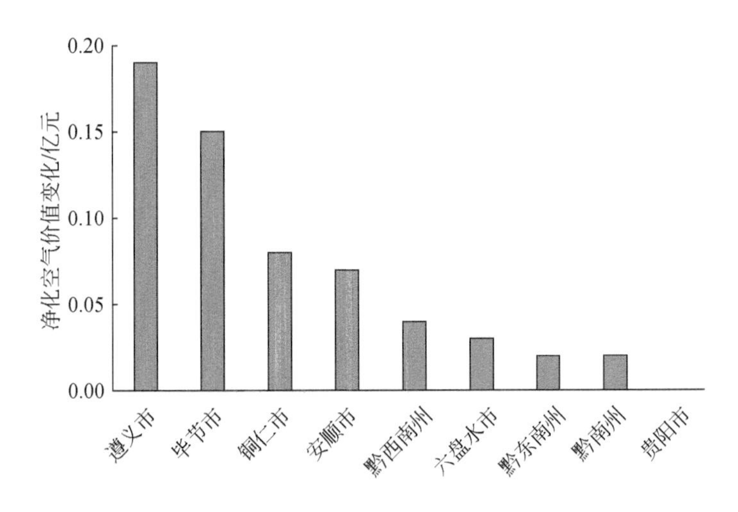

图 11-54　贵州省 2017—2019 年净化空气价值变化

（六）净化水质价值

贵州省净化水质价值略有增加。2017 年贵州省净化水质价值为 4.77 亿元，2018 年贵州省净化水质价值为 4.82 亿元，2019 年贵州省净化水质价值为 4.87 亿元（表 11-17）。2019 年较 2017 年净化水质价值增加 0.10 亿元，其中，铜仁市、黔东南州净化水质价值增加 0.02 亿元，贵阳市、安顺市、毕节市、遵义市、黔南州、六盘水市净化水质价值增加 0.01 亿元，黔西南州净化水质价值无明显变化（图 11-55）。

表 11-17　贵州省各市、州 2017—2019 年净化水质价值统计表　（单位：亿元）

地区	2017 年	2018 年	2019 年
贵阳市	0.33	0.34	0.34
六盘水市	0.18	0.18	0.19
遵义市	0.75	0.76	0.76
安顺市	0.27	0.27	0.28
铜仁市	0.53	0.54	0.55
黔西南州	0.59	0.59	0.59
毕节市	0.59	0.60	0.60
黔东南州	0.86	0.87	0.88
黔南州	0.67	0.67	0.68
贵州省	4.77	4.82	4.87

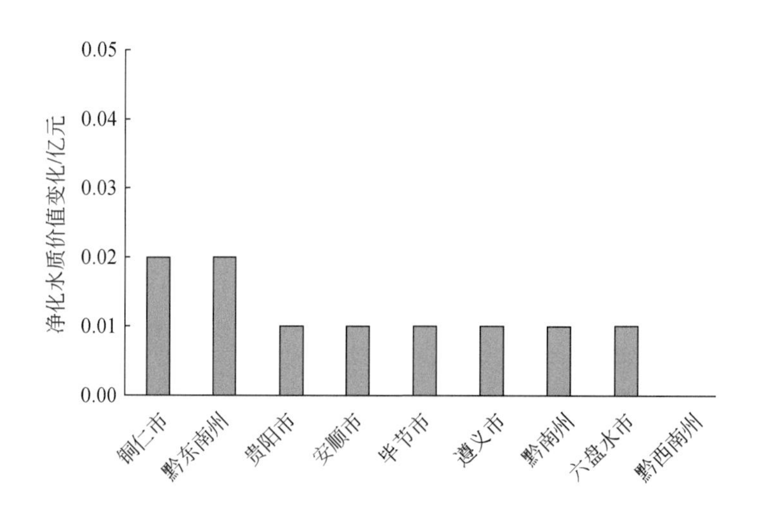

图 11-55　贵州省 2017—2019 年净化水质价值变化

（七）生态系统服务价值密度及变化分析

贵州省生态系统服务价值密度稳步增长。2017 年贵州省生态系统服务价值密度为 3497.46 万元/km^2，2018 年贵州省生态系统服务价值密度为 3546.03 万元/km^2，2019 年贵州省生态系统服务价值密度为 3559.85 万元/km^2。2019 年较 2017 年生态系统服务价值密度增加62.39万元/km²（表11-18），其中，安顺市、铜仁市生态系统服务价值密度增加显著，分别增加128.65万元/km²、100.15万元/km²；贵阳市生态系统服务价值密度增加较少，增加8.58万元/km²（图11-56）。从各市、州看，2019年黔东南州价值密度最高，为4679.84万元/km²，一方面得益于黔东南州良好的原始生态环境和高植被覆盖率，另一方面，黔东南州共辖16个县市，其中8个县被纳入国家重点生态功能区县，为黔东南州生态环境提供了后天保障。

表11-18　贵州省各市、州2017—2019年价值密度统计表（单位：万元/km²）

地区	2017年价值密度	2018年价值密度	2019年价值密度	2017—2018价值密度变化	2018—2019价值密度变化
贵阳市	2883.13	2894.03	2911.87	10.90	17.84
六盘水市	2876.37	2832.82	2898.03	-43.55	65.21
遵义市	3255.81	3347.05	3353.85	91.24	6.80
安顺市	2977.00	3040.68	3105.65	63.68	64.97
铜仁市	3508.57	3575.20	3608.72	66.63	33.52
黔西南州	3680.96	3686.94	3723.85	5.98	36.91
毕节市	2611.04	2638.52	2695.20	27.48	56.68
黔东南州	4671.26	4682.84	4679.84	11.58	-3.00
黔南州	3886.53	3932.86	3935.85	46.33	2.99
贵州省	3497.46	3546.03	3559.85	48.57	13.82

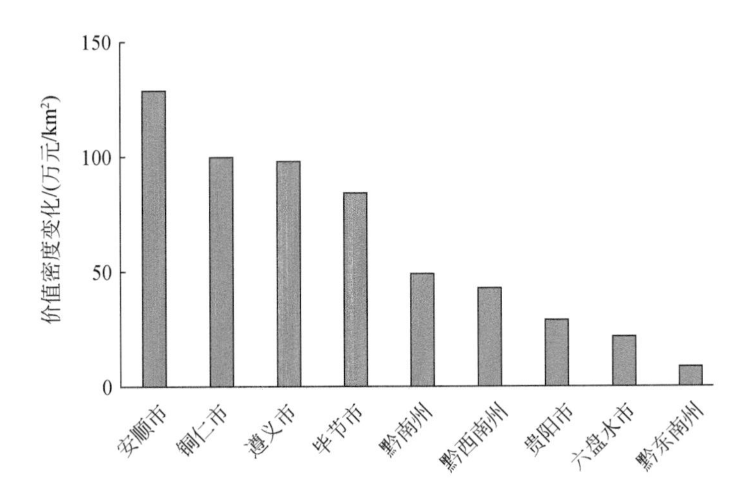

图11-56　贵州省各市、州2017—2019年生态系统服务价值密度变化

第四节　生态问题分析评价

一、喀斯特石漠化及其变化分析

（一）石漠化现状分析

贵州省石漠化类型以中度和轻度为主。2019 年贵州省石漠化总面积为 26791. 60km²，占国土面积的 15. 20%，其中轻度石漠化面积 10676. 96km²，占全省石漠化面积的 39. 85%；中度石漠化面积 12271. 47km²，占全省石漠化面积的 45. 80%；重度石漠化面积 3433. 31km²，占全省石漠化面积的 12. 82%；极重度石漠化面积 409. 86km²，占全省石漠化面积的 1. 53%（图 11-57）。

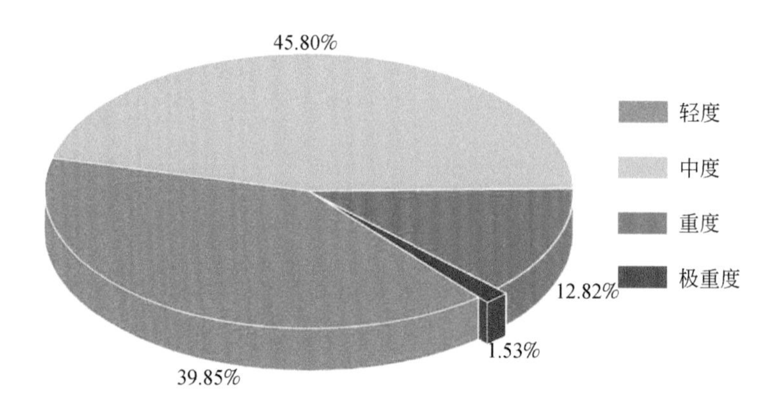

图 11-57　贵州省 2019 年石漠化类型构成比例

贵州省石漠化主要分布在西部、西北部和北部区域，以轻度和中度石漠化为主。极重度石漠化区域主要分布在毕节市中部、六盘水市东部和安顺市西部地区（图 11-58）。

2019 年贵州省各市、州石漠化面积最大的是毕节市，为 6340. 97km²，其次是遵义市，为 4001. 58km²，均以轻度和中度石漠化为主；石漠化面积最小的是黔东南州，为 796. 11km²，以轻度石漠化为主（图 11-59）。

（二）喀斯特石漠化变化分析

2017—2019 年贵州省石漠化面积呈减少趋势。2017—2019 年，全省石漠化面积共减少 1011. 84km²，其中 2017—2018 年全省石漠化面积减少 684. 52km²、2018—2019 年全省石漠化面积减少 327. 32km²。各市、州石漠化面积都有不同程度的减少，其中黔南州石漠

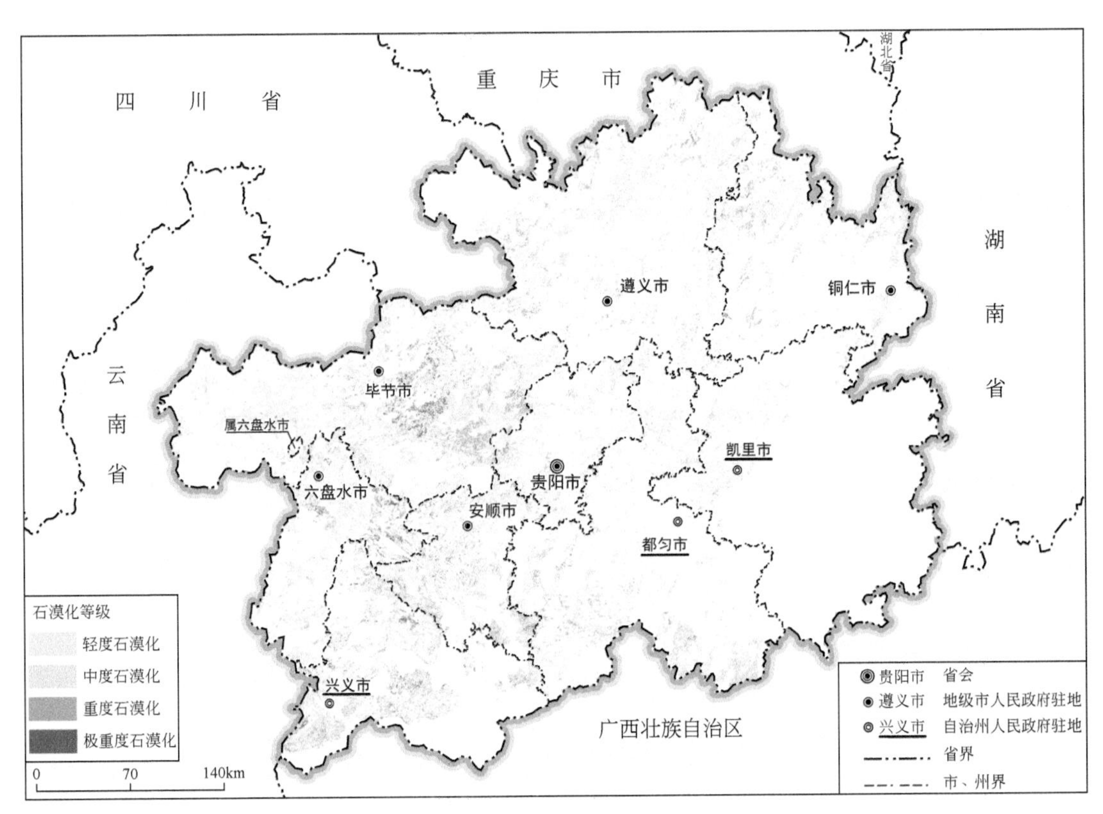

图 11-58 贵州省 2019 年岩溶地区石漠化空间分布图

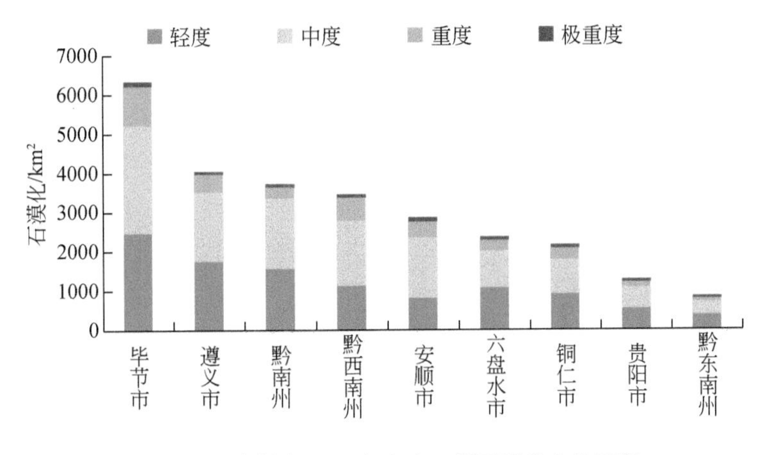

图 11-59 贵州省 2019 年各市、州石漠化土地面积

化面积减少最多，减少量为 198.13km^2，毕节市次之，石漠化面积减少量为 174.49km^2，黔西南州石漠化面积减少最少，减少量为 43.94km^2，均以中度石漠化面积减少为主（表 11-19）。

2017—2019 年贵州省石漠化程度有所改善。2019 年较 2017 年中度、重度、极重度石漠化面积都有不同程度的减少。其中中度石漠化面积减少 3035.41km²，重度石漠化面积减少 547.40km²，极重度石漠化面积减少 27.61km²。轻度石漠化面积增加（图 11-60）。

表 11-19 贵州省各市、州 2017—2019 年石漠化面积变化表 （单位：km²）

地区	轻度变化	中度变化	重度变化	极重度变化	合计变化
贵阳市	-111.17	-2.85	46.13	2.17	-65.72
六盘水市	252.89	-193.76	-130.52	-45.17	-116.56
遵义市	-9.88	-223.71	67.15	9.94	-156.50
安顺市	437.06	-235.04	-262.40	-5.53	-65.91
铜仁市	187.49	-391.20	53.37	9.44	-140.90
黔西南州	577.59	-430.87	-157.37	-33.29	-43.94
毕节市	519.40	-709.30	-27.58	42.99	-174.49
黔东南州	26.28	-95.54	19.38	0.19	-49.69
黔南州	718.92	-753.14	-155.56	-8.35	-198.13
贵州省	2598.58	-3035.41	-547.40	-27.61	-1011.84

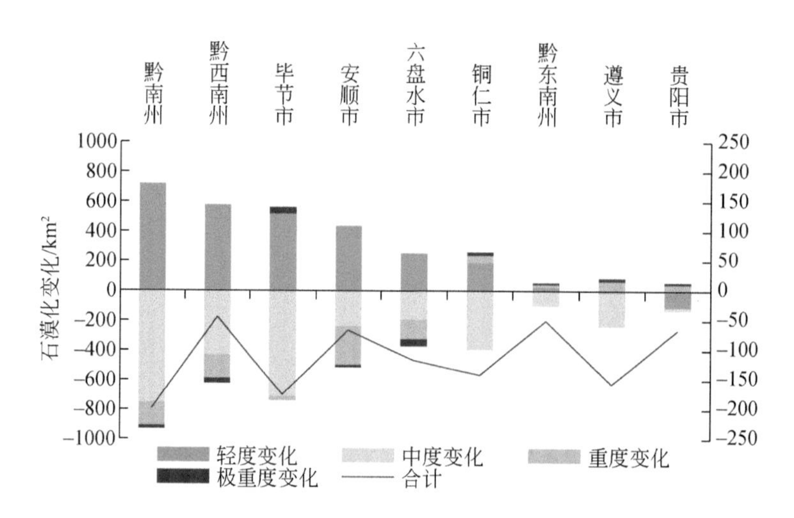

图 11-60 贵州省各市、州 2017—2019 年石漠化面积变化

二、土壤侵蚀变化分析

（一）土壤侵蚀现状分析

2019 年贵州省土壤侵蚀以轻度侵蚀为主。2019 年贵州省土壤侵蚀总面积为

46083.23km²，占全省总面积的 26.15%，其中轻度侵蚀面积 26849.70km²，占侵蚀总面积的 58.26%，中度侵蚀面积 12865.21km²，占侵蚀总面积的 27.92%，强烈侵蚀面积 4503.14km²，占侵蚀总面积的 9.77%，极强烈侵蚀面积 1830.20km²，占侵蚀总面积的 3.97%，剧烈侵蚀面积 34.98km²，占侵蚀总面积的 0.08%（图 11-61）。

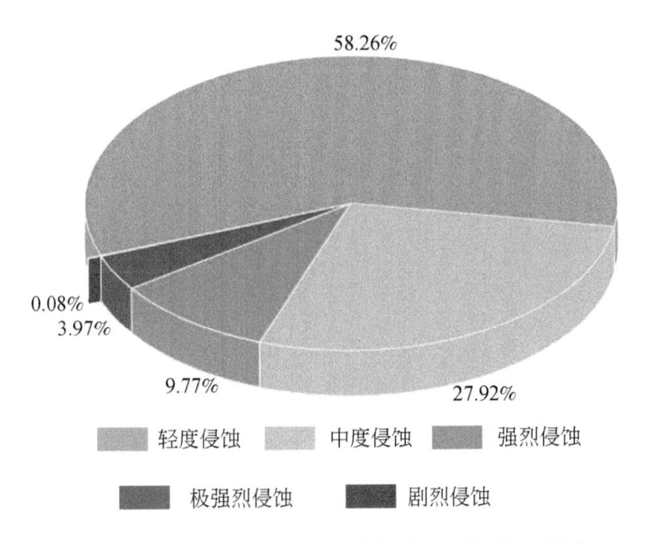

图 11-61　贵州省 2019 年土壤侵蚀程度构成比例图

毕节市土壤侵蚀面积最大，为 10760.10km²，土壤侵蚀面积最小的是贵阳市，为 2255.90km²，土壤侵蚀覆盖率最大的仍然是毕节市，为 40.07%，最小的是黔东南州，为 16.17%（图 11-62、表 11-20）。

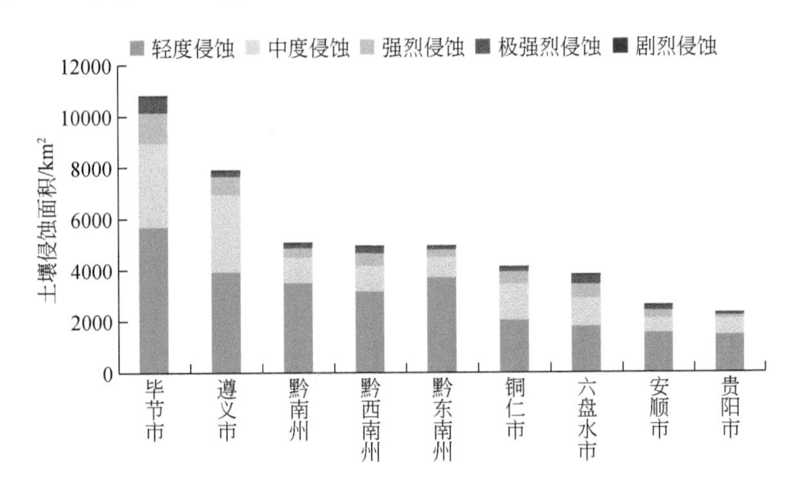

图 11-62　贵州省各市、州 2019 年土壤侵蚀面积

表 11-20　贵州省各市、州 2019 年土壤侵蚀面积统计表

地区	轻度侵蚀/km^2	中度侵蚀/km^2	强烈侵蚀/km^2	极强烈侵蚀/km^2	剧烈侵蚀/km^2	侵蚀合计/km^2	侵蚀比例/%
贵阳市	1457.02	649.69	113.75	34.58	0.86	2255.90	28.03
六盘水市	1797.98	1099.47	538.22	315.15	7.51	3758.33	37.91
遵义市	3932.90	3022.02	713.34	180.60	1.47	7850.33	25.49
安顺市	1549.23	580.92	289.70	137.19	4.02	2561.06	27.75
铜仁市	2049.76	1401.56	502.54	121.17	1.36	4076.39	22.60
黔西南州	3162.11	1020.73	493.35	217.07	5.59	4898.85	29.15
毕节市	5699.82	3254.79	1201.90	597.52	6.07	10760.10	40.07
黔东南州	3703.62	816.52	291.97	83.73	2.48	4898.32	16.17
黔南州	3497.26	1019.51	358.37	143.19	5.62	5023.95	19.15
贵州省	26849.70	12865.21	4503.14	1830.20	34.98	46083.23	26.15

2019 年贵州省土壤侵蚀总量为 168.65 亿 t。贵州省各市、州中，毕节市土壤侵蚀量最多，总量为 45.76 亿 t，贵阳市土壤侵蚀量最少，总量为 6.67 亿 t；六盘水市单位面积土壤侵蚀量最多；毕节市土壤侵蚀量和单位面积土壤侵蚀量均较多；黔东南州单位面积土壤侵蚀量最少（图 11-63）。

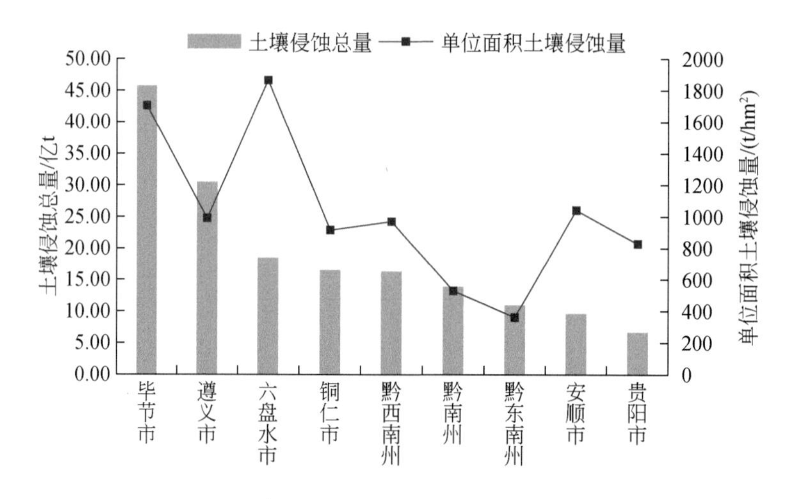

图 11-63　贵州省各市、州 2019 年土壤侵蚀现状

2019 年贵州省土壤侵蚀程度空间上由西北至东南逐渐减轻。贵州省西高东低，剧烈侵蚀、极强烈侵蚀区域主要位于西部六盘水市和毕节市，强烈侵蚀、中度侵蚀和轻度侵蚀区域主要位于贵州省北部、中部和西南部地区，微度侵蚀区域主要位于贵州省东部地区（图 11-64）。

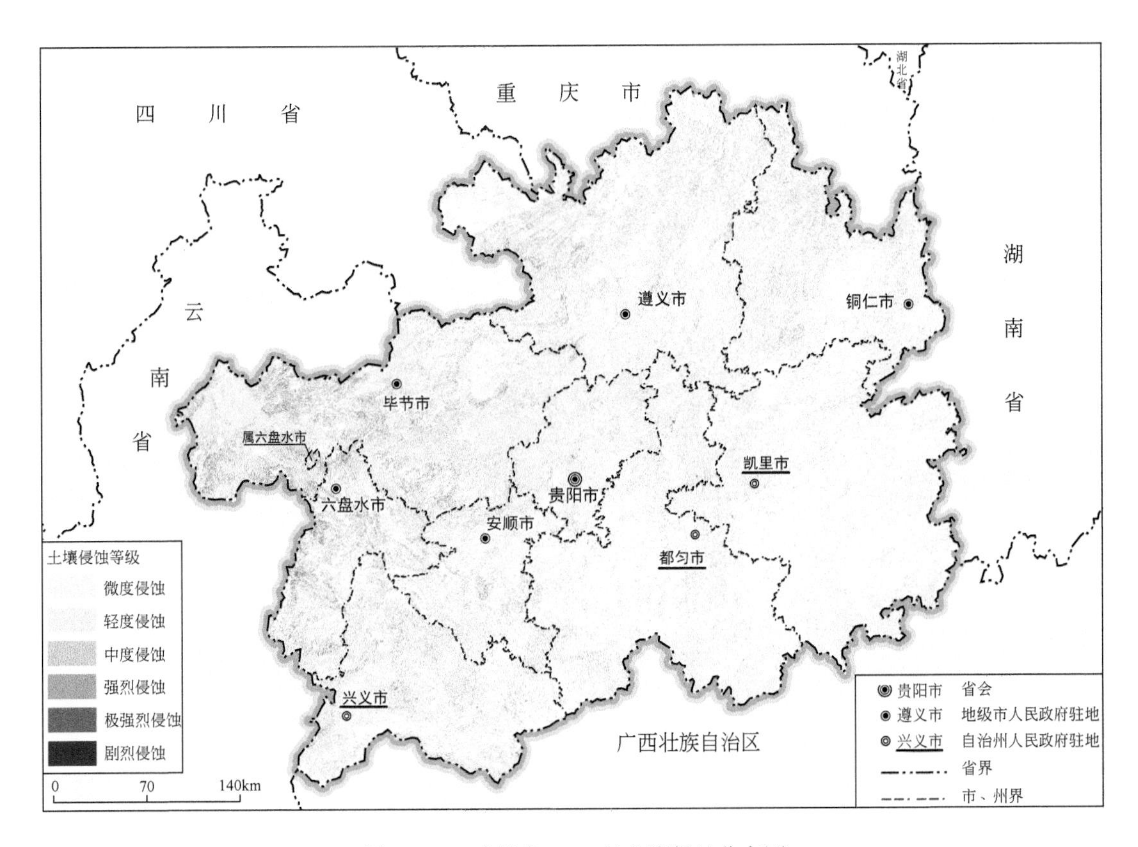

图 11-64　贵州省 2019 年土壤侵蚀分布图

2019 年土壤侵蚀量空间分布表现为东部及东南部低，西南、西北及北部区域高（图 11-65）。土壤侵蚀等级与土壤侵蚀量空间分布上呈较好的相关性。

（二）土壤侵蚀面积变化分析

2017—2019 年贵州省土壤侵蚀有所缓解，土壤侵蚀面积呈下降趋势。2019 年贵州省土壤侵蚀面积较 2017 年共减少 4759. 3km^2，侵蚀比例从 28. 85% 下降为 26. 15%。其中 2017—2018 年贵州省土壤侵蚀面积减少 2442. 67km^2，2018—2019 年贵州省土壤侵蚀面积减少 2316. 63km^2。全省各市、州土壤侵蚀面积均减少，毕节市土壤侵蚀面积减少最多，减少量为 823. 18km^2（图 11-66）。

三、生态系统问题综合分析

贵州省严重退化生态系统面积逐步缩减，生态环境问题持续改善。贵州省严重退化生态系统空间上主要分布在贵州省西部地区。2017 年贵州省严重退化生态系统面积为

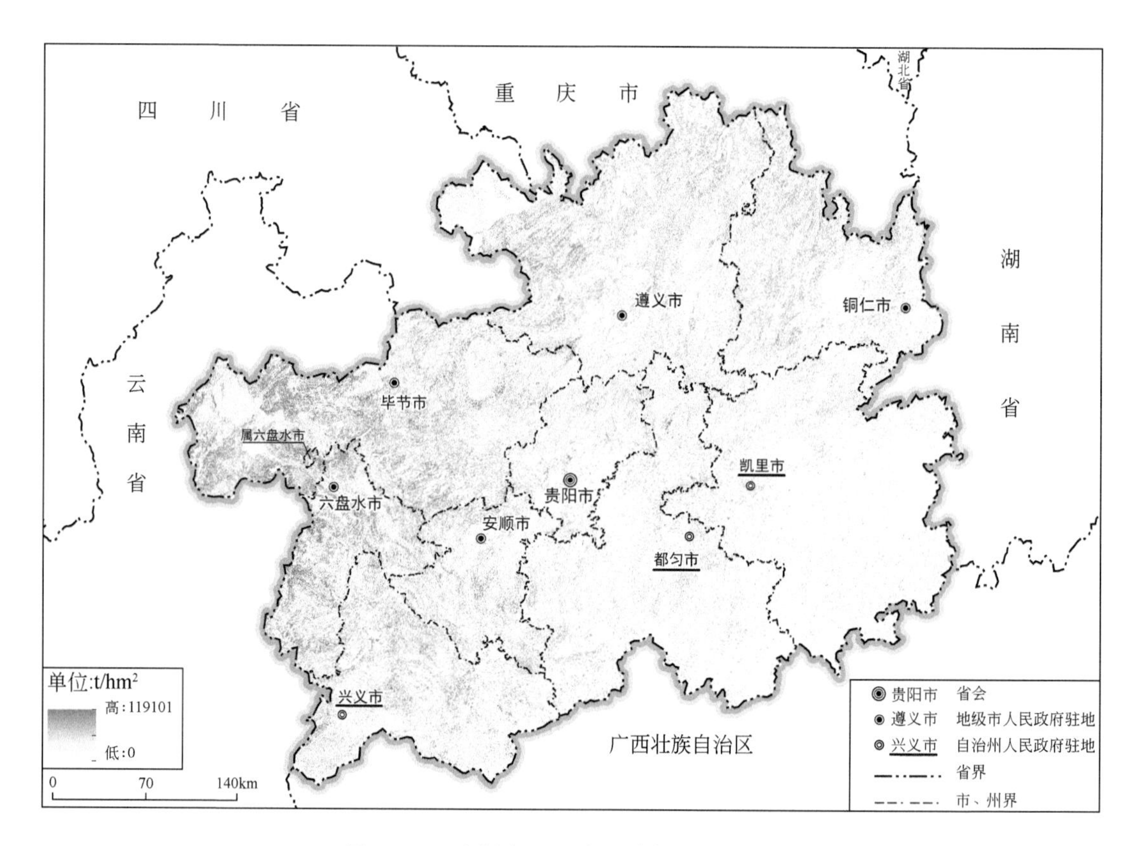

图 11-65　贵州省 2019 年土壤侵蚀量分布图

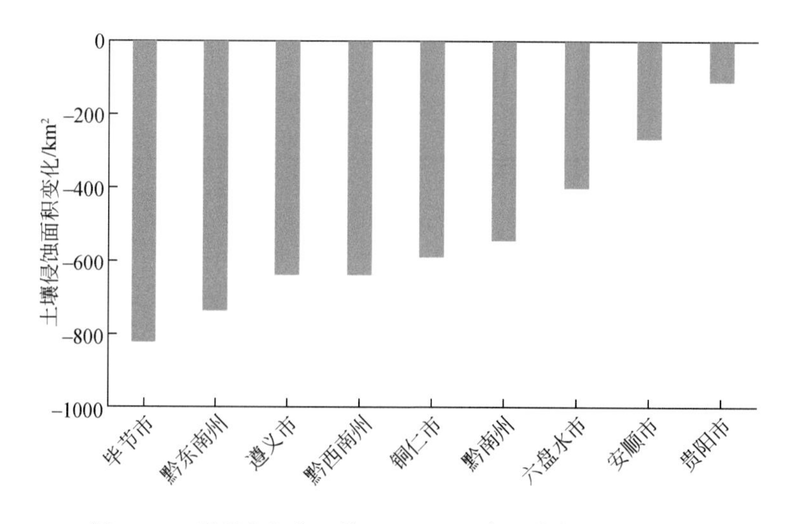

图 11-66　贵州省各市、州 2017—2019 年土壤侵蚀面积变化

8491.24km²，2018年严重退化生态系统面积为8119.69km²，2019年严重退化面积为7592.67km²（表11-21、图11-67）。

表11-21　贵州省2017—2019年严重退化生态系统统计表　（单位：km²）

地区	2017年严重退化面积	2018年严重退化面积	2019年严重退化面积
贵阳市	218.62	270.68	266.85
六盘水市	1138.39	984.57	919.31
遵义市	1045.40	1086.05	1042.60
安顺市	919.38	751.22	690.24
铜仁市	595.14	647.79	595.64
黔西南州	1368.02	1077.74	1008.42
毕节市	2210.07	2361.87	2204.84
黔东南州	134.75	170.05	154.79
黔南州	861.47	769.72	709.98
贵州省	8491.24	8119.69	7592.67

图11-67　贵州省2019年严重退化生态系统分布图

2017—2019 年贵州省严重退化生态系统面积共减少 898.57km^2。其中黔西南州严重退化生态系统面积减少最多，减少量为 359.60km^2；安顺市次之，严重退化生态系统面积减少 229.14km^2；贵阳市严重退化生态系统面积少量增加（图 11-68）。

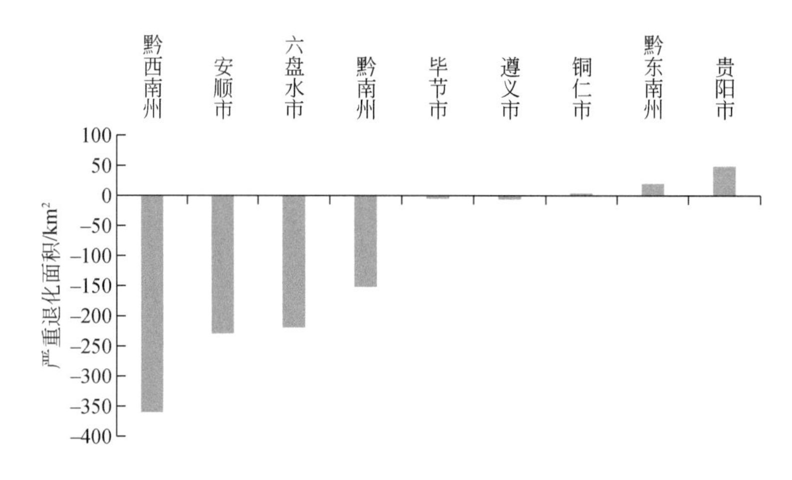

图 11-68　2017—2019 年贵州省各市、州严重退化生态系统面积变化

（一）严重石漠化

贵州省严重石漠化面积总量持续减少。2017 年贵州省严重石漠化面积为 4418.20km^2，2018 年严重石漠化面积为 3956.78km^2，2019 年严重石漠化面积为 3843.18km^2。2017—2019 年贵州省严重石漠化面积共减少 575.02km^2，其中 2017—2018 年严重石漠化面积减少 461.42km^2，2018—2019 年严重石漠化面积减少 113.60km^2（表 11-22）。从市、州看，安顺市严重石漠化面积减少最多，减少量为 267.94km^2；黔西南州次之，严重石漠化面积减少 190.66km^2；遵义市严重石漠化面积增加最多，增加量为 77.09km^2（图 11-69）。

表 11-22　贵州省 2017—2019 年严重石漠化面积　　（单位：km^2）

地区	2017 年严重石漠化面积	2018 年严重石漠化面积	2019 年严重石漠化面积
贵阳市	84.55	135.37	132.85
六盘水市	517.96	348.61	342.27
遵义市	386.80	476.38	463.89
安顺市	711.15	453.33	443.21
铜仁市	239.19	316.73	302.00
黔西南州	858.77	693.57	668.11
毕节市	1093.05	1144.84	1108.45

续表

地区	2017 年严重石漠化面积	2018 年严重石漠化面积	2019 年严重石漠化面积
黔东南州	46.95	67.94	66.52
黔南州	479.78	320.01	315.88
贵州省	4418.20	3956.78	3843.18

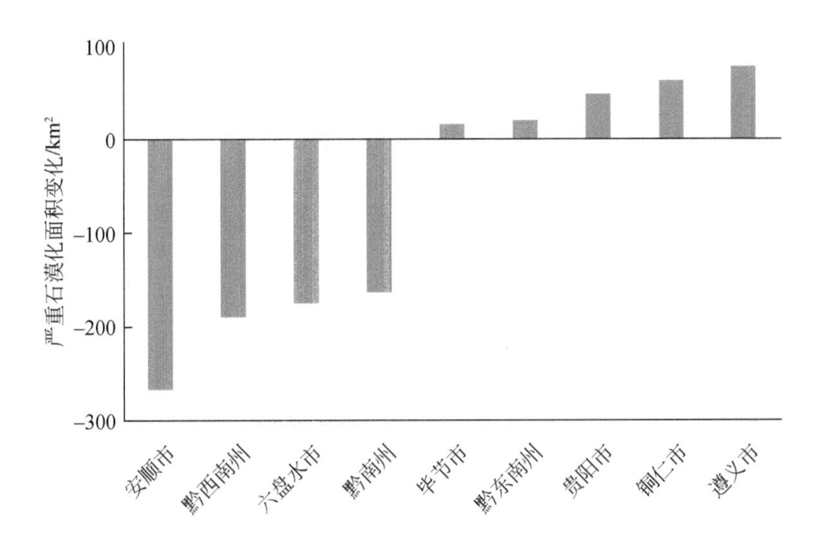

图 11-69　2017—2019 年贵州省各市、州严重石漠化面积变化

（二）严重土壤侵蚀

贵州省严重土壤侵蚀面积持续减少。2017 年贵州省严重土壤侵蚀面积为 7155.33km²，2018 年严重土壤侵蚀面积为 7151.79km²，2019 年严重土壤侵蚀面积为 6368.32km²，其中毕节市严重土壤侵蚀面积最多（表 11-23）。2017—2019 年贵州省严重土壤侵蚀面积共减少 787.01km²，其中 2017—2018 年严重土壤侵蚀面积减少 3.54km²，2018—2019 年严重土壤侵蚀面积减少 783.47km²。从市、州看，2017—2019 年黔西南州严重土壤侵蚀面积减少最多，共减少 308.49km²；六盘水市次之，严重土壤侵蚀面积共减少 104.81km²；贵阳市严重土壤侵蚀面积略有增加（图 11-70）。

表 11-23　贵州省 2017—2019 年严重土壤侵蚀面积　（单位：km²）

地区	2017 年严重土壤侵蚀面积	2018 年严重土壤侵蚀面积	2019 年严重土壤侵蚀面积
贵阳市	148.27	151.58	149.19
六盘水市	965.68	957.29	860.87
遵义市	970.94	934.11	895.41

续表

地区	2017 年严重土壤侵蚀面积	2018 年严重土壤侵蚀面积	2019 年严重土壤侵蚀面积
安顺市	472.59	522.98	430.91
铜仁市	714.46	698.88	625.07
黔西南州	1024.50	859.92	716.01
毕节市	1852.28	1968.95	1805.49
黔东南州	457.69	475.43	378.18
黔南州	548.92	582.65	507.19
贵州省	7155.33	7151.79	6368.32

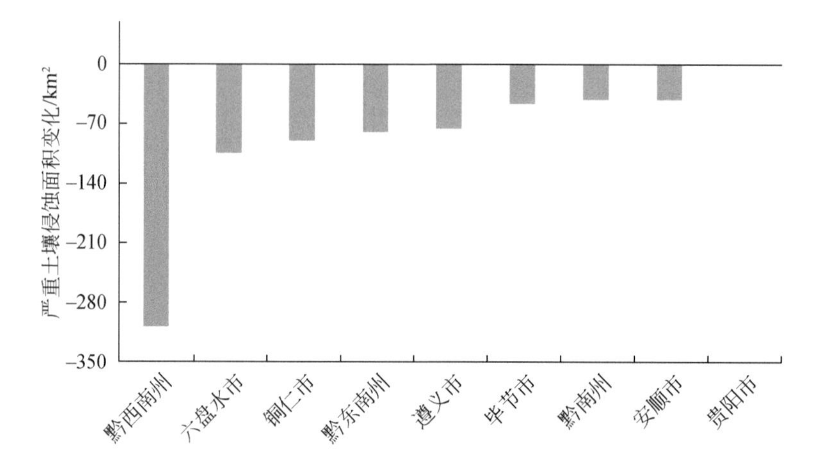

图 11-70　2017—2019 年贵州省各市、州严重土壤侵蚀面积变化

第五节　生态系统综合影响评价

一、主体功能区生态变化分析

根据《贵州省主体功能区规划》，贵州省主要划分为农产品主产区、重点开发区和重点生态功能区三种主体功能区。以贵州省不同主体功能区为单位，分析其景观格局特征。2019 年，三个主体功能区中，斑块数量最多的是农产品主产区，斑块密度最高的是重点开发区，聚合度最高的是重点生态功能区。较 2017 年，三个功能区斑块数量和密度都有减少，聚合度都增加。其中农产品主产区斑块数量减少最多，重点生态功能区斑块密度减少最多、聚合度增加最多（表 11-24）。

表 11-24　贵州省 2017—2019 年主体功能区景观格局指数统计表

主体功能区	斑块数量 NP/个		斑块密度 PD/(个/km²)		聚合度 AI	
	2017 年	2019 年	2017 年	2019 年	2017 年	2019 年
农产品主产区	1848804	1821710	20. 72	20. 41	70. 55	70. 76
重点开发区	845483	827421	22. 09	21. 63	68. 41	68. 62
重点生态功能区	970173	944043	19. 75	19. 21	71. 93	72. 43

按主体功能分区对 2017 年和 2019 年生态综合评价进行统计（表 11-25），贵州省 2017—2019 年，各主体功能区自然生态系统面积都有所增加，其中农产品主产区增加最多，为 873. 63km^2；单位林灌草面积生物量各功能区皆减少，其中重点开发区减少最多，为 192. 08t/km^2；生态系统服务价值密度各功能区整体增加，其中重点开发区增加最多，为 125. 41 万元/km^2；各功能区严重退化面积整体减少，重点开发区严重退化面积减少最少。

表 11-25　主体功能区生态系统综合评价

主体功能区	自然生态系统面积/km²			单位林灌草面积生物量/(t/km²)		
	2017 年	2019 年	变化	2017 年	2019 年	变化
农产品主产区	59341. 3	60214. 93	873. 63	9512. 88	9337. 94	-174. 94
重点开发区	22571. 01	23096. 96	525. 95	9986. 49	9794. 41	-192. 08
重点生态功能区	34728. 81	35179. 4	450. 59	8976. 58	8839. 08	-137. 5

主体功能区	生态系统服务价值密度/(万元/km²)			严重退化面积/km²		
	2017 年	2019 年	变化	2017 年	2019 年	变化
农产品主产区	3537. 12	3601. 41	64. 29	6274. 77	4171. 69	-2103. 08
重点开发区	2984. 11	3109. 52	125. 41	2422. 85	1846. 83	-576. 02
重点生态功能区	3919. 11	3986. 06	66. 95	3534. 21	1574. 15	-1960. 06

二、重要水系生态变化分析

按全省重要水系范围，分析其景观格局特征。2019 年，重要水系中，斑块数量最多的是乌江，斑块密度最高的是牛栏江横江，聚合度最高的是都柳江（表 11-26）。

表 11-26　贵州省 2017—2019 年重要水系生态格局指数统计表

重要水系	斑块数量 NP/个			斑块密度 PD/(个/km²)			聚合度 AI		
	2017 年	2018 年	2019 年	2017 年	2018 年	2019 年	2017 年	2018 年	2019 年
北盘江	463250. 25	450182	457127	21. 98	21. 36	21. 69	68. 14	68. 43	68. 24
赤水河綦江	308744. 41	282749	285303	22. 44	20. 55	20. 74	69. 91	70. 9	70. 82
红水河	322661. 79	317432	318845	19. 29	18. 98	19. 06	71. 27	71. 42	71. 44
都柳江	249895. 21	244272	245290	16. 63	16. 26	16. 33	78. 77	78. 93	79. 04
南盘江	164799. 66	165094	166991	21. 50	21. 54	21. 78	69. 64	69. 51	69. 69
牛栏江横江	115651. 86	111807	112372	23. 29	22. 52	22. 64	68. 23	68. 45	67. 66
沅江	562411. 87	550444	554226	18. 54	18. 15	18. 27	75. 23	75. 39	75. 43
乌江	1475687. 66	1428251	1447735	22. 04	21. 33	21. 62	67. 66	68. 08	67. 87

按全省重要水系范围对 2017 年和 2019 年生态综合评价进行统计（表 11-27），贵州省 2017—2019 年，各水系范围内自然生态系统面积整体增加，其中乌江水系增加最多，增加 854. 53km²，其次是沅江，增加 406. 75km²；单位林灌草面积生物量除赤水河略微增加外，各水系都有不同程度减少，牛栏江减少最多，为 652. 76t/km²，南盘江、北盘江次之；各水系生态系统服务价值密度变化情况差异较大，沅江、牛栏江、南盘江生态系统服务价值密度皆减少，其余水系生态系统服务价值密度增加，其中红水河、北盘江增加较大；各水系严重退化面积也有不同程度变化，除了红水河严重退化面积略有增加，其余水系都为减少，其中牛栏江减少的严重退化面积较大，赤水河次之。

表 11-27　重要水系生态系统综合评价

重要水系	自然生态系统面积 /km²			单位林灌草面积生物量 /(t/km²)		
	2017 年	2019 年	变化	2017 年	2019 年	变化
赤水河綦江	9412. 96	9571. 44	158. 48	8344. 68	8344. 83	0. 15
北盘江	13393. 80	13428. 09	34. 29	9347. 11	8981. 12	−365. 99
都柳江	12110. 85	12259. 73	148. 88	9261. 40	9081. 14	−180. 26
红水河	12558. 77	12675. 14	116. 37	7931. 59	7755. 11	−176. 48
乌江	39179. 63	40034. 16	854. 53	10424. 05	10191. 96	−232. 09
沅江	22496. 40	22903. 15	406. 75	9280. 27	9090. 77	−189. 50
牛栏江横江	2390. 93	2427. 59	36. 66	12166. 45	11513. 69	−652. 76
南盘江	5097. 78	5192. 02	94. 24	9180. 33	8754. 79	−425. 54

续表

重要水系	生态系统服务价值密度/(万元/km²)			严重退化面积/km²		
	2017 年	2019 年	变化	2017 年	2019 年	变化
赤水河綦江	3418.91	3584.59	165.68	1456.16	557.88	-898.28
北盘江	2744.54	3320.29	575.75	2029.02	1680.26	-348.76
都柳江	4953.09	5028.20	75.11	548.42	62.51	-485.91
红水河	3341.48	3926.17	584.69	563.05	607.99	44.94
乌江	2968.64	3053.36	84.72	3931.56	3775.34	-156.22
沅江	4533.56	4287.73	-245.83	720.49	352.64	-367.85
牛栏江横江	2549.12	2535.74	-13.38	2425.96	142.89	-2283.07
南盘江	3332.10	3675.67	343.57	557.17	427.46	-129.71

三、生态保护红线区生态变化分析

从生态保护红线内、外各项统计数据对比可知（表 11-28），生态保护红线区比非生态保护红线区的生态综合变化更为良好。贵州省 2017—2019 年，生态保护红线区自然生态系统面积增加 1056.20km²，非生态保护红线区自然生态系统面积增加较少，为 793.98km²；生态保护红线区单位林灌草面积生物量减少 76.45t/km²，非生态保护红线区单位林灌草面积生物量减少较多，为 286.71t/km²；生态保护红线区生态系统服务价值密度增加 133.03 万元/km²，非生态保护红线区生态系统服务价值密度增加较少，为 117.73 万元/km²；生态保护红线区严重退化面积减少 3952.28km²，非生态保护红线区减少的严重退化面积较少，为 686.85km²。

表 11-28　生态保护红线区生态系统综合评价

生态保护红线	自然生态系统面积/km²			单位林灌草面积生物量/(t/km²)		
	2017 年	2019 年	变化	2017 年	2019 年	变化
生态保护红线内	40527.51	41583.71	1056.20	7684.26	7607.81	-76.45
生态保护红线外	76113.61	76907.59	793.98	10467.67	10180.96	-286.71

生态保护红线	生态系统服务价值密度/(万元/km²)			严重退化面积/km²		
	2017 年	2019 年	变化	2017 年	2019 年	变化
生态保护红线内	4793.84	4926.87	133.03	10443.02	6490.74	-3952.28
生态保护红线外	3019.24	3136.97	117.73	1788.81	1101.96	-686.85

第四篇
监测研究认识

第十二章　监测研究认识

第一节　自然资源变化情况

一、林木覆盖率持续增长，生态系统功能不断增强

党的十八大将生态文明建设纳入“五位一体”中国特色社会主义总体布局，贵州地处长江、珠江上游，是“两江”流域的重要生态屏障，先后获批全国生态文明先行示范区、首批国家生态文明试验区。1998 年 10 月，党中央、国务院要求全面停止长江上游、黄河上游的天然林采伐，并将贵州作为天然林保护工程试点省份之一。1999 年和 2014 年国家持续开展了两轮退耕还林还草工程，涉及全省 88 个县（市、区）。省委省政府出台《关于推动绿色发展建设生态文明的意见》和《绿色贵州建设三年行动计划（2015—2017 年）》。2018 年，省人民政府办公厅关于印发《生态优先绿色发展森林扩面提质增效三年行动计划（2018—2020 年）》，并创新开展“e 绿黔行”互联网+全民义务植树等一系列行动，植树造林进入快速发展时期，聘请专职护林员，有效管护森林面积 8469 万亩，完成公益林建设 1371 万亩，退耕还林 657 万亩，荒山荒地造林 660 万亩，森林抚育和低产林改造 300 万亩，辐射带动 1200 万亩。林木覆盖率年均增长 2 个百分点以上，年均增速位居全国第一。根据监测数据统计，2017—2019 年，贵州省林木资源面积增加 2692. 18km^2，到 2019 年贵州省林木覆盖率达到 63. 93%。森林生态系统面积持续增长，为构筑“两江”上游重要生态安全屏障，持续改善城乡人居生态环境、助推脱贫攻坚做出了突出贡献。对涵养水源、保持水土、净化空气、防风固沙、调节气候、保护环境等起到积极作用。

二、草资源面积明显减少

2017—2019 年贵州省草资源面积减少 993. 78km^2，净变化率为 0. 56%。“十三五”期间，全省持续推进国土绿化，开展春节后首个工作日省、市、县、乡、村五级干部义务植树活动，全力推进《绿色贵州建设三年行动计划（2015—2017 年）》《生态优先绿色发展

森林扩面提质增效三年行动计划（2018—2020 年）》，开展植树造林，大量草资源向林木、灌丛流转，草资源面积总量减少。

三、水域覆盖面积稳步增长

2013 年，贵州省委、省政府启动实施了骨干水源工程建设、引提灌工程建设和地下水（机井）工程建设“三大会战”。“十三五”期间，贵州省骨干水源工程建设强势推进，全省累计新开工骨干水源工程 308 座，包括大型 2 座、中型 46 座、小型 260 座，实施大江大河主要支流、中小河流治理项目 269 个和重点山洪沟治理项目 50 个，有力提升全省水资源利用水平，提升水域面积。监测结果显示：2017—2018 年，地表水资源面积提升 25.75km^2，2018—2019 年，地表水资源面积提升 17.63km^2，截至 2019 年，全省地表水资源面积达到 2506.68km^2，占全省总面积比例达到 1.42%，覆盖面积显著提升。

第二节　生态环境变化情况

一、自然资源变化总体趋好，生态系统格局逐步优化

从全省面积变化看，2017—2019 年，森林和灌丛生态系统面积持续增长，其中森林生态系统面积增加 0.93%，灌丛生态系统面积增加 0.60%，城乡聚落生态系统 2018—2019 年增长速度较 2017—2018 年增长速度明显降低，2017—2019 年期间增加 0.42%，湿地生态系统面积增加 0.02%。农田、草地、荒漠生态系统面积减少，三年间，农田生态系统面积减少了 1.35%，草地生态系统总体减少 0.56%，荒漠生态系统面积减少 0.05%。从转换趋势看，2017—2018 年有 570.41km^2 的灌丛、草地、荒漠等转换为森林生态系统，2018— 2019 年有 845.57km^2 的灌丛、草地、荒漠等转换为森林生态系统。从转换动态度看，森林生态系统、灌丛、城乡聚落和湿地 Ps 值趋近于 1，处于涨势状态。从景观格局看，随着经济社会不断发展，人类活动对各景观类型的干扰均有所增加，因此斑块数量和斑块密度略有增加。总体来看，七大生态系统类型中农田、草地、荒漠生态系统主要向森林、灌丛生态系统转换，生态功能进一步增强，格局进一步优化，总体变化趋势良好。

二、自然生态系统固碳能力不断提升

贵州省自然保护地管理水平持续提升，实行《贵州省湿地保护条例》，全面加强湿地

保护工作，全力推进《绿色贵州建设三年行动计划（2015—2017 年）》《生态优先绿色发展森林扩面提质增效三年行动计划（2018—2020 年）》，全面绿化宜林荒山荒地，森林质量不断提升，不断增加森林面积蓄积量，生态修复保护工程成效显著。监测显示：2017—2019 年，全省森林面积增加 26.92 万 hm^2，地表水覆盖面积增加 43.38km^2，全省生态功能不断增强，绿色优势越来越明显，有效增强森林、草原、湖泊、湿地等自然生态系统固碳能力，2019 年贵州省固碳量总量达到 2186.45 万 t，比 2017 年固碳量增加 50.21 万 t，为实现碳达峰、碳中和的目标提供了有力保障。

三、生态系统空气净化功能增强

贵州省 2017—2019 年生态系统净化空气污染物的能力持续增强。根据监测数据分析，2019 年生态系统可净化污染物较 2017 年增加 4.84 万 t，其中可净化二氧化硫 4.55 万 t、滞尘量 0.1 万 t、可净化氮氧化物 0.19 万 t。空气净化能力与植被状况、污染物排放量及排放浓度息息相关。“十三五”期间，全省推进《绿色贵州建设三年行动计划（2015—2017 年）》《生态优先绿色发展森林扩面提质增效三年行动计划（2018—2020 年）》，全面绿化宜林荒山荒地，累计完成造林面积 2988 万亩、低质低效林改造 530 万亩、森林抚育 3000 万亩，全省植被覆盖度提高，生态功能不断增强。实施石漠化、水土流失治理，以及劳动力转移、生态移民、农村产业及能源结构调整，林草植被得到有效恢复，空气净化能力进一步提升。根据《贵州省国民经济和社会发展第十四个五年规划和 2035 年远景目标纲要》，“十三五”末，县级及以上城市空气质量优良天数比率保持在 95% 以上，主要河流出境断面水质优良率达 100%。

四、全省土壤侵蚀面积呈下降趋势，生态环境问题逐步改善

2019 年贵州省土壤侵蚀面积为 46083.23km^2，较 2017 年减少 4759.3km^2，侵蚀比例从 28.85% 下降为 26.15%，总体呈下降趋势。近年来，贵州贯彻习近平生态文明思想，落实“节水优先、空间均衡、系统治理、两手发力”的治水思路，深入实施大生态战略行动，稳步推进水土流失综合治理。2016 年以来，贵州深入实施水土保持重点治理、坡耕地综合治理、退耕还林还草、石漠化综合治理等工程。根据《贵州水土保持公报》，“十三五”期间，治理水土流失 10772km^2，不断改善生态环境问题。

五、石漠化面积逐年减少，石漠化程度减轻

贵州是全国石漠化面积最大省份之一，2008 年，贵州 55 个县被纳入全国 100 个石漠

化综合治理试点县范围。2011 年，78 个石漠化县全部纳入国家石漠化综合治理实施范围，石漠化治理步伐进一步加快。2008—2015 年，按照国务院批复的《岩溶地区石漠化综合治理规划大纲（2006-2015）》，采取工程治理、林草植被恢复等有力措施，石漠化治理取得积极进展。据 2012 年国务院公布的全国第二次石漠化监测结果显示，与 2005 年相比，贵州省六年间石漠化土地面积减少 29.2 万 hm^2。据贵州省岩溶地区第三次石漠化监测成果，2016 年，贵州石漠化土地面积比 2011 年底减少了 830.55 万亩，面积减少 18.31%。2017—2019 年监测结果表明，石漠化面积减少 1011.84km^2，减幅为 4%。2017—2019 年，石漠化中度、重度和极重度面积减少 3697.71km^2，主要向轻度石漠化转化，总体呈现减轻趋势。

近年来，贵州省守好发展和生态两条底线，走出石漠化治理与产业发展相结合的“造血”式治理新路，结合脱贫攻坚、生态扶贫，发展林下经济等一系列政策措施，石漠化治理取得显著成效，石漠化面积逐步减少，石漠化等级逐步降低，危害不断减轻、发展趋势得到遏制，生态环境得到恢复与改善，经济效益不断显现。

六、生态保护与经济建设总体协调

贵州生态文明建设与经济发展协调推进，生态文明建设大踏步前进，经济发展也迈上新台阶。监测结果显示，2017—2019 年贵州省自然保护区林木资源面积增加 124.38km^2；湿地公园林木资源面积增加 4.17km^2，水资源面积增加 0.34km^2；森林公园林木资源面积增加 39.07km^2，水资源面积增加 0.52km^2；生态保护红线内林木资源面积增加 8.66km^2，草资源面积增加 169.97km^2，水资源面积增加 1.43km^2，生态保护成效显著。同时，贵州在“十三五”期间贯彻习近平生态文明思想，推进“大生态”战略，牢牢守住发展和生态两条底线，“绿色+”融入经济社会发展各方面。培育发展绿色经济，建立体现生态环境价值、增加生态产品和绿色产品供给的制度体系，绿水青山正在转变为金山银山。统筹脱贫攻坚和生态保护，深入推进农村产业革命，大力发展竹、油茶、花椒、皂角、刺梨等特色林业产业，面积达 1536 万亩。大力发展林下经济，林下经济利用面积 2220 万亩（数据来源《贵州省“十四五”林业发展规划》）。强化石漠化分类治理，探索与农村产业结构调整、区域经济发展、群众增收致富有机结合的防治新模式。《贵州省统计年鉴（2020）》数据显示，2017 年贵州省地区生产总值 13605.42 亿元，2019 年贵州省地区生产总值 16769.34 亿元，增长了 3163.92 亿元。

第三节　建　　议

近年来，全省生态环境总体持续向好，但岩溶地区水土流失和石漠化问题依然严峻，生态环境依然脆弱，生态安全形势依然严峻；受城镇扩张、工矿建设、资源开发和农业产业结构调整等影响，全省草地资源和农业用地等局部生态空间缩小，保护和发展矛盾依然突出，建议继续加强生态建设，提高生态环境质量。

一、优化林木资源结构，不断提升森林质量

随着生态建设工程的推进，剩余可造林地立地条件越来越差，资源越来越有限，造林成本越来越高。根据《贵州省“十四五”林业发展规划》，林木蓄积量虽然达到了6.0亿m^3，但总体质量仍然不高，乔木林每亩蓄积5.5m^3，低于全国平均水平，全省退化防护林1215万亩，占防护林面积13.85%。林木质量不高导致森林涵养水源、保持水土、调节气候、抵御自然灾害等生态功能未能充分发挥。

建议实施低质低效林改造，不断提高森林质量；实施长江、珠江流域青山工程，加快造林失败地、因灾受损造林地补植补造，全域绿化可造林地；落实国家《天然林保护修复制度方案》，全面保护、突出重点，尊重自然、科学修复，确保天然林面积保持稳定、质量持续提高、功能稳步提升；按照森林演替规律和林分发育阶段，推进中幼龄林抚育，进一步提高生态系统质量与效益。

二、继续加强耕地保护和利用

强化耕地“三位一体”保护。采取“长牙齿”的硬措施，落实最严格的耕地保护制度。有序实施退耕复耕，确保可以长期稳定利用的耕地总量不减少。推进建设占用耕地耕作层剥离再利用。加强耕地与周边生态系统协同保护，探索农林牧渔融合循环发展模式，修复和完善耕地生态功能，恢复田间生物群落和生态链，建设健康稳定田园生态系统。严格耕地占补平衡管理，依法落实“占一补一、占优补优、占水田补水田”。明确耕地利用优先序。严格控制非农建设占用耕地，引导新增建设不占或少占耕地，强化农用地内部耕地向林地、园地、草地、农业设施建设用地等转换的管制措施，防止“非粮化”。加强设施农业用地管理，规范作物种植、畜禽养殖、水产养殖等设施用地。完善耕地保护补偿机制、强化耕地保护监管考核、加强耕地保护监督检查。

三、加强草地生态系统保护修复

全省草地面积减少，除了草地生态系统向森林生态系统流转外，还有人为因素对草地生态系统造成破坏。根据监测数据统计，2017—2019年减少的草地资源中，建设占用草地

面积为 128.03km^2、开垦占用草地 90.05km^2。加强草地生态系统的保护，要坚持生态优先和草畜平衡原则，采取人工种草、草地改良、围栏封育等工程措施，开展草地监测和草畜动态平衡调控，实现草地资源的永续利用。建立健全全域草地生态安全保障体系，着力提高草地质量，对退化、石漠化和水土流失的草地，划定治理区，组织专项草地建设和治理。对严重退化、石漠化的草地和生态脆弱区的草地，严格实行禁牧、休牧制度，定期核定草地载畜量，防止超载过牧。

四、继续加强水土流失重点区域综合治理

全省严重退化生态系统面积呈下降趋势，生态环境问题总体上得到控制，但土壤侵蚀问题仍然严峻，监测结果显示，2019 年贵州省土壤侵蚀总面积为 46083.23km^2，占全省总面积的 26.15%，其中强烈、极强烈和剧烈侵蚀的总面积为 6368.32km^2，占侵蚀总面积的 13.82%。强化水土流失分类治理，针对林地、草地、耕地、未利用地等不同地类，因地制宜采取封山育林育草、人工造林（种草）、退化林修复、草地改良等多种措施，加强岩溶地区林草植被的保护与恢复，提高林草植被盖度与质量。

五、继续加强石漠化综合治理，提高生态系统承载能力

贵州是石漠化面积较大、类型最多、程度最深、危害最重的省份。治理面积大，范围广，难度大。根据监测结果分析：2019 年贵州石漠化面积 26791.60km^2，占总面积的 15.20%。石漠化程度以中度石漠化为主，中度以上占石漠化总面积的 62.19%、重度以上占石漠化总面积的 11.42%。石漠化治理任务依然严峻。建议结合石漠化地区农业发展现状及地理特点，采取科学、合理的措施和多元化手段治理石漠化问题。具体措施为：一是继续实施植树造林，多年来，林业工程是进行石漠化治理的主要措施，但由于石漠化地区植树造林难度大，需因地制宜选择林木，并做好日常管护。二是封山育林，不仅能使境内生态环境不断得到改变和完善，防止水土流失，更有利于林木植被恢复。三是退耕还林，对大于 25°坡耕地继续实施退耕还林工程，转变土地利用方式，增加林木覆盖。四是探索林药、林油、林下种养、有机食品与特色畜牧业等生态经济型模式，并依靠科技进步，大力推广和应用先进实用的技术和模式，提高治理成效。

参考文献

程根伟，石培礼. 2004. 长江上游森林涵养水源效益及其经济价值评估［J］. 中国水土保持科学，(4)：17-20.

陈龙，刘春兰，裴厦，等. 2020. 北京湾过渡带生态系统服务地形梯度效应评价［J］. 水土保持研究，27（04）：247-255.

李默然，丁贵杰，鲍斌，等. 2013. 贵州黔东南地区不同森林类型涵养水源功能研究［J］. 广东农业科学，40（10）：162-165.

容丽，杨龙. 2004. 贵州的生物多样性与喀斯特环境［J］. 贵州师范大学学报（自然科学版），(04)：1-6.

孙鸿烈. 2000. 中国资源科学百科全书［M］. 青岛：中国石油大学出版社.

谭艳芳，刘征涛，周林飞. 2012. 辽宁省凌河口湿地景观破碎化分析［J］. 科技资讯，(13)：137-138.

王伟，吕涛，顾再柯. 2020. 贵州省水土保持助推扶贫工作历程与经验［J］. 中国水土保持，(12)：10-13.

王志超，何新华. 2021. 基于植被覆盖度和遥感生态指数的成都市锦江区生态质量评估［J］. 生态与农村环境学报，37（04）：492-500.

邬建国. 2007. 景观生态学——格局、过程、尺度与等级［M］. 北京：高等教育出版社.

周厚侠. 2016. 黑河中游区域土地利用/土地覆盖变化及环境热效应研究［D］. 北京：中国矿业大学（北京）.

朱殿珍，初磊，马帅，等. 2021. 青藏高原生态屏障区生态系统服务权衡与协同关系［J］. 水土保持研究，28（04）：308-315.

Lu F, Wang X, Han B, et al. 2009. Soil carbon sequestrations by nitrogen fertilizer application, straw return and no-tillage in China's cropland [J]. Global Change Biology, 15 (2): 281-305.